纺织科学与工程高新科技译丛

电子纺织品：
智能纺织品和可穿戴技术

[英] 蒂拉克·迪亚斯（Tilak Dias） 编著

潘勇军 吴卫平 张尚勇 译著

中国纺织出版社有限公司

内 容 提 要

当今世界科技飞速发展，发达国家对纺织品的研究不仅停留在美观和舒适方面，随着电子科技的不断发展，纺织品也可植入电子器件，赋予纺织品很多电子特性和特殊功能性。本书汇聚了电子纺织品领域的先进研究成果，对我国纺织行业的科技发展和进步具有很大的借鉴意义和研究价值。本书涉及的电子纺织品包括导电纤维、导电聚合物纱线、碳纳米管纱线、织物传感器、微电子集成纺织品、加热纺织品、光伏纺织品、压电纺织品、刺绣天线通信系统、军用电子纺织品、运动用可穿戴传感器及土木工程用电子纺织品。总结了不同类型电子纺织品的工作机理，加工技术及其运用领域。

本书可供从事电子纺织品及其材料研究的工程及技术人员参考，也可作为纺织等相关专业的本科生和研究生教学的参考用书。

图书在版编目（CIP）数据

电子纺织品：智能纺织品和可穿戴技术／（英）蒂拉克·迪亚斯（Tilak Dias）编著；潘勇军，吴卫平，张尚勇译著 . --北京：中国纺织出版社有限公司，2023.11
（纺织科学与工程高新科技译丛）
书名原文：Electronic Textiles：Smart Fabrics and Wearable Technology
ISBN 978-7-5229-1229-5

I. ①电… II. ①蒂… ②潘… ③吴… ④张… III. ①电子技术—应用—纺织工业 IV.①TS101.3

中国国家版本馆 CIP 数据核字（2023）第 233742 号

责任编辑：孔会云　　特约编辑：由笑颖　　责任校对：高　涵
责任印制：王艳丽

中国纺织出版社有限公司出版发行
地址：北京市朝阳区百子湾东里 A407 号楼　邮政编码：100124
销售电话：010—67004422　传真：010—87155801
http://www.c-textilep.com
中国纺织出版社天猫旗舰店
官方微博 http://weibo.com/2119887771
三河市宏盛印务有限公司印刷　各地新华书店经销
2023 年 11 月第 1 版第 1 次印刷
开本：787×1092　1/16　印张：14
字数：310 千字　定价：98.00 元

原书名:Electronic Textiles:Smart Fabrics and Wearable Technology

原作者:Tilak Dias

原 ISBN:978-0-08-100201-8

电子纺织品:智能纺织品和可穿戴技术(潘勇军,吴卫平,张尚勇 译著)

ISBN:978-7-5229-1229-5

注意

本书涉及领域的知识和实践标准在不断变化。新的研究和经验拓展我们的理解,因此须对研究方法、专业实践或医疗方法作出调整。从业者和研究人员必须始终依靠自身经验和知识来评估和使用本书中提到的所有信息、方法、化合物或本书中描述的实验。在使用这些信息或方法时,他们应注意自身和他人的安全,包括注意他们负有专业责任的当事人的安全。在法律允许的最大范围内,爱思唯尔、译文的原文作者、原文编辑及原文内容提供者均不对因产品责任、疏忽或其他人身或财产伤害及/或损失承担责任,亦不对由于使用或操作文中提到的方法、产品、说明或思想而导致的人身或财产伤害及/或损失承担责任。

前　言

　　本书是近年来关于智能纺织服装及其材料制备讲述最为完备的一本著作，所引用的研究成果来源于国际公认著名期刊发表的高水平研究论文或美、英等国家科研院所的权威著作。编译本书的目的是为从事智能纺织品的教学与科研及工程技术人员提供信息，以供参考。

　　本书由武汉纺织大学和中国上海光机研究所的专家学者共同编译。第一章由吴卫平编译；第二章由顾云娇编译；第三章由潘勇军编译；第四章由潘鄂菁编译；第五章由叶汶祥编译；第六章由吕少仿编译；第七章由张如全编译；第八章由许杰编译；第九章由柏子奎编译；第十章由张尚勇编译；第十一章由吴济宏编译；第十二章由张宏伟编译；第十三章由赵三平编译。本书由潘勇军、吴卫平、张尚勇译著，并负责全书的修改和统稿。

　　另外，本书编译工作还受到包括罗锦银、王栋、徐卫林、刘晓洪、罗汉春、陈军、毛长文、林子务、李建强、邓中民、陈益人、张利峰、刘菁、刘琼珍、包海峰、李琼、崔莉、赵瑾朝、余家友、周建刚、陶咏真、龚小舟、崔远慧、黎宁慧等领导和老师的支持。感谢导师谢洪泉教授及中国驻英国大使馆工作人员访学期间的关心和厚爱，感谢湖北省教育厅和武汉纺织大学人事处领导们对访学工作的支持。

　　最后感谢国家留学基金委项目的支持，由于编译者水平有限，书中难免有疏漏和错误之处，敬请广大读者批评、指正。

潘勇军

2023 年 6 月 10 日

目　　录

第1章　导电纤维

C. R. Cork

Norttingham Trent University，Nottingham，UK

1.1　简介

1.1.1　导电纤维的定义

导电纤维已有非常悠久的历史，既用于装饰、抗静电和屏蔽，也应用于电子纺织品中。

纤维是一种纤细、具有柔性和高的长径比的细丝状物质或结构，导电纤维是具有纤维结构的导电元件，因此，一个铁钉或一根粗铜线导电，但不能称为纤维，因为它们既不纤细也不柔软。相比之下，细铜线和镀银聚合物纤维都可归类为导电纤维。

金属的电阻率在 $10^{-5}\Omega\cdot cm$ 量级，而典型的绝缘体的电阻率量级为 $10^{12}\Omega\cdot cm$。天然纤维的电阻受所处的空气湿度影响（Murphy et al.，1928）。例如，从相对湿度 53% 变为 86% 时，羊毛的电阻率可由 $1.6\times10^{9}\Omega\cdot cm$ 降至 $1.3\times10^{6}\Omega\cdot cm$（Marsh et al.，1933），而聚酯纤维在相对湿度 85% 下的电阻率大于 $7\times10^{12}\Omega\cdot cm$（Hersh et al.，1952）。常温下，金属的电阻率与绝对温度成正比，但绝缘体的电阻率随着温度的降低而增加（Bardeen，1940）。铜、银和金的电导率在 0℃ 时分别为 $64\times10^{-4}S/cm$、$66\times10^{-4}S/cm$ 和 $49\times10^{-4}S/cm$（Bardeen，1940）。

1.1.2　导电纤维的产生和发展

1.1.2.1　古代

对静电的首次描述出现在公元前 6 世纪，由 Miletus 学派的 Thales 提出（Noad，1859），现代电学直到 18 世纪才形成。然而，导电纺织纤维历史悠久，可追溯到古代。例如，镀金线在发现电之前，在远古时代就已经生产，当时的设计只是出于美观装饰。希腊神话中有一个冒险家詹森（Jason）去寻找金羊毛（Rhodius，公元前 3 世纪）的故事，可能就是用来收集金色或人造金色羊毛纤维的例子。

历史上，用于纺织品的金属丝线，其生产技术多种多样。一种是金属被锤打并切割成金属箔条，然后包裹于芯纱上。Conroy 等（2010）报道了一种将扁平的金带包在芯纱上制成的金线，它出自塞浦路斯一座 2 世纪的石棺。另一种方法是用金属线直接绕在芯材上，还有一种方法是在皮革或纸上涂金箔，直接使用或再包在芯纱上（Hauser-Schäublin et al.，2008）。使用哪种技术取决于不同的地理位置，例如，金属涂层的纸带在中国使用，锤打和切割金属箔条的报道源自古埃及和波斯（Hauser-Schäublin et al.，2008）。

Csiszár 等（2013）报道了从公元 4 世纪以来，制造金属纤维的方法，金属条宽 10 ~ 20mm，最长可达 70mm，这些金属条可能卷绕在芯纱上，也可不卷绕使用。Csiszár 等（2013）也介绍了在公元 1000 年左右，镀银线超过金线被大量使用，当时的金属线大约有 70 种。

动物纤维作为芯材被金属线包覆的报道出现在公元 1200 ~ 1300 年（Skals，1991），一篇讲述清理考古纺织品上铜绣花线的论文中提到了在织物上用铜线进行刺绣（Abdel Kareem et al.，2008），金属线是通过将金属条缠绕在棉纤维芯纱上，再用金属线在织物上刺绣图案。

Hacke 等（2003）详细报道了文艺复兴时期的挂毯用金线和银线。Muros 等（2007）描述了南美洲的各种金属线。图 1-1 为在英国多切斯特发现的 17 世纪的银包蚕丝线。

图 1-1　17 世纪的银包蚕丝线（图片由 Alberta 大学 Jane Batcheller 博士提供）

1.1.2.2　18 世纪

18 世纪由于电和各种导电金属（如铜、铁、钢、黄铜、铂、银）的发现，德国的银和金等（Noad，1859）广泛应用在非纺织品中。

1.1.2.3　19 世纪

19 世纪，人类对电的理解进一步加深。迈克尔·法拉第 1855 年在电学研究实验记录中就提到了对铜、铁、铂和天然不纯铂的使用（Faraday，1855）。

19 世纪后期开始出现专用于导电的纤维。

1880 年，托马斯·爱迪生获得了一项电灯专利。灯丝是用碳化的棉麻线、木夹板和纸制成的（Edison，1880）。

19 世纪末首次出现纺织品与导电功能的结合。例如，有一种针对女士设计的导电紧身衣，称可以消除各种病痛（Fishlock，2001），但其导电本质尚不清楚。结合现代的可穿戴电子设备可知，当时这种产品是借助紧贴皮肤的小金属片实现对身体发生作用的（Harness，1891）。

1.1.2.4　20 世纪

20 世纪初，人们开始关注将电子功能和纺织品进行具体的结合。例如，1911 年的一项专利描述了一种电加热手套，可以给手动操作方向盘的飞机、汽车、机动船和其他运输工具的驾驶员佩戴（Carron，1911）。其中提到的加热元件是采用德国的银线或其他合适的导线。另一项专利（Lemercier，1918）描述了将加热导线以"之"字形图案编织入手套，可以防止断裂。第二次世界大战期间该技术获得了长足的发展，如有一项专利展示了为飞行员设计的其他几种电加热手套（Summers，1945）。

1936 年的一项专利是一个重要的里程碑，它描述了一种用多根金属长丝纺纱（James et al.，1936）的方法，另一项专利描述了含铁、镍、铬或不锈钢金属线的导热织物（Grisley，1936），还有一项专利描述了将镍、铬条用在电加热袜上的发明（Costanzo，1936）。

由希格、麦克迪亚米和白川英树（Shirakawa et al.，1977）发现和发展起来的导电聚合物是该领域的一项重大突破，三人因此于 2000 年获得诺贝尔化学奖（NobelPrize.org，2014）。

一项照明服装的专利（Schwartz et al.，1979）提到使用印制电路板和导线作为接头，专利（Courvoiier et al.，1987）描述了一种用于服装的加热元件，它是可延展的金属丝（如铜），外面涂有绝缘漆。

Ghosh 等（2006）的一篇综述文章提供了在纺织结构中形成电路的详细介绍。

1.1.3　导电纤维发展现状

近年来，智能纺织品出现了惊人的增长（Markets et al.，2013），导致电功能相关的纺织品的商业化规模不断扩大，新技术层出不穷。

生产导电线的现代方法包括导电基材、金属线、金属化纱线和本征导电聚合物。值得注意的是，有些方法可以追溯到古代。例如，2005 年的一项专利描述了如何将导电纤维缠绕在弹性芯纱上来制备可大幅拉伸的纱线（Nusco et al.，2005），Cottet 等（2003）也报道了将铜线螺旋缠绕的使用方法。

有些方法与古代的方法类似，即条带表面金属化处理。例如，Zysset（2013）描述了一种镀有 $18\mu m$ 厚铜膜的 Kapton 条带构建的导电总线结构。

1.2　导电纤维的类型

1.2.1　基板和导电元件

导电纺织品的一个主要用途是抗静电。静电不仅会降低舒适度，还会导致火灾和爆炸（Kassebaum et al.，1997）。抗静电性能通过具有金属化膜、本征导电聚合物、聚电解质或将溶液中的低分子量抗静电剂（Pionteck et al.，2007）涂敷于纤维上获得。食品工业中，为防止污染，抗静电方法要避免使用金属或金属化纤维。许多用于防静电的技术已用于电子纺织品。

电子导电织物可以通过将吡咯聚合在适当的基板上获得，基板提供理想的柔性，强度和可加工性。其中一种应用是用于隐身的雷达吸波材料，另一种应用是防静电织物（Kuhn et al.，1995）。Scilingo 等（2003）报道，基于一项密立肯专利（Kuhn et al.，1989）和丝网印刷技术，制备出一种聚吡咯（PPy）涂层的莱卡/棉纺织品。Gasana 等（2006）介绍了用 PPy 和铜涂敷在织物表面的方法。

另一种方法是将导电元件直接植入单块织物或单根纱线中，例如，贝德福德线缆可用于包绕电子纤维（Nakad et al.，2007）。由不锈钢纤维采用机织、针织和非织造法制作的电极已经通过功能测试（Westbroek et al.，2006）。研究指出，导电纤维损坏会使电功能丧失。另外，大的表面积和纤维数量可提供容错的概率（Cho，2010 年）。

还有一种实现导电功能的方法是使用导电油墨涂抹织物（Parashkov et al.，2005），包括丝网印刷在内的许多技术均适用（Paul et al.，2014）。

Zadeh 等（2006）描述了一种基于织物的生化传感器，其中使用到一种以尼龙为基材的柔性 PPy 织物。

1.2.2　金属纤维

现代的聚合物非常坚固。例如，在相同重量下，尼龙和对位芳纶的力学性能均优于钢。然而，大多数聚合物是电绝缘的（Bakhshi，1995）。金属的优点是电阻很低。典型金属的电阻见表 1-1。

表 1-1　金属的电阻率（Chung，2010）

金属	电阻率（20℃）（$\Omega \cdot cm$）	金属	电阻率（20℃）（$\Omega \cdot cm$）
银	1.59×10^{-6}	金	2.44×10^{-6}
铜	1.72×10^{-6}	铁	1.0×10^{-5}

金属丝的一个缺点是弹性和强度都很低，容易断裂（Cherenack et al.，2012），一些金属涂层的纤维和织物一段时间后会发生腐蚀和开裂（Buechley，2007）。在研究领域和市场上均有使用金属线的报道。现代电子纺织品的一个早期例子是佐治亚理工大学1998 年首次推出的可穿戴主板（Park et al.，2002），导电纤维编入织物中，形成连接传统刚性印刷电路板（PCB）电子设备的总线。欧盟的 MyHeart 和 BIOTEX 项目成果展示了电子纺织品的潜在好处。其中，传统 PCB 模块位于口袋中，通过导线连接，提供导电功能。有的运动内衣将导电纤维织入纺织品，形成心率传感电极（Adidas，2015）。刚性电子学在柔性场景应用的局限性在 FP7 的 STELLA 项目中做了部分探索，其中一个特色是使用可拉伸弯曲的铜材质进行互连（Gonzalez et al.，2008）。PASTA 项目开发了一种名为 E-Thread® 的材料，通过它可以将两根导线直接连接到芯片上（Brun et al.，2009）。

市场上有许多金属纱线。例如，Bekintex（2014）推出的 Bekinox® 是由多根不锈钢长丝纺成的纱线；Glenair（2014）推出的 ArmorLite™ 是一种轻质微米级不锈钢长丝编织物，用于高性能互连布线的屏蔽层。

应用方面，Eichinger 等（2007）的一篇论文描述了 PCB 设计工具的应用，使用 Bekaert BK 的 50/2 导电线将电子排布转换为刺绣图案。Zhang 等（2005）将不锈钢多丝纱织造成织物，测试其电学响应，并将结果与经验值做了比较。

金属细丝可直接集成到纱线或织物结构中。在某些应用中，需要对电线进行绝缘处理，这一点，通过涂覆一层绝缘涂层即可实现。例如，Elektrisola Feindraht（2014）推出了具有聚氨酯、聚酯亚胺、聚酰亚胺、聚酰胺涂层的漆包铜线。Cottet 等（2003）报道了一种直径为 $40\mu m$ 的铜线，其外部涂覆聚酯亚胺缘绝层，每股纱线中的铜线呈螺旋状卷绕，与古代的方法类似。据报道，该线可用作传输线，长度 10cm、100cm 的频率分别为 1.2GHz 和 120MHz。Locher 等（2007）报道，使用类似尺寸、涂有聚氨酯清漆的织物，其内部导线的平均响应频率高达 2GHz。

Swiss-Shield（2015）生产带有集成金属丝的屏蔽纱线，其表面既可以是绝缘的，也可以是导电的。Seashell Technologies 生产的银纳米线，平均直径 25~200nm，长度 2~100μm（Seashell，2014）。

近年来，聚合物包覆的细铜线已被应用到芯纱线中（Cork et al.，2013）给电子元件通电。将电子设备设计在纱线中，保证了织物所需的剪切性能，当纺织品或织物贴合某个形状时，部分区域弯曲与其他部位发生剪切。纸也会弯曲，但不能发生剪切，所以纸会起皱，无法贴合造型。将电子元件设计在纱线内部实现互连，藏于内部在外表不可见，同时可保留织物所需的机械特性。使用这种技术生产的服装示例如图 1-2 所示。

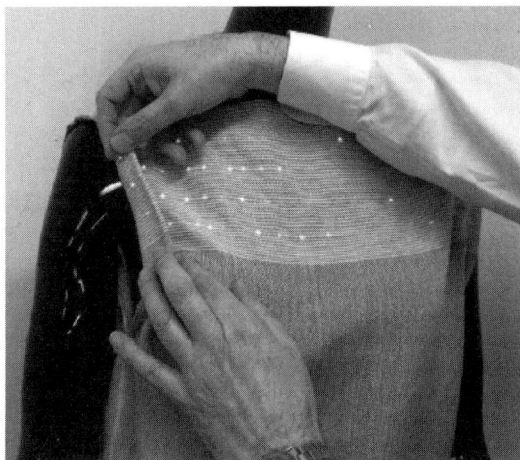

图 1-2　全集成 LED 的服装

1.2.3　金属化纤维

最早的电子纺织品中，很多使用印度的金属丝欧根纱（Buechley，2007），这些透明硬纱是用薄金条螺旋缠绕蚕丝形成的（Post，1996），也是古代使用的方法。另一种方法是直接将金属涂层涂覆到芯纱上。商业化产品中用到许多常规纤维，从棉花、丝绸、聚酯纤维和尼龙到聚苯并噁唑（PBO，Zylon®）纤维、芳香聚酯纤维（Vectran®）和芳纶（Kevlar®）。

Statex 推出的一款镀银聚酰胺纱，商品名为 Shieldex®（Statex，2014），有多纤长丝和单纤长丝两种形式。Syscom 的一款产品 AmberStrand® 是一种使用 PBO 为芯材、金属包层的纤维（Syscom，2014），Seager 等（2013）使用这种纤维制作了绣花织物天线。诺丁汉特伦特大学制备的刺绣天线如图 1-3 所示。Syscom 还使用 Kuraray 的 Vectran™ 纤维生产了一种金属包覆的纤维（Syscom，2014）。Aracon（2014）生产的金属涂层 Kevlar® 纱线，涂层包括镍、铜和银。

魁格多恒通（Quigdao Hengtong）的商品 X-silver，是一种主要具有抗菌和屏蔽功能的镀银纤维（Hengtong，2014 年）；诺贝尔生物材料的商品 ContaX，是一种多丝高导电天然银基纤维（ContaX，2014），用于抗静电。诺贝尔生物材料也销售 X-Static，是一种镀银聚合物纤维（X-Static，2014），X-Static 纤维为 99.9% 纯银涂层完全包覆的常规纤维，该系列产品的主要特点是抗菌性能。

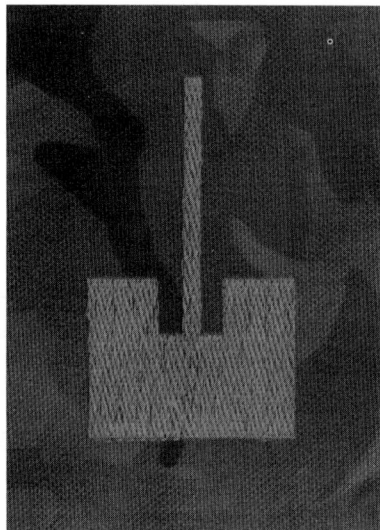

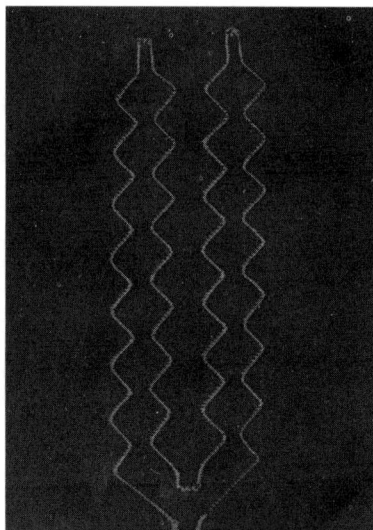

图 1-3 刺绣天线　　　　　　　　图 1-4 银衣针织纱线拉伸传感器

R-Stat 生产的镀银聚酰胺纱线和不锈钢纤维，也属于铜纤维，其中硫化铜被浸透到聚酯和聚酰胺纤维表面（R-Stat，2014）。Schwarz 等（2010）描述了化学沉积法对芳纶纱线表面镀金。

镀银尼龙已用于制作针织型应变传感器（Atlay et al.，2013）。图 1-4 所示为诺丁汉特伦特大学制作的纺织应变传感器，通过将镀银纱织入织物结构获得。

1.2.4 导电条

苏黎世 ETH 的可穿戴计算实验室开发了一种将器件安装到柔性塑料条上的工艺。2mm 宽的条带包含金属黏合垫和互连部件，并在纬向代替标准纱线织入织物（Zysset et al.，2012）。此外，麻省理工学院的一份报道描述了一种由聚合物（PPy）条制成的织物天线（Pillai et al.，2010）。另一篇论文描述了镀铜 Kapton 条带弯折后的功能（Cherenack et al.，2010）。

还可通过在绝缘塑料条上打印导线制作导电条。图 1-5 所示为由诺丁汉特伦特大学和南安普顿大学（Beeby et al.，2014）制作的发光织物，其中的发光二极管（LED）芯片在嵌入织物前安装在塑料条带上，当未点亮时，LED 和条带在正反两面均不可见。这又是和古代技术相似的方法，区别只是用现代的高分子聚合物取代了条带状的衬底。

1.2.5 本征导电聚合物（聚苯胺、聚吡咯）

在智能服装中越来越多地使用本征导电聚合物作为传感器和致动器（Cho，2010）。2000 年，由于发现和发展了导电聚合物，希格、麦克迪亚尔米德和白川英树被联合授予诺贝尔化学奖。他们的开创性工作发表于 1977 年（Shirakawa et al.，1977 年）。

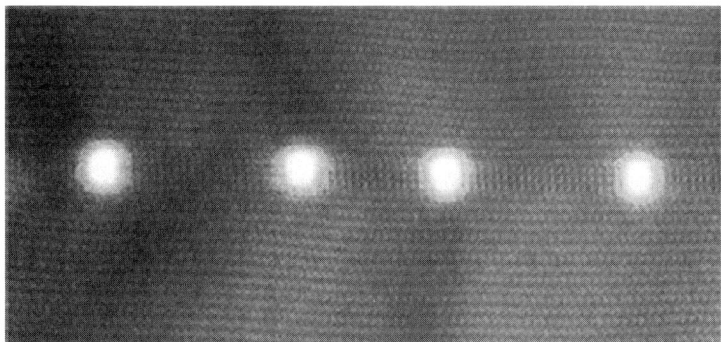

图 1-5　在一个纺织品内的照明塑料条

1982 年的一项专利描述了用硫化铜改性腈纶和变性腈纶，以赋予它们导电性能（Gomibuchi et al.，1982）。1980 年的一项专利描述了使用碘化铜电催化剂生产无明显颜色变化的导电纤维（Tanaka et al.，1981）。

McNeill 等（1963）和 Bolto 等（1963）的论文介绍了 PPy 的生产和性能。导电纱线可以用聚苯胺（PANI）和聚吡咯通过熔融纺丝或涂层工艺制备（Kim et al.，2004）。一篇综述文章描述了 PANI 的使用，PANI 具有低成本、良好的加工性和稳定性（Razak et al.，2014）等特点。

1.2.6　挤出过程中导电元件的引入

制作导电纤维的一种方法是在纤维挤出过程中引入导电颗粒。这种方法的一个问题是引入的粒子会影响所得纱线的物理性能。尽管如此，有人已尝试加入金属颗粒，但这些颗粒会对喷丝板造成磨损。因此，另一种方法是使用碳，外延纤维可以通过在纤维可以表面嵌入微小的碳颗粒制得（Gibbs et al.，2004）。Resistat（2014）推出了含碳聚合物纤维。该技术的另一个应用案例是 FabRoc® 纱线。EXO₂（2014）为滑雪和摩托车市场生产电热手套，其中就用到这款纱线。FabRoc 兼具柔性和导电性，并通过 Thermoknit™ 技术应用于加热元件中。

1.2.7　导电碳纳米管和纤维

碳纳米管前景广阔，但目前生产成本非常昂贵。然而，莱斯大学的研究人员已经开发出一种碳纳米管纤维（Behabtu et al.，2013）。这种纤维是用短碳纳米管通过湿纺技术生产的。图 1-6 所示为用这种纤维制成的纱线，可以吊起一盏灯，也可以为其通电。Devaux 等（2007）在论文中描述了导电聚合物基纤维和碳纳米管基纳米复合纤维的制备和性能。

一篇综述论文（De Volder et al.，2013）概述了碳纳米管纤维及纱线在过去以及未来的用途。

图 1-6　碳纳米管纤维
（图片由莱斯大学教授 Matteo Pasquali 提供）

1.3 导电纤维的应用

导电纤维可用于防静电、抗菌、防臭、屏蔽和其他应用。在电子纺织品中，导电元件可以提供电源、传递输入和输出信号或充当传感器。

传感器可以通过编织导电纱线来制造。Wijesiriwardana 等（2003、2004）的论文描述了采用电子平板编织技术生产电阻、电感、电容传感器。

编织导电纤维可以引入一些高度复杂的功能。例如，Tennant 等（2012）的一篇论文描述了微波波段频率可调的表面制备方法，它通过在聚酯基上使用镀银尼龙纱实现。针织导电纱线可用于制造触摸传感器开关（Wijesiri wardana et al.，2005），或用于中风康复的针织应变传感器（Preece et al.，2011）。

Coyle 等（2010）的论文描述了一些生物医学传感器。Coosemans 等（2006）的论文描述了使用由 Bekintex 纱线制成的针织和机织电机，用来进行心电图测量。

Włókiennictwa（2004）的论文描述了导电纺织品用于物理治疗环节的电磁屏蔽，其中使用的是短波和微波（电感应热）。

导电纤维可以直接用来测量应变。据报道，PPy 涂层的 Lycra 与敏感应变测量材料和无机热敏电阻（Cho，2010）材料相比具有良好的性能。Mattmann 等（2008）报道了一种用掺有 50%（按重量计）炭黑的热塑性弹性体制作的传感器纱线。

Pacelli 等（2006）描述了一系列传感器织物，它们来自欧盟资助项目 Wealthy & My Heart。还有一些织物电极是使用横机将不锈钢线与黏胶纤维、棉纱缠绕制作而成的。压阻织物传感器是用 Belltron 和 Lycra 耦合而成的。

Hertleer 等（2004）描述了一种智能西装，它使用不锈钢纱线生产针织电极（纺织品）、检测呼吸率的腰带和无线连接的刺绣线圈。

电子纤维还可以被赋予额外的功能。例如，Egusa 等（2010）介绍了一种拉制压电纤维的生产方法，并将其用于生产光学谐振器以及压电换能器。

Post（1996）和 Post 等（2000）描述了"导电刺绣（E-broidery）"的概念，即用导电纤维进行刺绣，其中比较了各种导电纱的缝纫性能。不锈钢线具有耐腐蚀、耐生物腐蚀等惰性，可纺性和低成本的优点。然而，将它们连接到现有组件难度很大。钢和聚酯纤维制成的复合纱可以用机器加工。

1.4 发展趋势

随着电子纺织品市场预期增长强劲，导电元件除了满足环保要求，美观和功能性的考量变得至关重要。不仅要考虑环境因素，还要考虑美观和功能属性。因此，理想情况下，电功能纱线和纤维应具有与传统纺织纤维相同的直径、模量和力学强度。纤维直径增加 1 倍，弯曲刚度变为原来的 16 倍，而弹性模量增加 1 倍，弯曲刚度只是原来的 2 倍（Ghosh，2004）。另外，还需要考虑纤维的弹性回复，尽管在许多情况下，纤维的回复不足可以通过设计纱线中的纤维几何结构（如螺旋路径）和引入弹性纱线来抵消。

在某些应用中，如可穿戴设备，导电元件中导体的电阻率密度也十分重要（Chung，2010）。例如，输电线使用铝，因为其密度低。导电纤维应做到与其他部件易于连接，同时在绝缘套管内保持高的导电性，应该耐加工，并且在需要的时候，可机洗、可烘干，同时应抗疲劳损伤——纤维损伤的一个主要原因（Miraftab，2009），最好也可以染色。这些需求在未来短期内几乎不可能实现，但可作为长期目标考虑。

人们已经意识到，纺织品的回收利用是一个重要的考虑因素，电子技术的引入会带来一些挑战。Kohler 等（2013）已经指出，电子纺织品会在产品的生命周期中产生不良的副作用。但另一方面，在纺织品中引入射频识别器件有助于识别构成的纤维种类，将其去除后，形成更准确、高效的回收流程。

尽管存在环保方面的顾虑，但碳纳米管只要使用得当，仍然具有潜力。碳纳米管布线有望为创造力学性能强且轻质的导电通路提供解决方案，同时提供更好的高频传输信号（Lekawa Raus et al.，2014）。2013 年世界上造出第一台碳纳米管计算机原型（Kreupl，2013），并承诺该计算机可提供更高的能效。

石墨烯是一种碳的二维形式，也显示出巨大的前景。对石墨烯的研究两次获得诺贝尔奖，同时吸引了大量的科学研究（Chabot et al.，2014）。美国陆军实验室的一份报道指出了石墨烯在电子纺织品工业中（Nayfeh et al.，2011）的潜力。

另一方向是超导领域，超导体的发展令人振奋，温度足够低，导体的电阻将为零。根据恩肖定律，磁悬浮不可能用永磁体，但使用感应磁场（抗磁性）是可能的，原理上已被证明（Simon et al.，2000），不过它需要很高的磁场。然而，有研究表明，一种称为量子锁定的现象可用来悬浮过冷物体（Deutscher，2013）。或许这种技术未来可制作悬浮纺织品供仓库分拣、无线晾衣或商店陈列使用。

对量子力学理解的进一步拓展，也会影响着纺织品中的导电元件。例如，量子效应可以显著改变材料的电学性能。量子效应占主导地位的"量子导线"可能不再适用导线电阻的经典公式（Kumar，2010）：$R = \rho \dfrac{l}{A}$。此外，单壁碳纳米管可以充当量子导线（Tans et al.，1997）。随着电子设备及其连接的电源线越来越微型化，导线需要承载更高的电流密度，预计将接近金属导线承载能力的上限。一个可能的方案是采用碳纳米管—铜复合材料，实现与铜相同的导电性，但获得 100 倍的载流能力（Subramaniam et al.，2013）。

在遥远的未来，如在室温下工作的量子导线等新技术可能会令科技发生变革，开发出前所未有的应用。

1.5　结论

导电线在古代电还没发明之前就已经制造出来。在现代，金属丝、金属包纱、金属镀层纱、固有的导电聚合物和其他技术的引入开启了纺织品的导电之路。起初，只使用传统的电线，但后来采用的方法更加先进。尤其随着可穿戴设备和电子纺织品的快速发展，导电纺织品的发展趋势将朝着性能更趋近普通纤维和纱线的方向持续强劲地发展。

参考文献

Abdel-Kareem,O.,Harith,M. A.,2008. Evaluating the use of laser radiation in cleaning of copper embroidery threads on archaeological Egyptian textiles. Appl. Surf. Sci. 254(18),5854-5860.

Atalay,O.,Kennon,W. R.,Husain,M. D.,2013. Textile-based weft knitted strain sensors：effect of fabric parameters on sensor properties. Sensors 13(8),11114-11127.

Bakhshi,A. K.,1995. Electrically conducting polymers：from fundamental to applied research. Bull. Mater. Sci. 18(5),469-495.

Bardeen,J.,1940. Electrical conductivity of metals. J. Appl. Phys. 11(2),88-111.

Beeby,S.,Cork,C.,Dias,T.,Grabham,N.,Torah,R.,Tudor,J.,Yang K.,2014. Advanced manufacturing of Smart and Intelligent Textiles(SMIT). Final technical report to Dstl,United Kingdom,14 May 2014.

Behabtu,N.,Young,C. C.,Tsentalovich,D. E.,Kleinerman,O.,Wang,X.,Ma,A. W.,Pasquali,M.,2013. Strong,light,multifunctional fibers of carbon nanotubes with ultrahigh conductivity. Science 339(6116),182-186.

Bolto,B. A.,McNeill,R.,Weiss,D. E.,1963. Electronic conduction in polymers III. Electronic properties of polypyrrole. Aust. J. Chem. 16(6),1090-1103.

Brun,J.,Vicard,D.,Mourey,B.,Lepine,B.,Frassati,F.,2009. Packaging and wired interconnections for insertion of miniaturized chips in smart fabrics. In：European Microelectronics and Packaging Conference,2009(EMPC 2009). IEEE,Piscataway,USA,pp. 1-5.

Buechley,L. A.,2007. An Investigation of Computational Textiles with Applications to Educa-tion and Design. ProQuest,Ann Arbor.

Carron,A. L.,1911. Electric-heated glove. US Patent 1011574(1911).

CFMC—Conductive Fiber Manufacturers Council,2014.

Chabot,V.,Higgins,D.,Yu,A.,Xiao,X.,Chen,Z.,Zhang,J.,2014. A review of graphene and graphene oxide sponge：material synthesis and applications to energy and the environment. Energy Environ. Sci. 7(5),1564-1596.

Cherenack,K.,van Pieterson,L.,2012. Smart textiles：challenges and opportunities. J. Appl. Phys. 112(9),091301.

Cherenack,K. H.,Kinkeldei,T.,Zysset,C.,Troster,G.,2010. Woven thin-film metal interconnects. Electron Device Lett. IEEE 31(7),740-742.

Cho,G.(Ed.),2010. Smart Clothing：Technology and Applications. CRC Press,Boca Raton/ New York.

Chung,D. D.,2010. Functional Materials：Electrical,Dielectric,Electromagnetic,Optical and Magnetic Applications(with Companion Solution Manual),vol. 2. World Scientific,Hackensack,New Jersey.

Conroy,D. W.,García,A.,2010. A golden garment from ancient Cyprus? Identifying new ways of looking at the past through a preliminary report of textile fragments from the Pafos 'Erotes' Sarcophagus. In：Yeatman，H.（Ed.），The SInet 2010 eBook. University of Wollongong，Wollongong，pp. 36−46.

Coosemans，J.，Hermans，B.，Puers，R.，2006. Integrating wireless ECG monitoring in textiles. Sens. Actuators A：Phys. 130，48−53.

Cork，C. R.，Dias，T.，Acti，T.，Ratnayaka，A.，Mbise，E.，Anastasopoulos，I.，Piper，A.，2013. The next generation of electronic textiles. In：Proceedings of the First International Conference on Digital Technologies for the Textile Industries，Manchester，UK.

Costanzo，R. J.，1936. Electrically heated socks. UK Patent GB1128224（1936）.

Cottet，D.，Grzyb，J.，Kirstein，T.，Troster，G.，2003. Electrical characterization of textile trans−mission lines. Adv. Pack. IEEE Trans. 26（2），182−190.

Courvoisier，G.，Simon，A.，（Lange International SA），1987. Electrical heating element intended to be incorporated in an inner lining of an item of clothing or accessory intended to be placed a−gainst a part of the human body. US Patent US4665308（A）（1987）.

Coyle，S.，Lau，K. T.，Moyna，N.，O'Gorman，D.，Diamond，D.，Di Francesco，F.，Costanzo，D.，Salvo，P.，Trivella，M. G.，De Rossi，D. E.，Taccini，N.，Paradiso，R.，Porchet，J. A.，Ridolfi，A.，Luprano，J.，Chuzel，C.，Lanier，T.，Revol−Cavalier，F.，Schoumacker，S.，Mourier，V.，Chartier，I.，Convert，R.，De−Moncuit，H.，Bini，C.，2010. BIOTEX—biosensing textiles for personalised healthcare management. Inf. Technol. Biomed. IEEE Trans. 14（2），364−370.

Csiszár，G.，Ungár，T.，Járó，M.，2013. Correlation between the sub−structure parameters and the manufacturing technologies of metal threads in historical textiles using X−ray line profile analysis. Appl. Phys. A 111（3），897−906.

De Volder，M. F.，Tawfick，S. H.，Baughman，R. H.，Hart，A. J.，2013. Carbon nanotubes：present and future commercial applications. Science 339（6119），535−539.

Deutscher，G.，2013. A Road Towards High Temperature Superconductors. Tel−Aviv Univer−sity，Israel.

Devaux，E.，Koncar，V.，Kim，B.，Campagne，C.，Roux，C.，Rochery，M.，Saihi，D.，2007. Pro−cessing and characterization of conductive yarns by coating or bulk treatment for smart textile applications. Trans. Inst. Meas. Control 29（3−4），355−376.

Edison，T. A.，1880. Electric lamp. US Patent US223898（1880）.

Egusa，S.，Wang，Z.，Chocat，N.，Ruff，Z. M.，Stolyarov，A. M.，Shemuly，D.，Sorin，F.，Rakich，P. T.，Joannopoulos，J. D.，Fink，Y.，2010. Multimaterial piezoelectric fibres. Nat. Mater. 9（8），643−648.

Eichinger，G. F.，Baumann，K.，Martin，T.，Jones，M.，2007. Using a PCB layout tool to create em−broidered circuits. In：2007 Eleventh IEEE International Symposium on Wearable Computers. IEEE，pp. 105−106.

Faraday，M.，1855. Experimental Researches in Electricity，vol. 3. Bernard Quaritch，London. Fishlock，D.，2001. Doctor volts. IEE Rev. 47（3），23−28.

Gasana，E.，Westbroek，P.，Hakuzimana，J.，De Clerck，K.，Priniotakis，G.，Kiekens，P.，Tseles，

D. ,2006. Electroconductive textile structures through electroless deposition of polypyrrole and copper at polyaramide surfaces. Surf. Coat. Technol. 201(6),3547–3551.

Ghosh,P. ,2004. Fibre Science and Technology. Tata McGraw–Hill Education,New Delhi,India.

Ghosh,T. K. ,Dhawan,A. ,Muth,J. F. ,2006. Formation of electrical circuits in textile structures. In:Mattila,H. R. (Ed.),Intelligent Textiles and Clothing. Woodhead Publishing,Cambridge,pp. 239–282.

Gibbs,P. ,Asada,H. H. ,2004. Wearable conductive fiber sensors for measuring joint move–ments. In: 2004 IEEE International Conference on Robotics and Automation. Proceedings (ICRA'04),vol. 5. IEEE,New York,NY,USA,pp. 4753–4758.

Gomibuchi,R. ,Takahashi,K. ,Tomibe,S. ,(Nippon Sanmo Deying),1982. Method of making e–lectrically conducting fiber. US Patent US4364739(1982).

Gonzalez, M. , Axisa, F. , Bulcke, M. V. , Brosteaux, D. , Vandevelde, B. , Vanfleteren, J. , 2008. Design of metal interconnects for stretchable electronic circuits. Microelectron. Reliab. 48 (6),825–832.

Grisley,F. ,1936. Improvements in blankets,pads,quilts,clothing,fabric,or the like,embody–ing electrical conductors. UK Patent GB445195(1936).

Hacke, A. M. , Carr, C. M. , Brown, A. , Howell, D. , 2003. Investigation into the nature of metal threads in a renaissance tapestry and the cleaning of tarnished silver by UV/ozone(UVO)treat–ment. J. Mater. Sci. 38(15),3307–3314.

Harness,C. B. ,1891 Improvements relating to electrical belts,chiefly designed for medical pur–poses. UK Patent GB189108579(A)(1891).

Hauser–Schäublin,B. ,Ardika,I. W. (Eds.),2008. Burials,Texts and Rituals:Ethnoarchaeolo–gical Investigations in North Bali,Indonesia,vol. 1. Universitätsverlag Göttingen,Gottingen.

Hersh,S. P. ,Montgomery,D. J. ,1952. Electrical resistance measurements on fibers and fiber as–semblies. Text. Res. J. 22(12),805–818.

Hertleer,C. ,Grabowska,M. ,Van Langenhove,L. ,Catrysse,M. ,Hermans,B. ,Puers,R. ,Kal–mar,A. F. ,van Egmond,H. ,Matthys,D. ,2004. Towards a smart suit. In:Proceedings of Wear–able Electronic and Smart Textiles,Leeds,UK,p. 11.

James,E. S. ,(Thos Firth & John Brown Ltd),1936. Metal reducing method. US Patent 2050298 (1936).

Kassebaum,J. H. ,Kocken,R. A. ,1997. Controlling static electricity in hazardous(classified)loca–tions. Ind. Appl. IEEE Trans. 33(1),209–215.

Kim,B. ,Koncar,V. ,Devaux,E. ,Dufour,C. ,Viallier,P. ,2004. Electrical and morphological properties of PP and PET conductive polymer fibers. Synth. Met. 146(2),167–174.

Köhler,A. R. ,Som,C. ,2013. Risk preventative innovation strategies for emerging technologies the cases of nano–textiles and smart textiles. Technovation 38(8),420–430.

Kreupl,F. ,2013. Electronics:the carbon–nanotube computer has arrived. Nature 501 (7468), 495–496.

Kuhn,H. H. ,Kimbrell,W. C. ,(Milliken Res Corp),1989. Electrically conductive textile mate–

rials and method for making same. US Patent US4803096(A) (1989).

Kuhn, H. H. , Child, A. D. , Kimbrell, W. C. , 1995. Toward real applications of conductive poly-mers. Synth. Met. 71(1) ,2139−2142.

Kumar, A. ,2010. Introduction to Solid State Physics. PHI Learning Limited, New Dehli.

Lekawa−Raus, A. , Patmore, J. , Kurzepa, L. , Bulmer, J. , Kurzepa, L. , Bulmer, J. , Koziol, K. , 2014. Electrical properties of carbon nanotube based fibers and their future use in electrical wir-ing. Adv. Funct. Mater. 24(5) ,619−624.

Lemercier, A. A. ,1918. Electrically−heated clothing. US Patent US1284378(A) (1918).

Locher, I. , Troster, G. , 2007. Fundamental building blocks for circuits on textiles. Adv. Pack. IEEE Trans. 30(3) ,541−550.

MarketsandMarkets,2013. Wearable Electronics Market and Technology Analysis(2013−2018).

Marsh, M. C. , Earp, K. , 1933. The electrical resistance of wool fibres. Trans. Faraday Soc. 29 (140) ,173−192.

Mattmann, C. , Clemens, F. , Tröster, G. , 2008. Sensor for measuring strain in textile. Sensors 8 (6) ,3719−3732.

McNeill, R. , Siudak, R. , Wardlaw, J. H. , Weiss, D. E. , 1963. Electronic conduction in poly-mers. I. The chemical structure of polypyrrole. Aust. J. Chem. 16(6) ,1056−1075.

Miraftab, M. ,2009. Fatigue Failure of Textile Fibres. Woodhead, Oxford.

Muros, V. , Wärmländer, S. K. , Scott, D. A. , Theile, J. M. , 2007. Characterization of 17th−19th century metal threads from the colonial andes. J. Am. Inst. Conserv. 46(3) ,229−244.

Murphy, E. J. , Walker, A. C. ,1928. Electrical conduction in textiles. I. The dependence of the re-sistivity of cotton, silk and wool on relative humidity and moisture content. J. Phys. Chem. 32 (12) ,1761−1786.

Nakad, Z. , Jones, M. , Martin, T. , Shenoy, R. , 2007. Using electronic textiles to implement an a-coustic beamforming array: a case study. Pervasive Mob. Comput. 3(5) ,581−606.

Nayfeh, O. M. , Chin, M. , Ervin, M. , Wilson, J. , Ivanov, T. , Proie, R. , Nichols, B. M. , Crowne, F. , Kilpatrick, S. , Dubey, M. , Nambaru, R. , Ulrich, M. , 2011. Graphene−Based Nanoelectro-nics(No. ARL−TR−5451). Army Research Lab and Sensors and Electron Devices Directorate, Adelphi, MD, USA.

Noad, H. M. ,1859. A Manual of Electricity. Lockwood and Co, London.

Nusco, R. , Parzl, A. , Maier, G. , (Zimmermann GmbH) , 2005. Electrically conductive yarn. US Patent US2005282009(A1) (2005).

Pacelli, M. , Loriga, G. , Taccini, N. , Paradiso, R. , 2006. Sensing fabrics for monitoring physi-ological and biomechanical variables: e−textile solutions. In: Proceedings of the Third IEEE−EMBS, pp. 1−4.

Parashkov, R. , Becker, E. , Riedl, T. , Johannes, H. , Kowalsky, W. , 2005. Large area electronics using printing methods. Proc. IEEE 93(7) ,1321−1329.

Park, S. , Mackenzie, K. , Jayaraman, S. ,2002. The wearable motherboard: a framework for person-alized mobile information processing(PMIP). In: Proceedings of the Thirty−Ninth Annual Design Automation Conference. ACM, New York, NY, USA, pp. 170−174.

Paul, G., Torah, R., Beeby, S., Tudor, J., 2014. The development of screen printed conductive networks on textiles for biopotential monitoring applications. Sens. Actuators A: Phys. 206, 35−41.

Pillai, P., Paster, E., Montemayor, L., Benson, C., Hunter, I. W., 2010. Development of Soldier Conformable Antennae using Conducting Polymers. Massachusetts Institute of Technol−ogy, Cambridge Institute for Soldier Nanotechnologies, Cambridge, MA.

Pionteck, J., Wypych, G. (Eds.), 2007. Handbook of Antistatics. ChemTec Publishing, Toronto.

Post, E. R., 1996. E-broidery: An Infrastructure for Washable Computing. MSc Thesis. MIT.

Post, E. R., Orth, M., Russo, P. R., Gershenfeld, N., 2000. E−broidery: design and fabrication of textile−based computing. IBM Syst. J. 39(3. 4), 840−860.

Preece, S. J., Kenney, L. P., Major, M. J., Dias, T., Lay, E., Fernandes, B. T., 2011. Automatic i−dentification of gait events using an instrumented sock. J. Neuroeng. Rehabil. 8, 32.

Razak, S. I. A., Rahman, W. A. W. A., Hashim, S., Yahya, M. Y., 2014. Polyaniline and their conductive polymer blends: a short review. Mal. J. Fund. Appl. Sci. 9(2).

Rhodius, A. The Argonautica, 3rd Century B. C.

Schwartz, B., Meyer, S. M., 1979. Illuminated article of clothing. US Patent US4164008 (A) (1979).

Schwarz, A., Hakuzimana, J., Kaczynska, A., Banaszczyk, J., Westbroek, P., McAdams, E., Moody, G., Chronis, Y., Priniotakis, G., De Mey, G., Tseles, D., Van Langenhove, L., 2010. Gold coated para−aramid yarns through electroless deposition. Surf. Coat. Technol. 204 (9), 1412−1418.

Scilingo, E. P., Lorussi, F., Mazzoldi, A., De Rossi, D., 2003. Strain−sensing fabrics for wearable kinaesthetic−like systems. Sens. J. IEEE 3(4), 460−467.

Seager, R., Zhang, S., Chauraya, A., Whittow, W., Vardaxoglou, Y., Acti, T., Dias, T., 2013. Effect of the fabrication parameters on the performance of embroidered antennas. IET Mi−crowaves Antennas Propag. 7(14), 1174−1181.

Shirakawa, H., Louis, E. J., MacDiarmid, A. G., Chiang, C. K., Heeger, A. J., 1977. Synthesis of electrically conducting organic polymers: halogen derivatives of polyacetylene, $(CH)_x$. J. Chem. Soc. Chem. Commun. 16, 578−580.

Simon, M. D., Geim, A. K., 2000. Diamagnetic levitation: flying frogs and floating magnets. J. Appl. Phys. 87(9), 6200−6204.

Skals, I., 1991. Metal thread with animal−hair core. Stud. Conserv. 36(4), 240−242.

Stoppa, M., Chiolerio, A., 2014. Wearable electronics and smart textiles: a critical review. Sensors 14(7), 11957−11992.

Subramaniam, C., Yamada, T., Kobashi, K., Sekiguchi, A., Futaba, D. N., Yumura, M., Hata, K., 2013. One hundred fold increase in current carrying capacity in a carbon nanotube−copper composite. Nat. Commun. 4, 2202.

Summers, A. V., 1945. Improvements relating to electrical heated clothing, flying equipment and the like. UK Patent GB571985, (19. 07. 1945.).

Tanaka, H. , Tsunawaki, K. , 1981. Electrically conductive fiber and method for producing the same. European Patent EP0014944(A1)(1980).

Tans, S. J. , Devoret, M. H. , Dai, H. , Thess, A. , Smalley, R. E. , Georliga, L. J. , Dekker, C. , 1997. Individual single-wall carbon nanotubes as quantum wires. Nature 386(6624),474-477.

Tennant, A. , Hurley, W. , Dias, T. , 2012. Experimental knitted, textile frequency selective surfaces. Electron. Lett. 48(22),1386-1388.

Westbroek, P. , Priniotakis, G. , Palovuori, E. , De Clerck, K. , Van Langenhove, L. , Kiekens, P. , 2006. Quality control of textile electrodes by electrochemical impedance spectroscopy. Text. Res. J. 76(2),152-159.

Wijesiriwardana, R. , Dias, T. , Mukhopadhyay, S. , 2003. Resistive fibre-meshed transducers. In: 2012 Sixteenth International Symposium on Wearable Computers. IEEE Computer Society, Washington, DC, USA, p. 200.

Wijesiriwardana, R. , Mitcham, K. , Dias, T. , 2004. Fibre-meshed transducers based real time wearable physiological information monitoring system. In: Eighth International Sympo-sium on Wearable Computers, 2004(ISWC 2004), vol. 1. IEEE, New York, NY, USA, pp. 40-47.

Wijesiriwardana, R. , Mitcham, K. , Hurley, W. , Dias, T. , 2005. Capacitive fiber-meshed transducers for touch and proximity-sensing applications. Sens. J. IEEE 5(5),989-994.

Włókiennictwa, I. , 2004. Application of electrically conductive textiles as electromagnetic shields in physiotherapy. Fibres Text. East. Eur. 12(4),48.

Zadeh, E. G. , Rajagopalan, S. , Sawan, M. , 2006. Flexible biochemical sensor array for laboratory-on-chip applications. In: International Workshop on Computer Architecture for Machine Perception and Sensing, 2006(CAMP 2006). IEEE, New York, NY, USA, pp. 65-66.

Zhang, H. , Tao, X. , Wang, S. , Yu, T. , 2005. Electro-mechanical properties of knitted fabric made from conductive multi-filament yarn under unidirectional extension. Text. Res. J. 75(8), 598-606.

Zysset, C. , 2013. Integrating Electronics on Flexible Plastic Strips into Woven Textiles. Doctoral Dissertation. Eidgenössische Technische Hochschule ETH Zürjch, Nr. 20985.

Zysset, C. , Kinkeldei, T. W. , Munzenrieder, N. , Cherenack, K. , Troster, G. , 2012. Integration method for electronics in woven textiles components, packaging and manufacturing technology. IEEE Trans. 2(7),1107-1117.

第 2 章　导电聚合物纱线

H. Qu，M. Skorobogatiy

Ecole Polytechnique de Montréal，Montreal，QC，Canada

常见专业名称及其缩写对应见表 2-1。

表 2-1　常见专业名称及其缩写

英文缩写	专业名称
AMPSA	2-丙烯酰胺基-2-甲基-1-丙磺酸
BPA	苯磷酸
CNT	碳纳米管
CPY	导电聚合物纱线
CSA	樟脑磺酸
DBSA	十二烷基苯磺酸
DCAA	二氯乙酸
DEHS	二-（2-乙基己基）磺基琥珀酸盐
DMF	二甲基甲酰胺
DMPU	1，3-二甲基丙撑脲
DMSO	二甲基亚砜
EB	翠绿亚胺碱
ES	翠绿亚胺盐
ICP	本征导电聚合物
LDPE	低密度聚乙烯
MWNT	多壁碳纳米管
NMP	N-甲基-2-吡咯烷酮
PANI	聚苯胺
PC	聚碳酸酯
PEDOT：PSS	聚（3，4-亚乙基二氧噻吩）：聚苯乙烯磺酸盐
PEI	聚乙烯亚胺
PET	聚对苯二甲酸乙二醇酯

续表

英文缩写	专业名称
PLA	聚乳酸
PMMA	聚甲基丙烯酸甲酯
PA	聚酰亚胺
PP	聚丙烯
PPy	聚吡咯
PVA	聚醋酸乙烯酯
SDBS	十二烷基苯磺酸钠
SWNT	单壁碳纳米管
SS	不锈钢
TEM	透射电子显微镜
WAXD	广角 X 射线衍射

2.1　简介

过去十年，电子纺织品（又称智能纺织品）得到了长足的发展。其制备方法通常是将电路集成到传统纺织品中来对其改性。一般而言，定义其为智能纺织品，是因为它们能够直接对环境刺激做出响应，如机械、热、化学、电性和磁性。智能纺织品和织物的潜在应用，包括可穿戴计算织物（Berzowska，2005；Kim et al.，2009；Marculescu et al.，2003），抗静电服装（Green，2000；Banks，2000），电磁屏蔽服装（Zoran，1992；Vladimir et al.，1999），纺织品之间的数据传输（Tao，2005），医疗和运动领域的热传感或应变传感（Lorussi et al.，2003；Scilingo et al.，2003；Lorussi et al.，2005），触觉或触摸织物传感器（Gorgutsa et al.，2012），以及用于照明或装饰的颜色可调纺织品（Gauvreau et al.，2008；Sayed et al.，2010）等。纺织品智能化的实现方式通常是将导电纺织纱线或纤维连接集成到织物中的其他电子设备上。当代智能纺织品中使用的许多导电纱线由金属纱线或纤维制成，其中的金属包括铜、不锈钢（SS）、银、黄铜镍及其合金（Swicofil，n. d. a.）。这些金属纱线尽管导电率相对较高，但与商品化的聚合物纱线（如尼龙、羊毛和棉）相比，通常更重更硬，不仅会增加纺织品或成衣的重量，还降低了服装穿着的舒适性甚至是可穿着性，给日常穿着带来不便。因此，研制聚合物基导电纱线的强烈需求应运而生。

本章中概述了导电聚合物纱线（CPY）领域的最新进展。导电聚合物纱线通常分为两类：体相导电聚合物纱线（bulk CPY）和表面导电聚合物纱线（surface CPY）。本章对每种导电聚合物纱线的制造和加工技术进行了综述。另外，简要介绍了这些导电聚合物纱线的电学和机械性能，并总结出相应成果的优点和局限性。

2.2　体相导电聚合物纱线

2.2.1　本征导电聚合物纤维/纱线

本征导电聚合物（ICP）也称共轭聚合物，是一类能导电的有机聚合物。过去 50 年里，本征导电聚合物始终是研究热点；然而直到 20 世纪 80 年代才有人报道基于纯本征导电聚合物的纤维或纱线，人们认为本征导电聚合物用常规聚合物工艺加工难度很高（Skotheim et al.，2006）。实际情况中，大多数本征导电聚合物为非热塑性材料，到达熔点前已开始分解，因此这些本征导电聚合物无法通过熔融法进行加工。因此，人们只能采用溶液纺丝法制备本征导电聚合物纤维或纱线。本节主要研究基于聚苯胺（PANI）和聚吡咯（PPy）的本征导电聚合物纤维，这两种本征导电聚合物易溶于多种溶剂（Skotheim，1997）。

2.2.1.1　本征导电聚苯胺纤维/纱线

PANI 虽然一个多世纪前就被发现，但一直到 20 世纪 80 年代中期都未获得足够的重视。一直到 MacDiarmid 等发现了 PANI 的三种基本氧化状态，并且用酸掺杂法展示了其导电性，PANI 才开始被关注（Chiang et al.，1986；Huang et al.，1986；Angelopoulos et al.，1988）。尤其是在翠绿亚胺［又称翠绿亚胺碱（EB）］氧化态下制备的 PANI，通过酸性掺杂能获得良好的环境稳定性和相对较高的导电性，是所有 PANI 氧化状态中最受关注的类型。EB 可溶于多种有机溶剂中，如 N-甲基-2-吡咯烷酮（NMP）、N，N'-二甲基丙烯尿素（DMPU）、乙酸、甲酸和二甲基亚砜等（Angelopoulos et al.，1988），验证了溶液纺丝法制备聚苯胺纤维的可行性。

Scherr 等（1991）表明，用 EB 的 20%（质量分数，后同）NMP 溶液可纺出 PANI 纤维。凝固剂采用 NMP 水溶液。PANI 纤维拉伸至原纤维长度的 3~4 倍后，测得的拉伸强度约为 366MPa，该值与同直径的商品化聚合物纤维（如尼龙 6）相当。拉伸后的纤维用浓度为 1mol/L 的盐酸掺杂后，最大电导率可达 170S/cm。EB 纤维溶液纺丝的一个挑战在于，在其大多数溶液中，当 EB 浓度超过 6% 后便极易凝胶（Tzou et al.，1993，1995）。

Cohen 等（1992）和 Hsu 等（1993）发现在 EB/NMP 溶液中添加某些胺（如吡咯烷）或使用某些胺作溶剂（如 1，4-二胺环己烷）可延迟凝胶时间，从而可以实现一定规模的纺纱。例如，实验证明，纤维连续湿法纺丝可以在 EB/1，4-二氨基环己烷溶液中进行（10%~20% 的 EB）（Hsu et al.，1993）。初生纤维平均拉伸强度约为 3.9g/旦（gpd）（纱线和纺织品行业，拉伸强度通常以 gpd 为单位）。旦尼尔（Denier）是衡量纤维或纱线细度的单位，定义为每 9000m 的纤维（或纱线的质量）克数。1 旦 = 1g/9000m）。1mol/L 盐酸掺杂初生纤维的电导率高达 157.8S/cm。

此外，Mattes 等（1997）报道，已有超过 60 种化合物可作为 EB/NMP 溶液的"凝胶抑制剂"。例如，向其中加入少量凝胶抑制剂吡咯烷，得到的 EB 溶液凝胶化时间调节范围从几个小时到几天不等，从而可实现连续纺丝。对初生纤维进行热拉伸，拉伸率可高达 500%，其杨氏模量、拉伸强度和密度分别为 0.55GPa、0.32gpd 和 0.52g/cm³。对于拉伸四次的纤维，对应的值分别为 2.21GPa、0.77gpd 和 0.92g/cm³。显然，纤维经热拉伸后，由于高分子排列的有序性增加，其力学性能显著提高。初生纤维和拉伸后纤维的断裂伸长率分别为 9.1% 和 6.04%。拉伸后的纤维中掺杂有各种有机或无机酸，以增加纤维的导电性。掺有苯磷酸（BPA）的拉伸纤维，其电导率高达 50S/cm。

Wang 等（2000）报道了另一种典型的 EB/NMP 溶液凝胶抑制剂，2-甲基氮丙啶，它是一种仲胺。将少量 2-甲基氮丙啶粉末加入 EB/NMP 溶液中，凝胶时间可延长至数日。初生 EB 纤维的杨氏模量为 0.54GPa，拉伸强度为 15MPa，断裂伸长率为 9%，而四次拉伸后的纤维对应值分别为 1.85GPa、60MPa 和 6%。掺杂 BPA 的拉伸纤维，其电导率为 10.3S/cm。尽管 2-甲基氮丙啶是一种有效的 EB/NMP 溶液凝胶抑制剂，但它毒性极大，给操作、维护带来不便（monographs, n. d.）。需要注意的是，EB 溶液中的凝胶抑制剂浓度应经过仔细优化。浓度不足则凝胶时间过短，而浓度过高会大大降低初生纤维的机械性能和物理性能（Mattes et al., 1997；Wang et al., 2000）。

此外，Yang 等（2001）报道，在 EB 的 NMP 溶液纺丝过程中，初生 PANI 纤维内部形成许多大孔隙。他们发现在凝固浴的加工过程中，凝固剂分子（大多数情况是水）可以穿透初生纤维。干燥后，水分逐渐蒸发，纤维内部留下许多大孔隙。大孔隙的存在会降低纤维密度以及纤维的机械强度（杨氏模量和拉伸强度），因此应尽量减少大孔隙的生成。一般建议用提高 EB 浓度和降低凝固浴温度这两种方法来有效减少微孔的体积密度（Yang et al., 2001），这两种方法可减少水扩散进入纤维，从而抑制大孔隙的形成（图 2-1）。

(a) 17%, 25℃   (b) 20%, 25℃   (c) 25%, 25℃①

(d) 25%, 25℃②   (e) 25%, 35℃   (f) 25%, 45℃

图 2-1 不同浓度（质量分数）和温度的聚苯胺纺制聚苯胺纤维的横截面（Yang et al., 2001）

图 2~1 中，（a）~（c）表示聚苯胺纤维在 25℃ 湿纺，纺丝液中聚苯胺浓度分别为 17%、20% 和 25%，（d）~（f）表示聚苯胺纤维分别在 25℃、35℃ 和 45℃ 湿纺，纺丝液中聚苯胺浓度为 25%。

Jain 等（1995）分别研究了 PANI/NMP 和 PANI/DMPU 溶液的黏度，发现 EB/DMPU 溶液的凝胶化时间比 EB/NMP 溶液长得多。随后，他们（Tzou et al., 1995）展示了用湿法纺丝从溶解在 DMPU 中的 15% EB 溶液中制备聚苯胺纤维。初生 EB 纤维的拉伸强度为

0.6gpd，杨氏模量为27.9gpd，断裂伸长率为7.1%。通过酸性掺杂处理，初生纤维的电导率为~32S/cm，四倍拉伸纤维的电导率为~350S/cm。

前文综述了碱性条件下聚苯胺制备纤维的方法，因此这种方法通常被称为碱处理法。需要注意的是，用这种方法纺制的聚苯胺纤维通常需要进行酸掺杂后处理，以提高纤维的导电性。通常情况下，只有小分子酸（如HCl）才能用于掺杂，而且大多数情况下，初生纤维的密度非常大，只有靠近纤维表层的部分才能掺杂进去（Pomfret et al.，2000）。

Wang等（1995）采用湿法纺丝的方法，从聚苯胺/樟脑磺酸（CSA）混合溶液（溶剂为间甲酚）中制备聚苯胺纤维。初纺聚苯胺纤维的拉伸强度为0.2gpd，断裂伸长率为8.4%，模量为7.3gpd。聚苯胺纤维电导率约为200S/cm。Pomfret等（2000）发现了一种新型的磺酸掺杂剂和湿法纺丝溶剂的组合，即2-丙烯酰胺基-2-甲基-1-丙磺酸（AMP-SA）和二氯乙酸（DCAA）。人们也研究了大量的凝固剂用于纤维纺丝，丙酮、乳酸丁酯和4-甲基-2-戊酮是三种优选的凝固剂，均可形成光滑的圆柱形聚苯胺纤维。初生聚苯胺纤维的拉伸强度和模量分别为40~60MPa和20~60MPa，电导率为130S/cm，而五倍拉伸的纤维电导率可达约1000S/cm。

一些小组（Mottaghitalab et al.，2006；Spinks et al.，2006；Liao et al.，2011）最近的研究表明，通过添加碳纳米管可以增强聚苯胺纤维的电学和机械性能。例如，Mottaghi-talab等（2006）将碳纳米管分散到聚苯胺/AMPSA/DCA的纺丝液中进行复合液湿法纺丝。对初生聚苯胺纤维机械性能的测试表明，碳纳米管的加入使纤维的拉伸强度从170MPa提高到255MPa，模量从3.4GPa增加到7.3GPa。电导率可达716S/cm，比未填充碳纳米管的纤维提高了44%。

2.2.1.2 本征导电聚吡咯纤维

聚吡咯纤维是一种环境稳定性和生物相容性均优于聚苯胺纤维的本征导电聚合物（Skotheim，1997）。Li等（1993）首次报道了连续聚吡咯纤维的生产。聚吡咯纤维的生产通过吡咯单体在电化学流动池中聚合形成。单根导电聚四氟乙烯纤维可沿着流动池以1cm/h的速度生长。然而这种极低速应用到聚吡咯纤维的规模化生产显然不切实际。

最近，人们发现聚吡咯中引入二-（2-乙基己基）磺酸盐（DEHS）后在很多有机溶剂中均能快速溶解，如二甲基亚砜（DMSO）、二甲基甲酰胺（DMF）和间甲酚，这就让溶液纺丝法制备聚吡咯纤维成为可能（Foroughi et al.，2008）。Foroughi等（2008）报道了使用溶液纺丝制备连续聚吡咯纤维的技术。研究中，PPy-DEHS混合物溶解在二氯乙酸（DCAA）纺丝液中，含40%DMF的水溶液为凝固剂。初生纤维的最终拉伸强度、模量和断裂伸长率分别为25MPa、1.5GPa和2%。初生纤维的电导率平均测量值为3S/cm。后来，该小组又报道（Foroughi et al.，2009，2010），初生纤维的电学和机械性能取决于聚吡咯的聚合温度。实验中，将聚合温度从0℃降低到-15℃，用由此合成的聚吡咯进行纺丝。所得的初生纤维的拉伸强度、杨氏模量和断裂伸长率分别提高到136MPa、4.2GPa和5%。纤维经热拉伸后电导率达到30S/cm。

2.2.2 加捻/嵌入金属导线的聚合物纱线

2.2.2.1 采用传统方法制备的聚合物—金属混合纱线

制备导电聚合物纱线最简单的方法之一就是将金属丝线直接与传统的纺织聚合物纱线

混纺。这种导电纱线很容易通过传统的纺纱技术获得，如环锭纺或气流纺。一般而言，由于金属纤维在纱线中的高导电性，金属丝混纺聚合物纱线的线电阻率较低（0.2~200Ω/m）。如图 2-2 所示，Suh（Textileworld，n. d.）将这种导电纱线分为三种：金属芯纱线、聚合物芯纱线和聚合物—金属编织纱线。表 2-2 总结了迄今为止报道的一些聚合物—金属混合纱线的主要性能。

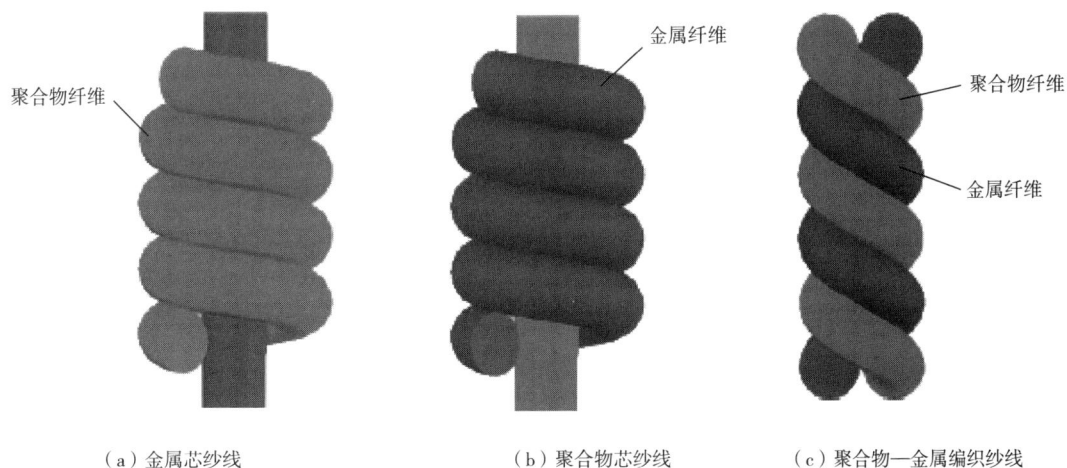

（a）金属芯纱线　　　　　　　　（b）聚合物芯纱线　　　　　　　　（c）聚合物—金属编织纱线

图 2-2　聚合物—金属混合纱线的三种典型结构

表 2-2　聚合物—金属混合纱线性能汇总表

金属芯纱线						
芯	直径	鞘	细度	捻度	线电阻率	参考文献
SS	0.08mm	棉	44tex	661 捻/m	60Ω/m	Patel et al.（2012）
SS	0.05~0.1mm	KS+SS	50~100tex	—	—	Cheng et al.（2003）
铜	0.05mm	KS+SS	50tex	—	—	Cheng et al.（2003）
铜+玻璃	0.12mm	PP	930 旦	150 捻/m	—	Cheng et al.（2003）
SS	0.1mm	PP	863.5 旦	140 捻/m	—	Cheng et al.（2002）
SS+PA	0.1mm	PP	983.4 旦	140 捻/m	—	Cheng et al.（2002）
铜+PA	0.08mm	SS	—	120~200 捻/m	—	Chen et al.（2004，2007）
铜	0.09~0.1mm	棉	—	—	~4Ω/m	Perumalraj et al.（2009）
铜+聚酯	0.024mm	聚酯纤维	75 旦	400 捻/m	—	Inoue et al.（1988）
聚合物芯纱线						
芯	直径	鞘	细度	捻度	线电阻率	参考文献
PP 布边	0.08mm	铜	5651.1 旦	280 捻/m	—	Chen et al.（2004）
PP 布边	0.08mm	SS	5651.1 旦	280 捻/m	—	Chen et al.（2004）

聚合物芯纱线						
芯	直径	鞘	细度	捻度	线电阻率	参考文献
聚酯或其他	0.002英寸	镍或其他	100~1500旦	1~20捻/英寸	—	Rees（1988）
聚酯	35μm	SS	600旦	350捻/m	180Ω/m	Watson（1988）
氨纶	20μm	铜或其他	44dtex	~1700捻/m	—	Consoli et al.（2004）
氨纶	50μm	铜+PA	1880dtex	3600捻/m	—	Maier et al.（2005）
聚合物—金属编织纱线						
金属	直径	聚合物	细度	捻度	线电阻率	参考文献
SS	8μm	PP	2.2dtex	—	$6×10^5$ Ω/m	Safarova et al.（2012）
SS	—	尼龙	1200旦	—		Gerald（1975）

注 旦（denier）是细度单位，分特（dtex）和特（tex）是线密度单位。1旦表示每9000m纱线重1g，1tex表示每1000m纱线重1g。KS为凯夫拉（Kevlar），Spandex为一种由聚氨酯—聚脲共聚物组成的合成纤维。

金属芯纱线采用芯壳结构，其中一根或多根金属纤维作为芯，包裹在由聚合物纤维组成的壳中［图2-2（a）］。一般来说，金属线（例如不锈钢线）刚性大，这使得它们很难在传统的织布机或针织机上直接织布（Maier et al.，2005）。用聚合物纤维缠绕金属丝可以有效地减少纱线与织机之间的摩擦，有利于织物的制造。此外，聚合物纤维外壳可以有效地防止金属芯的机械磨损（Byrns et al.，1983；Toon et al.，1994），从而避免了由于日常使用而导致的纱线导电性损失。其局限在于这种结构的纱线伸长率相对较低，通常小于5%，并且由于金属芯的存在而几乎没有弹性。

聚合物芯纱线的结构包括聚合物纤维组成的芯和包绕成壳层的金属丝两部分［图2-2（b）］。纱线中使用的金属丝比芯纤维长得多，使得聚合物芯纱线比金属丝芯纱线有更大的伸长率。如Maier等（2005）报道的用环锭纺制备聚合物芯导电纱线。在纺纱过程中，首先用一根铜丝缠绕在一根高弹性聚合物纱线上（莱卡氨纶），然后用尼龙66将纱线进一步包裹，加固整个纱线结构，所得纱线的断裂伸长率为320%。此外，此纱线在长度拉伸一倍回复后会产生2%的永久伸长率但不丧失电导性。聚合物芯纱线的缺点是纱线中的金属纤维直接暴露在工作环境中，因此易生锈或产生机械磨损。为防止这种情况发生，聚合物芯纱线可使用在表面预涂薄层塑料的金属纤维，或在纱线表面进一步包裹聚合物长丝的方法对纱线进行保护。

制备聚合物—金属编织纱线可简单地将聚合物纤维和金属纤维捻合在一起［图2-2（c）］。然而，这种结构的纱线报道十分有限，这是由于这种纱线的机械延伸性能较差，纱线中的聚合物纤维部分无法有效保护金属丝。只有当一些短金属纤维（长度1~10cm）无法用另外两种结构纺纱时，才制成编织纱线。例如，Safarova等（2012）报道了一种聚合物—金属编织纱线，它由聚丙烯短纤维与不锈钢短纤维（平均长度5cm）通过摩擦纺加捻而成。这种纱线的电导率取决于纱线中不锈钢短纤维的占比。通过实验测得，含有20%不锈钢短纤维的纱线，其线电阻率为$6×10^5$ Ω/m。

2.2.2.2 采用纤维拉伸技术制备的聚合物—金属混合纤维

另一种制备聚合物—金属混合纤维或纱线的方法是在纤维拉伸过程中将金属丝嵌入聚

合物纤维中，以这种方式制备的纤维通常称为超材料纤维（Mazhorova et al.，2010）。这种纤维中金属或合金的熔融温度一般应与聚合物材料相似。Mazhorova 等（2010）报道了一种含有铋—锡合金（熔点 140℃）微导线的聚碳酸酯（PC）纤维。制备该纤维时，首先将 $Bi_{42}Sn_{58}$ 的液态熔体填充到 PC 管中，制成纤维预制体，随后采用加热拉丝法将拉丝塔拉伸而成。制成的纤维横截面为 PC 包层金属芯的结构。纤维的电阻率取决于合金成分，实验测量了直径为 200μm 的纤维，其线电阻率约为 12Ω/m。

另外，将金属纤维堆叠排列在 PC 管中作为另一个纤维预制件，并反复拉伸（Mazhorova et al.，2010），拉伸纤维包含多根金属线［图 2-3（a）］。最近，一些研究小组已经制备了含多种铟（Tuniz et al.，2010，2011）、锡—锌（Orf et al.，2011a，b），或锡—铋微导线（Ung et al.，2013）的聚合物纤维。这些导电聚合物纤维目前主要用于光学应用，如太赫兹偏振片和滤光片，不过它们在智能纺织品行业中的潜力还有待进一步开发。

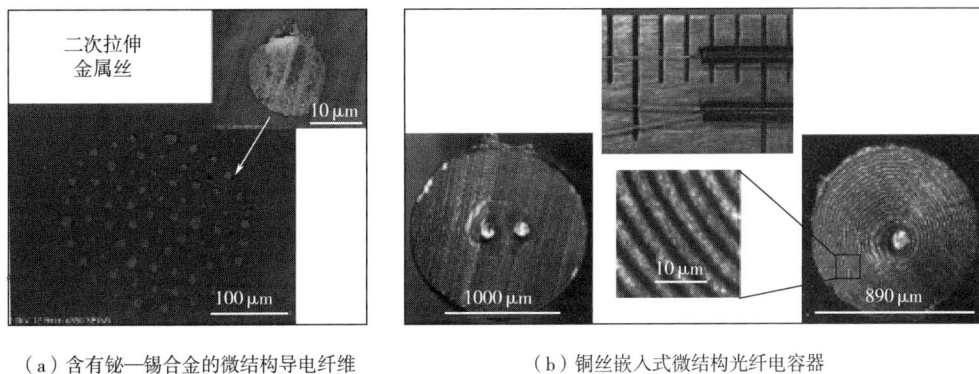

（a）含有铋—锡合金的微结构导电纤维　　　（b）铜丝嵌入式微结构光纤电容器

图 2-3　采用纤维拉伸技术制备的聚合物—金属混合纱线
（Mazhorova et al.，2010；Gu et al.，2010）

值得注意的是，在纤维加工过程中可以将熔点相对较高的金属纤维嵌入聚合物纤维来制备聚合物—金属混合纤维。例如，有一种聚合物纤维在拉伸过程中可嵌入一根或多根铜线（Gu et al.，2010）。纤维预制体可以是热塑性塑料（如 LDPE 或 PC）制成的圆柱形管。在预制棒顶部安装一个可调张力的卷轴，铜线穿过预制棒芯，在拉伸过程中通过压塌周围的塑料包层，将铜线牵伸并嵌入纤维中心，使用该方法嵌入一根直径 100μm 铜线的纤维，其线电阻率为 1Ω/m。此外，还可以交替将导电膜和绝缘膜共同卷成中空芯结构（管），并将其用作纤维预制体。如图 2-3（b）所示，随后拉伸的纤维将铜芯包裹在多层交替的导电/绝缘包层中，构成一种纤维型电容器结构。实验中选用填充有炭黑的 LDPE 和常规的 LDPE 分别作为纤维包层的导电和绝缘材料，测得纤维电容器的电容率为 60～100nF/m。嵌入金属的聚合物纤维的一个优点是其聚合物包覆层可有效地保护金属内丝免受化学腐蚀和机械磨损。此外，采用纤维拉伸技术生产的金属嵌入型聚合物纤维，在调节纤维内部微结构方面具有很大的工艺灵活性，也可为制得的纺织品提供电学和光学功能（Gorgutsa et al.，2012；Gu et al.，2010）。

2.2.3 含导电填料的聚合物纱线

2.2.3.1 用炭黑填充的聚合物纱线

将炭黑颗粒分散在传统纺织纱线中，可得到导电聚合物纱线。20世纪70~90年代，人们在该领域进行了深入研究（Ellis et al.，1983；Bond，1986；Hull，1974，1977；Howitt，1986；Samuelson，1993；Van et al.，1984；Higuchi et al.，1980；Takeda，1988；Asher et al.，1999；Boe，1976）。炭黑填充聚合物纱线的主要优点是成本低、商业可用性强、纱线制备工艺简单。要得到炭黑——聚合物复合纤维或纱线，工艺上直接将一定量的炭黑颗粒（粒径20~100nm）加到热塑性聚合物熔体中，如尼龙、聚乙烯、聚酰胺、聚酯等，随后将聚合物熔体熔纺成导电聚合物纤维或纱线。为实现聚合物基质内炭黑的有效导电，纤维中炭黑的质量分数（称为渗滤阈值）通常需要高于10%（Ellis et al.，1983；Bond，1986；Hull，1974，1977；Howitt，1986；Samuelson，1993；Van et al.，1984；Higuchi et al.，1980；Takeda，1988；Asher et al.，1999；Boe，1976）。超过该临界浓度，初生纤维或纱线的电导率一般随着炭黑浓度的增加而增加。值得注意的是，加入炭黑可使初生纱线变硬，不利于后续通过机织或针织工艺加工成纺织品。因此，最佳的炭黑加入浓度需要兼顾聚合物纱线的导电性和可加工性间的平衡。一般来说，纱线中炭黑的质量分数在10%~40%之间。

许多填充炭黑的纤维采用芯壳结构。例如，Ellis等（1983）报道了一种聚合物纤维，芯采用尼龙66，壳为填充炭黑的聚酰胺，其组成包含70%的己二酰己二胺单元和30%的己内酰胺单元。线密度为22dtex的纱线测得的线电阻率为$5×10^6\Omega/m$。此外，Bond（1986）报道了另一种聚合物纤维，该纤维的芯材为尼龙或聚酯，壳材使用与芯材相同的含有炭黑的聚合物材料。炭黑的质量分数在20%~30%之间，直径为$50\mu m$涤纶纱的线电阻率为$0.2×10^6~2×10^6\Omega$/英寸（1英寸=0.0254m）。纤维拉伸比为3.5时，杨氏模量和断裂应变分别达2.38GPa和68%。

不过，由于炭黑的黑色，制成的纱线和纺织品不可避免地偏黑灰，许多应用场景下会不够理想。此外，如果壳层受到机械磨损，这些纱线的导电性有可能会降低。因此，杜邦公司（Hull，1974，1977；Howitt，1986；Samuelson，1993）提出了几种聚合物纤维结构，炭黑只添加到纤维芯中（占纤维的10%~40%）。这些纤维的聚合物壳层在对导电芯层提供机械保护的同时，也可以按需进行染色。然而，由于绝缘壳层的存在，一根细度为20旦的纤维，其线电阻率通常高达$10^8~10^{11}\Omega/m$。这些纤维的强度、杨氏模量和断裂伸长率分别为1.5~3.5gpd，15~25GPa和20%~30%（Hull，1974，1977；Howitt，1986；Samuelson，1993）。另外，无论炭黑填充的聚合物纤维或纱线的结构如何，其线电阻率通常都会大于$10^5\Omega/m$（Ellis et al.，1983；Bond，1986；Hull，1974，1977；Howitt，1986；Samuelson，1993；Van et al.，1984；Higuchi et al.，1980；Takeda，1988；Asher et al.，1999；Boe，1976）。因此，这些纱线通常只是简单用于消除静电（如抗静电服装），而非用作常规的导线。迄今为止已有众多炭黑填充的聚合物纱线产品（siri，n.d.）。

2.2.3.2 用碳纳米管填充的聚合物纱线

碳纳米管由Iijima及其同事于1991年发现（Iijima，1991），它具有独特的一维结构和非凡的物理性能，如高分辨率、轻质、良好的导电性和导热性（Min et al.，2009；Thoson et al.，2001）。由于这些优点，碳纳米管在制备导电纤维方面，公认是比炭黑更好的导电添加剂。如前所述，用炭黑填充的聚合物纱线中炭黑的质量分数一般高于 10% 才能形成有效的导电网络。而对于聚合物—碳纳米管复合纱线，形成通路所需碳纳米管质量分数的临界值可能低至 0.0025%，不过大部分研究表明，碳纳米管的典型质量分数范围在 0.1%~5%（Grunlan et al.，2004；Bryning et al.，2005；Sandler et al.，2003）。因此，尽管碳纳米管比炭黑昂贵，但由于添加量极低，聚合物—碳纳米管复合纱线的总体制造成本与聚合物—炭黑复合纱线相当，甚至更低。而且，碳纳米管还可以作为增强材料在聚合物纱线中发挥作用，与原纱相比，碳纳米管复合纱的机械性能（如拉伸强度和断裂伸长）普遍得到改善（Min et al.，2009；Hou et al.，2005；Liu et al.，2007）。该现象与炭黑填充的聚合物纱线形成了鲜明对比，后者机械强度降低。碳纳米管填充的聚合物纱线可选用多种聚合物—碳纳米管复合材料体系，采用溶液纺、熔融纺或静电纺技术纺制，第 2.4 节对这些方法进行了综述。用于复合材料的聚合物包括 PP、PET、PMMA、PVA 和 PC 等。表 2-3 总结了这些碳纳米管填充的聚合物纤维的选材、纺丝方法及电导率。

表 2-3　碳纳米管填充的聚合物纤维（纱线）

碳纳米管（CNT）类型	聚合物	纺丝方法	电导率或线电阻率	参考文献
MWNT	PP	熔融纺	275S/m	Deng et al.（2010）
MWNT	PC	熔融纺	$\sim 2 \times 10^{-3}$ S/m	Potschke et al.（2005）
CNT	PET	熔融纺	$\sim 1 \times 10^{-8}$ S/m	Li et al（2006）
SWNT	PEI	溶液纺	100~200S/m	Munoz et al.（2005）
SWNT	PVA	溶液纺	0.1~2.5S/m	Munoz et al.（2005）
MWNT	PVA	溶液纺	250Ω/cm	Xue et al.（2007）
CNT	PLA	溶液纺	$\sim 4 \times 10^{-2}$ S/m	Alexandre et al.（2011）
MWNT	PVA	静电纺	~10S/m	Wang et al.（2006）
SWNT	PMMA	静电纺	0.1S/m	Sundaray et al.（2008）

2.2.3.3　用本征导电聚合物（ICP）填充的聚合物纱线

本征导电聚合物，如 PANI 或 PPy，可与其他非导电的聚合物混合形成复合材料用于纤维纺丝，所得纤维在具有导电性的同时，通常比纯本征导电聚合物纤维的机械性能更优异。例如，Hsu 等（1999）和 Hsu（1998）报道了一种通过对 PANI 聚对苯二甲酰对苯二胺/H_2SO_4 溶液干喷湿纺制备的高强度、高模量、导电复合纤维。复合纤维的导电性能大致与纤维中聚苯胺的质量分数成正比，实验结果表明，聚苯胺含量为 30% 的复合纤维，其电导率为 0.1~1.8S/cm，相应的纤维强度、模量和断裂伸长率分别约为 15gpd、300gpd 和 4%。Mirmohseni 等（2006）介绍了一种使用湿纺技术制备的 PANI/尼龙 6 复合纤维，该纤维以质量分数为 7.5% 的 Li_2SO_4 溶液为凝固剂。经过甲酸掺杂处理后，含有 5%~25% 聚苯胺的初生纤维，其电阻在 0.015~0.665MΩ/cm 之间。Jiang 等（2005）对 PANI/聚丙烯腈-丙烯酸甲酯（Co-PAN）复合纤维的湿纺工艺进行了研究。十二烷基苯磺酸（DBSA）掺杂的初生纤维，当聚苯胺含量为 7% 时，电导率为 10^{-3} S/cm。

Zhang 等（2002）介绍了使用自来水作为凝固剂，从 PANI/PA-11/H_2SO_4 浓溶液中湿法纺丝制备 PANI/PA-11 的复合纤维。对初生纤维的形态学研究表明，PANI 和 PA-11 组分在纤维中互不相容。聚苯胺组分沿纤维径向形成原纤结构，使纤维具有导电性。含 20%聚苯胺的复合纤维，当牵伸比为 3.57 时，其电导率为 $10^{-1}S/cm$，拉伸强度约为 2gpd。后来，该小组（Zhang et al.，2001）也研究了湿纺条件对初生纤维电学和力学性能的影响。结果表明，无论纺丝条件如何，在初生纤维中都可以发现微孔。但是，随着凝固浴中硫酸浓度的增加，纤维中的孔洞尺寸会缩小，初生纤维的力学性能提高。此外，虽然随着聚苯胺浓度的增加，初生纤维的电导率增加，纤维微孔尺寸减小，但由于聚苯胺纤维本身的脆性，聚苯胺浓度增加会对初生纤维和拉伸纤维的力学性能产生负面影响。因此，纤维中的聚苯胺浓度通常应控制在 20%以内。

如第 2.2.1 节所提到的，聚苯胺不是热塑性塑料，因此是不熔的。然而，通过加入某些增塑剂，如十二烷基苯磺酸（DBSA），聚苯胺将转变成一种导电的盐类复合物，这种复合物的热加工温度可高达 200℃（Fryczkowski et al.，2004）。这也说明了采用熔融纺工艺制备聚苯胺复合纤维的可行性。从工业角度来看，熔融纺丝比溶液纺丝（湿法纺丝）具有更多的优点，因为熔融纺丝过程比较简单（不涉及凝固浴化学药品），可使用各种热塑性聚合物进行纺丝（Laska et al.，1995）。需要注意的是，聚苯胺复合物不是热塑性塑料，在 200℃以上聚苯胺复合物会发生交联降解（Scherr et al.，1991）。因此，聚苯胺复合物一般与其他较低熔点（<200℃）的热塑性聚合物混合纺丝，从而抑制聚苯胺间的副反应。特别是熔点约为 160℃的聚丙烯适合与聚苯胺共熔纺丝（Kim et al.，2004；Passiniemi et al.，1997；Soroudi et al.，2010，2011，2012；Soroudi et al.，2011）。例如，Kim 等（2004）用 PANI-DBSA 和 PP 熔融物混合获得了熔纺纤维。当混合纤维中聚苯胺浓度在 1%~40%时，初生纤维的电导率数量级在 $10^{-9}S/cm$。他们认为这种低导电性是由复合纤维中聚苯胺分布不均造成的。Scherr 等（1991）通过延长混合时间实现了使聚苯胺复合物在聚丙烯基质中更均匀地分散。据报道，聚苯胺浓度为 30%时，电导率约为 $10^{-6}S/cm$。Passiniemi 等（1997）利用透射电子显微镜（TEM）和广角 X 射线衍射（WAXD）技术表征了 PP 和 PANIPOL（也称为 PANI-DBSA 复合物）熔融纺丝制备的导电纤维。他们发现，初生纤维具有高度有序的聚苯胺结构，聚苯胺在聚丙烯基体中呈现出连续原纤状的相分离形态。在聚苯胺浓度为 10%~15%时，连续的聚苯胺原纤相可以产生高达 $10^{-3}S/cm$ 的电导率。

最近，Soroudi 等（2011，2012）和 Soroudi 等（2011）对 PANIPOL—PP 复合纤维的形态、电学和力学性能进行了综合研究。他们证实纤维中的聚苯胺和聚丙烯具有相分离形态，聚苯胺在聚丙烯基体中分散形成原纤结构。此外，他们还发现（Soroudi et al.，2011，2012）有两个因素对纤维的电阻性能有实质影响，即初始分散在纤维中的 PANIPOL 相（液滴）的大小和纤维的牵伸比。初生纤维中的聚苯胺可以被看作分散在 PP 基体中的"液滴"（图 2-4）。这些液滴的大小取决于 PANIPOL 和 PP 之间的黏度比。黏度比越低，液滴尺寸就越小。随着纤维的牵伸倍数提高，纤维的导电性能先上升，达到最大值后下降。

该过程中，PANIPOL 液滴被拉伸成原纤。然而，进一步提高牵伸比会使电导率降低，是由于聚苯胺原纤出现断裂。实验发现，纤维的最佳牵伸比为 3~4，四倍牵伸的纤维电导率最大为 $10^{-4}S/cm$，相应的纤维强度、模量和断裂伸长率分别为 1.53cN/tex、3.05cN/tex 和 481.8%（Soroudi et al.，2012）。此外，该小组还提出将碳纳米管与纤维混合，以增强纤维的机械强度（Soroudi et al.，2010）。

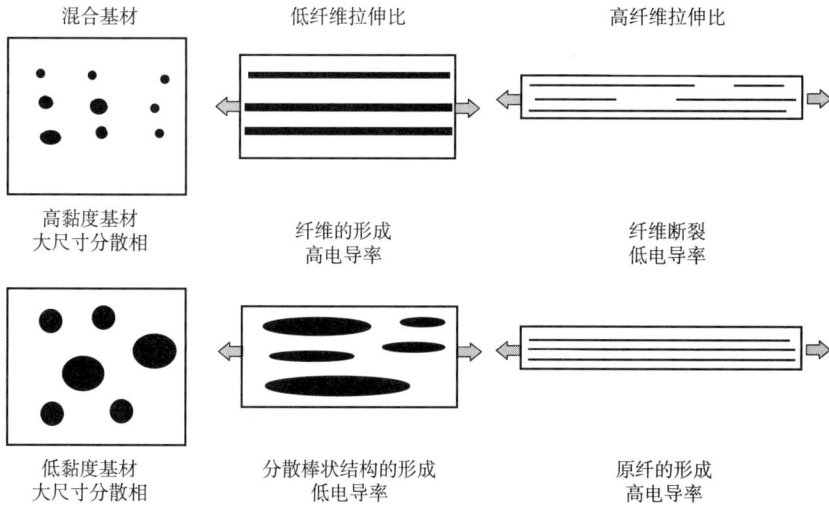

图 2-4　由高黏度和低黏度混合基材制备的 PANIPOL—PP 纤维拉伸过程中形态和
导电性变化的比较示意图

2.3　表面导电聚合物纱线

2.3.1　具有金属涂层的聚合物纱线

表面含金属涂层的聚合物纱线，由于可以用简单的金属沉积法制造，成了当今市场上最受欢迎的导电纱线（swicofil, n. d. b; alibaba, n. d.; alibaba. com, n. d.），广泛应用于多种商用纺织品。迄今为止，各种金属，如银、铜、镍、铝和金，已成功地沉积于聚酰胺（尼龙）、聚酯、聚丙烯等制成的聚合物纱线表层。人们提出了各种涂覆技术并投入商业使用，包括聚合物−金属层压、物理气相沉积（如溅射淀积）、金属涂料刷涂和化学镀（Alagirusamy et al.，2010；Zhang et al.，2011）。这些技术中，我们特别关注化学镀法，该方法具有成本低、金属覆盖均匀、导电性好以及可规模化生产工业级强度镀层等优点。

化学镀金属，也称为自催化镀，是在催化表面同时发生金属离子还原和还原剂氧化的过程。Mallory 等（1990）和 Van De Meerakker 等（1990）系统地讨论了化学镀的机理。最近，Zhang 等（2011）详细介绍了在尼龙纱线上进行银、铜、镍—磷和铜—银化学镀的工艺流程。这些纱线的电阻一般在 $1 \sim 10\Omega/cm$ 之间。Jiang 等（2004）报道了在棉、聚酯纱线表面涂覆银层用于抗静电服装的案例。Gan 等（2007）展示了在聚对苯二甲酸乙二酯（PET）纱线上化学镀铜，并将这种织物用于电磁屏蔽。Lee 等（2013）展示了在棉线上化学镀铝，并测得导电棉线的线电阻率约为 $0.2\Omega/cm$。

需要注意的是，金属涂层聚合物纱线的一个缺点是，洗涤或其他类型的机械磨损可能导致金属层剥落，降低纱线的导电性，并可能导致纺织品中纱线间的短路。为提高金属与聚合物的结合强度，提高纱线的耐磨性，通过许多尝试来优化化学镀工艺，发现在金属涂层和聚合物纱线基材之间涂覆一层缓冲聚合物层可能会是一种有效的方法（Liu et al.，2010；Kim et al.，2013；Gasana et al.，2006；Schwarz et al.，2010）。例如，Liu 等（2010）证明，在棉纱基材上预先涂覆一层"聚电解质刷"（一种聚［2-（甲基丙烯酰氧基）-乙基三甲基氯化铵］层，将其一端接枝到基材表面），随后化学镀的铜或镍涂层在经过大量的弯曲、拉伸和洗涤后保持了优良的机械和电学性能，且该纱线的电导率约为1S/cm。此外，几个研究小组（Kim et al.，2013；Gasana et al.，2006；Schwarz et al.，2010）已证明在纺织纱基材上预涂一层聚吡咯缓冲层，将增强后续金属涂层的结合强度（如铜、镍或铜—金涂层）。原因可能是吡咯分子中的氮中心作为稳定的受体允许金属层在其上生长（Gasana et al.，2006；Schwarzet al.，2010）。注意，聚吡咯是本征导电聚合物，因此聚吡咯层也会在一定程度上增加纱线的导电性。测试结果表明，经 PPy—Cu 处理的聚酰胺纱线的实验线电阻率可低至 $0.037\Omega/cm$。

2.3.2　具有本征导电聚合物涂层的聚合物纱线

如2.2.1节所述，本征导电聚合物纱线虽然具有良好的电导性，但通常机械强度较差。因此，使用这些本征导电聚合物纱线制造智能纺织品仍存在挑战。传统的纺织纱线用本征导电聚合物涂层处理后，性能比纯本征导电聚合物纱线更优，并且本征导电聚合物涂层处理的纺织品纱线，其力学和电学性能均良好。迄今为止，已经提出并验证了多种用本征导电聚合物涂覆的聚合物纱线，包括聚苯胺，聚吡咯，聚（3,4-亚乙基二氧噻吩）：聚苯乙烯磺酸盐（PEDOT：PSS）。基材纱线可以是天然纤维，如棉或真丝，或者合成纤维，如聚酯、聚丙烯、聚酰胺（尼龙）、聚丙烯腈等。浸渍干燥法和化学溶液/气相聚合法是纺织品纱线上镀本征导电聚合物层常用的两种方法。第2.4节对这两种方法进行了介绍。表2-4中总结了目前为止报道的各种具有本征导电聚合物涂层的纺织纱线。

表2-4　具有本征导电聚合物（ICP）涂层的聚合物纱线

ICP	纺织品纱线	涂层技术	线电阻率或电导率	参考文献
PANI	羊毛，棉，尼龙和聚酯	溶液聚合	$23k\Omega/cm$（长丝）	Nouri et al.（2000）
PANI	聚酯	浸渍干燥	$\sim70\Omega/cm$	Kim et al.（2004）
PANI	聚酯	浸渍干燥	$\sim100\Omega/cm$	Kim et al.（2006）
PPy	羊毛	溶液聚合	$4.8k\Omega/cm$	Varesano et al.（2005）
PPy	羊毛	溶液聚合	$\sim50\Omega/cm$	Kaynak et al.（2002）
PPy	羊毛，棉 和尼龙	气相聚合	$0.37\sim3k\Omega/mm$	Kaynak et al.（2008）
PPy	羊毛	气相聚合	$0.43k\Omega/mm$	Najar et al.（2007）
PPy	尼龙-6 和聚氨酯	气相聚合	—	Xue et al.，（2005）
PPy	棉和丝	气相聚合 溶液聚合	$6.4\times10^{-4}S/cm$（棉） $3.2\times10^{-4}S/cm$（丝）	Hosseini et al.（2005）
PEDOT：PSS	丝	浸渍干燥	$8.5S/cm$	Irwin et al.（2011）
PEDOT：PSS	丝	浸渍干燥	$2k\Omega/mm$	Tsukada et al.（2012）
PEDOT：PSS	黏胶	气相聚合	—	Bashir et al.（2013）

本征导电聚合物涂层对纺织品纱线力学性能的影响十分复杂，取决于多种因素，如本征导电聚合物和纱线本身的材料、本征导电聚合物和氧化剂的浓度、涂层的均匀性和厚度以及纱线的捻度等。将聚吡咯涂覆到羊毛纱线上时，Kaynak 等（2002，2008）发现纱线的拉伸强度和断裂伸长率分别提高了 7% 和 21%。他们将纱线机械强度的提升归因于，纱线表面本征导电聚合物涂层光滑性的提升降低了纤维间的摩擦力。Kim 等（2006）报道，聚苯胺涂层提高了聚酯纱线的模量和抗拉强度，他们将其归因于聚酯纱线中纤维间聚苯胺导电层的相互作用。然而，Nouri 等（2000）的一项早期工作表明，聚苯胺涂层对尼龙、羊毛、棉和涤纶机械性能的影响微不足道。本征导电聚合物涂层纱线的电阻通常随纱线的弯曲、拉伸和其他机械磨损而增加。此外，本征导电聚合物涂层在空气中通常会发生氧化，导致纱线的降解和电导率的降低。因此，通常会建议将本征导电聚合物涂层纱线保存在干燥器中（Wu et al.，2005）。

2.3.3　具有碳纳米管或炭黑涂层的聚合物纱线

本节将重点介绍表面涂覆碳纳米管或炭黑的聚合物纱线。金属涂层涉及多种化学反应过程，本征导电聚合物涂层的涂覆可能需要复杂的化学聚合反应过程。聚合物纱线上涂覆碳纳米管或炭黑涂层与上述两者不同，通常只需简单的浸渍干燥。Shim 等（2008）使用该方法制备了一种涂覆碳纳米管的棉纱线。首先将碳纳米管分散在 Nafion—乙醇或 PSS—水的稀溶液中，然后将棉线浸入制备的碳纳米管分散液中然后进行干燥（图 2-5）。经过几次反复浸涂制得的棉线，线电阻率为 $25 \sim 120\Omega/cm$。他们还发现，碳纳米管涂层的棉纱，其抗拉强度比原棉纱的抗拉强度高出 2 倍以上，原因是纱线直径减小，纱线中纤维的附着力增强。

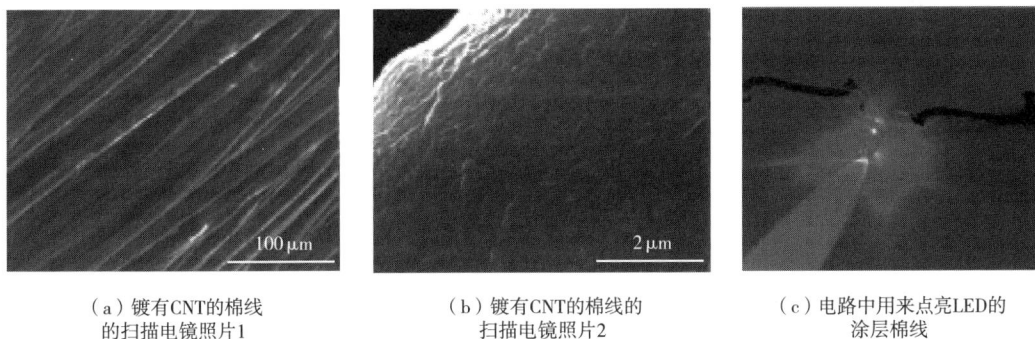

| （a）镀有CNT的棉线的扫描电镜照片1 | （b）镀有CNT的棉线的扫描电镜照片2 | （c）电路中用来点亮LED的涂层棉线 |

图 2-5　CNT 棉线性能（Shim et al.，2008）

此外，Guinovart 等（2013）使用碳纳米管油墨（即 CNT/十二烷基苯磺酸钠盐（SD-BS）水溶液），通过简单的染色工艺将商用棉纱变成导电体。据报道，5 次染色试验后样品线电阻率约为 $500\Omega/cm$。Xue 等（2007）制备了碳纳米管/聚乙烯醇混合溶液，并涂覆了五种纱线，包括棉、丝、羊毛—尼龙、涤纶和丙纶。预制纱线的线电阻率大小约在 $1k\Omega/cm$ 量级。Rui 等（2012）展示了在商用氨纶（聚氨酯—聚脲共聚物）多纤长丝表面涂覆碳纳米管—聚氨酯复合涂层，纱线中碳纳米管质量分数为 0.02% 时，线电阻率为

$10^5 \Omega/cm$。他们也开发了一种基于应力—电阻关系的纱线制得的应力传感器。Vyver 等（2013）的研究表明，在碳纳米管分散液中加入紫外光固化树脂和光引发剂，可以使碳纳米管涂层在聚合物纱线上得到进一步的固化，从而提高碳纳米管涂层的耐久性。

填充有炭黑颗粒的聚合物纱线互相能够形成有效的导电网络。然而，随着炭黑浓度的增加，炭黑填充聚合物纱线的力学性能降低，限制了炭黑在纱线中的添加浓度以及纱线导电性的进一步提升。相比之下，在纺织品纱线上涂覆一层导电炭黑薄层将在很大程度上保持纱线的柔性和弹性（Negru et al.，2012；Nauman et al.，2011）。

Negru 等（2012）最近使用浸渍干燥技术处理了一种机织棉布，对其中的棉纱进行了表面炭黑处理。当炭黑在纱线中质量分数为16%时，涂层织物的最小表面电阻率是 $1.25k\Omega/sq$。Nauman 等（2011）展示了使用炭黑—Evoprene（Evoprene 是苯乙烯-丁二烯-苯乙烯单体的共聚物）涂层处理棉，尼龙和聚乙烯纱的案例。实验得到纱线或长丝的体积电阻率为 $0.2 \sim 1k\Omega \cdot cm$，同时利用这些导电纱线开发了一种智能织物，可以用作压阻式应变传感器。为了减少炭黑包覆纱导管性能的损失，Jin 等（2007a，b）对浸渍干燥包覆技术进行了改进，开发了一种溶解包覆技术。该方法中，炭黑粒子分散到基材纱线的溶剂中，随后将这种炭黑分散液施加到基材纱线上处理一段时间。由于溶剂对基材具有腐蚀效果，基材纱线会迅速膨胀，从而将炭黑颗粒嵌入纱线表面。使用改进的方法可以制得具有炭黑涂层的导电尼龙6（PA6）纱线。用该工艺制备的 PA6 纱线测得的体积电阻率为约 $5\Omega \cdot cm$，经过50次洗涤循环后，体积电阻率增加到 $8\Omega \cdot m$。对比测试中，用传统浸渍干燥法生产的 PA6 纱线经过50次洗涤后，其体积电阻率提高了7个数量级。

2.4 导电聚合物纱线的制备

2.4.1 湿法纺丝技术

湿法纺丝技术是制备导电聚合物纱线的一种常用技术，尤其是当纱线中含有非热塑性聚合物（如聚苯胺、聚吡咯）时，这些聚合物的分解温度低于其熔点。在湿法纺丝中（Pereira et al.，2000；Hoxie，1951；East et al.，1984），原始聚合物材料首先溶解或充分分散到溶剂中，随后这些聚合物溶液通过放置在充满凝固剂的凝固浴上方（或内部）的喷丝板泵出（图2-6）。喷丝板通常是带有许多小孔的金属板，从喷丝板挤出的聚合物溶液流入凝固浴中，随着溶剂迅速扩散到凝固剂（非溶剂）中，沉淀形成细丝。然后将细丝从凝固浴中拉出，清洗，干燥，最后卷绕至线轴上。注意，由于凝固剂分子扩散到纤维内部的缘故，这种方法制造的聚合物纤维可能会在纤维内部出现空洞，导致初生纤维密度和抗拉强度的降低（Yang et al.，2001）。因此，如第2.2.1节所述，需优化纺丝条件，尽量减少空洞的形成。湿法纺丝的工艺参数包括纺丝液的浓度和温度，凝固浴的组成、浓度和温度，以及纺丝过程中所施加的拉力。

2.4.2 熔融纺丝技术

熔融纺丝技术适用于尼龙、聚乙烯、聚酯、三醋酸纤维素等热塑性聚合物的纺丝。此

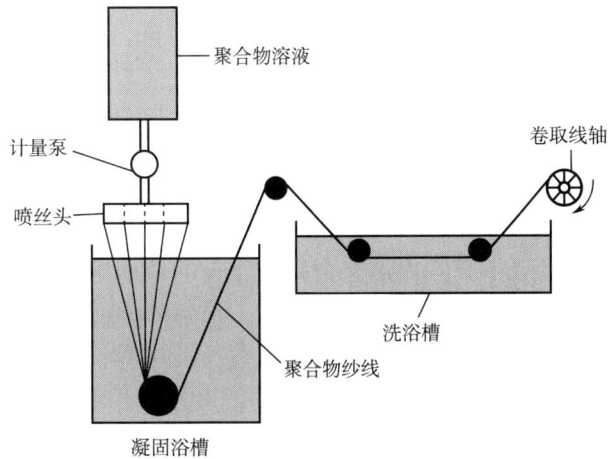

图 2-6 湿法纺丝装置示意图（Shim et al., 2008）

外，虽然一些本征导电聚合物复合材料（如 PANI—
DBSA 复合物）不是热塑性塑料，它们仍可用作熔
融纺丝中的导电添加剂，用于生产导电聚合物复合
纱线（见第 2.2.3.3 节）。在熔融纺丝（图 2-7）
中，原生聚合物材料被加热形成具有合适黏度的聚
合物熔体，使其能够通过喷丝头进入气室。然后，
挤出的聚合物流冷却、固化，形成连续的纤维从气
室中抽出，并缠绕到卷轴上（Brackett–Rozinsky et
al., 2011; Susumu et al., 1965）。与湿法纺丝不
同，熔融纺丝原则上不使用溶剂，因此初纺纤维中
不会形成空洞。熔融纺丝通常用于制作含本征导电
聚合物、炭黑或碳纳米管等导电填料的聚合物纱线。

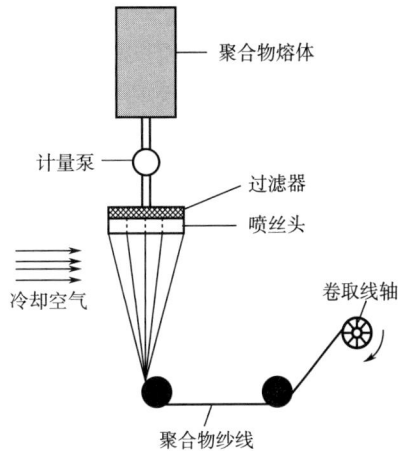

图 2-7 熔融纺丝装置示意图

2.4.3 静电纺丝技术

从聚合物溶液（或颗粒悬浮液）生产导电聚合物纱线的另一种方法是静电纺丝技术
（Hegde et al., 2005; Teo et al., 2006; Chronakis, 2005）。静电纺丝技术可制造直径低至
几十纳米的纤维。静电纺丝（图 2-8）中，聚合物溶液被泵到连有高压电源（5~50kV）
的喷丝头（或喷嘴）。高压带电的聚合物溶液从
喷丝头中喷出，形成液体喷射。随着聚合物喷射
液的蒸发，形成的聚合物微纤维或纳米纤维，由
纤维收集器收集，纤维收集器通常是接地的滚筒
（或接地的金属板）。收集到的纤维可以进一步
取向并加捻成聚合物纱线。静电纺丝技术是一种
无须化学凝固浴或高温条件制备聚合物纳米纤维
基纱线、毡片和片材的有效技术。目前，许多聚
合物—碳纳米管复合纤维或纱线都基于这种技术

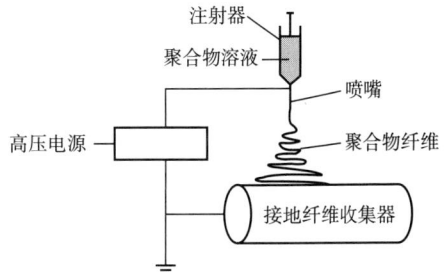

图 2-8 静电纺丝装置示意图

制备的。

2.4.4 纤维拉伸技术

通过纤维拉伸技术可以制备嵌入金属丝的导电聚合物纤维（Mazhorova et al.，2010；Tuniz et al.，2010，2011；Orf et al.，2011a，b；Ung et al.，2013；Gu et al.，2010）。这些纤维中金属成分的熔融温度通常与纤维中使用的聚合物材料的熔融温度相当。拉伸纤维时，首先通过在聚合物圆筒（管）内填充金属或合金的液体熔体来制造纤维预制体，随后，将预制体放入纤维拉丝塔的熔炉中。加热时，预制棒的顶端熔化，形成一团在重力作用下下落的液体，同时在直径上收缩形成纤维束。钳式牵引机可控制纤维拉伸的速度（图2-9），拉伸纤维的尺寸取决于拉伸工艺的参数，如纤维拉伸速度、炉内温度分布、预制体送料速度及预制体加压的大小（中空纤维），所得纤维具有一根或多根含聚合物包层的金属线的结构。同时，也可在纤维拉伸过程中，将具有相对较高熔点的金属引入聚合物纤维中（Gu et al.，2010）。为实现这一点，在纤维拉伸前将金属丝穿过中空聚合物预制体。加热时，聚合物预制件沿金属丝流下，形成纤维包层包覆金属丝的结构。注意，纤维包层的结构主要取决于预制体的结构。因此，我们可以通过在预制体上加工相应的结构，将微结构引入纤维包层。纤维拉伸工艺在一定程度上与上述熔融纺丝工艺相似。两种方法都是将聚合物原材料加热成黏性聚合物熔体，随着聚合物熔体冷却，拉伸成纤维并固化。然而，采用纤维拉伸技术生产的导电纤维，在加工纤维的内部微结构方面灵活性极大（Gu et al.，2010）并且可以为其制造的纺织品提供各种电学和光学功能。

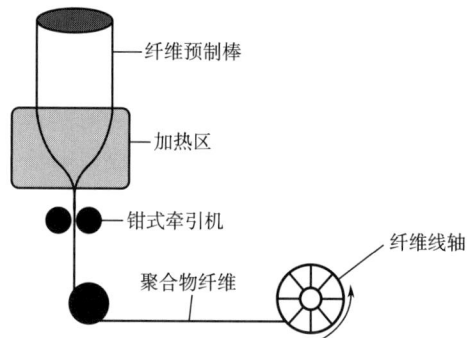

图 2-9　纤维拉伸过程示意图

2.4.5 浸渍干燥技术

导电聚合物纱线可以通过在传统纺织纱线表面涂覆一层导电层制得。浸渍干燥法可能是生产导电涂料最简单的方法。该方法（Kim et al.，2004；Irwin et al.，2011；Tsukada et al.，2012）首先将导电材料溶解或分散到溶剂中制备溶液，随后将该溶液直接涂覆到基材纺织品纱线上，随着溶剂的蒸发，导电层沉积到纱线表面。为了提高导电率，整个浸润过程会重复数次。涂层所用的导电材料包括本征导电聚合物、金属颗粒、炭黑、碳纳米管等。其他涂布方式包括徒手刷涂和喷涂，可以看作浸渍干燥方法的变体。这种技术非常简单，不需要昂贵的设备或复杂的操作。需要注意的是，处理后纱线的导电性取决于导电材料在溶液中分数的均匀性。

2.4.6 化学溶液/气相聚合技术

除浸渍干燥法外，要在纺织纱线上涂覆本征导电聚合物涂层，还可采用化学溶液/气相聚合法进行（Kaynak et al.，2008；Najar et al.，2007；Xue et al.，2005；Hosseini et al.，2005）。化学聚合通常是用氧化剂（如 $FeCl_3$）对基布纱线进行预处理，然后将基布纱线暴露在溶液或气相单体中（图 2-10）。单体氧化成自由基阳离子引发聚合反应，这些单体自由基互相连接形成不溶性低聚物和高聚物沉积在基布纱线表面。一般来说，本征导电聚合物用化学聚合方法在纺织纱线上沉积，可生成一种更加致密和均匀的涂层，因此与浸渍干燥法相比，纱线的导电性更高。但是，在化学聚合法中，基布纱线直接暴露在用于聚合的腐蚀性氧化剂中。此外，对于气相聚合，通常还需要复杂的通气设备。

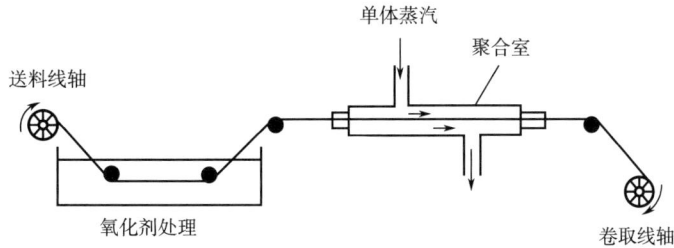

图 2-10　采用化学溶液/气相聚合法在纺织纱线上涂覆导电聚合物的过程示意图

参考文献

Alagirusamy，R.，Das，A.，2010. Technical Textile Yarns–Industrial and Medical Applications. Woodhead Publishing，Cambridge.

Alexandre，F.，Ferreira，F.，Paiva，M. C.，Oliveira，B.，Covas，J. A.，2011. Monofilament composites with carbon nanotubes for textile sensor applications. DET/2C2T，Comunicacoes em congressos internacionais com arbitragem cientifica（2011）.

Andreatta，A.，Cao，Y.，Chiang，J. C.，Heeger，A. J.，Smith，P.，1988. Electrically-conductive fibers of polyaniline spun from solutions in concentrated sulfuric acid. Synth. Met. 26（4），383-389.

Angelopoulos，M.，Asturias，G. E.，Ermer，S. P.，Ray，A.，Scherr，E. M.，MacDiarmid，A. G.，Akhtar，M.，Kiss，Z.，Epstein，A. J.，1988. Polyaniline：solutions，films and oxidation state. Mol. Cryst. Liq. Cryst. 160（1），151-163.

Asher，P. P.，Davenport，Jr.，G. L.，Hyatt，R. K.，Lilly，R. L.，Rogers，C. H.，1999. Process for making electrically conductive fibers. U. S. Patent 5，952，099.

Banks，D. L.，2000. Monitored static electricity dissipation garment. U. S. Patent 6，014，773.

Bashir，T.，Ali，M.，Cho，S. -W.，Persson，N. -K.，Skrifvars，M.，2013. OCVD polymerization of PEDOT：effect of pre-treatment steps on PEDOT-coated conductive fibers and a morphological study of PEDOT distribution on textile yarns. Polym. Adv. Technol. 24（2），210-219.

Berzowska，J.，2005. Electronic textiles：wearable computers，reactive fashion and soft computation. Textile 3（1），2-19.

Boe，N. W.，1976. Man-made textile antistatic strand. U. S. Patent 3，969，559.

Bond，W. B.，1986. Antistatic hairbrush filament. U. S. Patent 4，610，925.

Brackett—Rozinsky, N. , Mondal, S. , Fowler, K. R. , Jenkins, E. W. , 2011. Analysis of model parameters for a polymer filtration simulator. Model. Simul. Eng. 2011.

Bryning, M. B. , Islam, M. F. , Kikkawa, J. M. , Yodh, A. G. , 2005. Verylow conductivity threshold in bulk isotropic single—walled carbon nanotube—epoxy composites. Adv. Mater. 17(9), 1186—1191.

Byrnes, Sr. , R. M. , Haas, Jr. , A. J. , 1983. Protective gloves and the like and ayarn with flexible core wrapped with aramid fiber. U. S. Patent 4,384,449.

Chen, H. —C. , Lee, K. —C. , Lin, J. —H. , 2004. Electromagnetic and electrostatic shielding properties of co—weaving—knitting fabrics reinforced composites. Compos. A: Appl. Sci. Manuf. 3511, 1249—1256.

Chen, H. C. , Lee, K. C. , Lin, J. H. , Koch, M. , 2007. Fabrication of conductive woven fabric and analysis of electromagnetic shielding via measurement and empirical equation. J. Mater. Process. Technol. 184(1), 124—130.

Cheng, K. B. , Ramakrishna, S. , Lee, K. C. , 2000. Electromagnetic shielding effectiveness of copper/glass fiber knitted fabric reinforced polypropylene composites. Compos. A: Appl. Sci. Manuf. 31(10), 1039—1045.

Cheng, K. B. , Lee, K. C. , Ueng, T. H. , Mou, K. J. , 2002. Electrical and impact properties of the hybrid knitted inlaid fabric reinforced polypropylene composites. Compos. A: Appl. Sci. Manuf. 33(9), 1219—1226.

Cheng, K. B. , Cheng, T. W. , Lee, K. C. , Ueng, T. H. , Hsing, W. H. , 2003. Effects of yarn constitutions and fabric specifications on electrical properties of hybrid woven fabrics. Compos. A: Appl. Sci. Manuf. 34(10), 971—978.

Chiang, J. —C. , MacDiarmid, A. G. , 1986. Polyaniline: protonic acid doping of the emeraldine form to the metallic regime. Synth. Met. 13(1), 193—205.

Chronakis, I. S. , 2005. Novel nanocomposites and nanoceramics based on polymer nanofibers using electrospinning process—a review. J. Mater. Process. Technol. 167(2), 283—293.

Cohen, J. D. , Tietz, R. F. , 1992. Stable solutions of polyaniline and shaped articles therefrom. U. S. Patent 5,135,682.

Consoli, O. , Coulston, G. , Karayianni, E. , Regenstein, K. , 2004. Electrically conductive elastic composite yarn, methods for making the same, and articles incorporating the same. U. S. Patent, US20040237494 A1.

Deng, H. , Skipa, T. , Bilotti, E. , Zhang, R. , Lellinger, D. , Mezzo, L. , Fu, Q. , Alig, I. , Peijs, T. , 2010. Preparation of high—performance conductive polymer fibers through morphological control of networks formed by nanofillers. Adv. Funct. Mater. 20(9), 1424—1432.

East, G. C. , McIntyre, J. E. , Patel, G. C. , 1984. 20—The dry—jet wet—spinning of an acrylic—fibre yarn. J. Text. Inst. 75(3), 196—200.

Ellis, V. S. , Mieszkis, K. W. , 1983. Electrically—conductive fibres. U. S. Patent 4,388,370.

Foroughi, J. , Spinks, G. M. , Wallace, G. G. , Whitten, P. G. , 2008. Production of polypyrrole fibres by wet spinning. Synth. Met. 58(3), 104—107.

Foroughi, J. , Spinks, G. M. , Wallace, G. G. , 2009. Effect of synthesis conditions on the properties of wet spun polypyrrole fibres. Synth. Met. 159(17), 1837–1843.

Foroughi, J. , Ghorbani, S. R. , Peleckis, G. , Spinks, G. M. , Wallace, G. G. , Wang, X. L. , Dou, S. X. , 2010. The mechanical and the electrical properties of conducting polypyrrole fibers. J. Appl. Phys. 107(10), 103712.

Fryczkowski, R. , Binias, W. , Farana, J. , Fryczkowska, B. , Włchowicz, A. , 2004. Spectroscopic and morphological examination of polypropylene fibres modified with polyaniline. Synth. Met. 145(2), 195–202.

Gan, X. , Wu, Y. , Liu, L. , Shen, B. , Hu, W. , 2007. Electroless copper plating on PET fabrics using hypophosphite as reducing agent. Surf. Coat. Technol. 201(16), 7018–7023.

Gasana, E. , Westbroek, P. , Hakuzimana, J. , Clerck, K. D. , Priniotakis, G. , Kiekens, P. , Tseles, D. , 2006. Electroconductive textile structures through electroless deposition of polypyrrole and copper at polyaramide surfaces. Surf. Coat. Technol. 201(6), 3547–3551.

Gauvreau, B. , Guo, N. , Schicker, K. , Stoeffler, K. , Boismenu, F. , Ajji, A. , Wingfield, R. , Dubois, C. , Skorobogatiy, M. , 2008. Color–changing and color–tunable photonic bandgap fiber textiles. Opt. Express 16(20), 15677–15693.

Gerald, F. B. , 1975. Method of making a composite yarn. U. S. Patent3, 882, 667A.

Gorgutsa, S. , Gu, J. F. , Skorobogatiy, M. , 2012. A woven 2D touchpad sensor and a 1D slide sensor using soft capacitor fibers. Smart Mater. Struct. 21(1), 015010.

Green, J. R. , 2000. Yarns suitable for durable light shade contton/nylon clothing fabrics containing carbon doped antistatic fibers. U. S. Patent 6, 057, 032.

Grunlan, J. C. , Mehrabi, A. R. , Bannon, M. V. , Bahr, J. L. , 2004. Water–based single–walled–nanotube–filled polymer composite with an exceptionally low percolation threshold. Adv. Mater. 16(2), 150–153.

Gu, J. F. , Gorgutsa, S. , Skorobogatiy, M. , 2010. Soft capacitor fibers using conductive polymers for electronic textiles. Smart Mater. Struct. 19(11), 115006.

Guinovart, T. , Parrilla, M. , Crespo, G. A. , Rius, F. X. , Andrade, F. J. , 2013. Potentiometric sensors using cotton yarns, carbon nanotubes and polymeric membranes. Analyst138(18), 5208–5215.

Hegde, R. R. , Dahiya, A. , Kamath, M. G. , 2005. Nanofiber nonwovens. In: Material Science and Engineering, Nonwovens Science and Technology II, The University of Tennessee.

Higuchi, T. , Nagayasu, T. , 1980. Antistatic filaments having an internal layer comprising carbon particles and process for preparation thereof. U. S. Patent 4, 207, 376.

Hosseini, S. H. , Pairovi, A. , 2005. Preparation of conducting fibres from cellulose and silk by polypyrrole coating. Iran. Polym. J. 14(11), 934–940. Online access.

Hou, H. , Ge, J. J. , Zeng, J. , Li, Q. , Reneker, D. H. , Greiner, A. , Cheng, S. Z. D. , 2005. Electrospun polyacrylonitrile nanofibers containing a high concentration of well–aligned multiwall carbon nanotubes. Chem. Mater. 17(5), 967–973.

Howitt, J. R. D. , 1986. Process for combining and codrawing antistatic filaments with undrawn nylon filaments. U. S. Patent 4,612,150.

Hoxie,H. M. ,1951. Wet spinning process. U. S. Patent 2,577,763.

Hsu,C−. H. ,1998. Electrically conductive fibers. U. S. Patent 5,788,897.

Hsu,C. −H. ,Cohen,J. D. ,Tietz,R. F. ,1993. Polyaniline spinning solutions and fibers. Synth. Met. 59(1),37−41.

Hsu,C. −H. ,Shih,H. ,Subramoney,S. ,Epstein,A. J. ,1999. Hightenacity,high modulus conducting polyaniline composite fibers. Synth. Met. 101(1),677−680.

Huang,W. −S. ,Humphrey,B. D. ,MacDiarmid,A. G. ,1986. Polyaniline,a novel conducting polymer. Morphology and chemistry of its oxidation and reduction in aqueous electrolytes. J. Chem. Soc. Faraday Trans. 1 82(8),2385−2400.

Hull,D. ,1974. Synthetic filament having antistatic properties. U. S. Patent 3,803,453.

Hull,D. ,1977. Conductive,extrudable polymer composition of poly(ε−caproamide) and carbon black. U. S. Patent 4,064,075.

Iijima,S. ,1991. Helical microtubules of graphitic carbon. Nature354(6348),56−58.

Inoue,Y. ,Kanamura,T. ,Mori,Y. ,Sato,Y. ,Togashi,T. ,Tsuchida,T. ,1988. Thin−metal−wire conjugated yarn. U. S. Patent 4,793,130.

Irwin,M. D. ,Roberson,D. A. ,Olivas,R. I. ,Wicker,R. B. ,MacDonald,E. ,2011. Conductive polymer−coated threads as electrical interconnects in e−textiles. Fibers Polym. 12(7),904−910.

Jain,R. ,Gregory,R. V. ,1995. Solubility and rheological characterization of polyaniline base in N−methyl−2−pyrrolidinone and N,N'−dimethylpropylene urea. Synth. Met. 74(3),263−266.

Jiang,S. Q. ,Newton,E. ,Yuen,C. W. M. ,Kan,C. W. ,2004. The textile design using chemical silver plating on cotton and polyester fabrics. Res. J. Text. Appar. 8(1),14−26.

Jiang,J. ,Wei,P. ,Yang,S. ,Guang,L. ,2005. Electrically conductive PANI−DBSA/Co−PAN composite fibers prepared by wet spinning. Synth. Met. 149(2),181−186.

Jin,X. ,Xiao,C. ,An,S. ,Jia,G. ,2007a. Investigations on coating durability and tenso−resistive effect of carbon black−coated polycaprolactam fibers. J. Mater. Sci. 42(12),4384−4389.

Jin,X. ,Xiao,C. ,An,S. ,Wang,Y. ,2007b. Preparation and characterization of carbon black coated polyester electrically conductive fiber. J. Text. Res. 28(5),9−12.

Kaynak,A. ,Wang,L. ,Hurren,C. ,Wang,X. ,2002. Characterization of conductive polypyrrole coated wool yarns. Fibers Polym. 3(1),24−30.

Kaynak,A. ,Najar,S. S. ,Foitzik,R. C. ,2008. Conducting nylon,cotton and wool yarns by continuous vapor polymerization of pyrrole. Synth. Met. 158(1),1−5.

Kim,B. ,Koncar,V. ,Devaux,E. ,Dufour,C. ,Viallier,P. ,2004. Electrical and morphological properties of PP and PET conductive polymer fibers. Synth. Met. 146(2),167−174.

Kim,B. ,Koncar,V. ,Dufour,C. ,2006. Polyaniline−coated PET conductive yarns：Study of electrical,mechanical,and electro−mechanical properties. J. Appl. Polym. Sci. 101(3),1252−1256.

Kim,H. ,Kim,Y. ,Kim,B. ,Yoo,H. −J. ,2009. A wearable fabric computer by planar−fashionable circuit board technique. In：Wearable and Implantable Body Sensor Networks. BSN 2009,Sixth

International Workshop on IEEE.

Kim, B. C. , Innis, P. C. , Wallace, G. G. , Low, C. T. J. , Walsh, F. C. , Cho, W. J. , Yu, K. H. , 2013. Electrically conductive coatings of nickel and polypyrrole/poly(2−methoxyaniline−5−sulfonic acid) on nylon Lycra textiles. Prog. Org. Coat. 76(10), 1296−1301.

Laska, J. , Pron, A. , Zagorska, M. , Łpkowski, S. , Lefrant, S. , 1995. Thermally processable conducting polyaniline. Synth. Met. 69(1), 113−115.

Lee, H. M. , Choi, S. −Y. , Jung, A. , Ko, S. H. , 2013. Highly conductive aluminum textile and paper for flexible and wearable electronics. Angew. Chem. 125(30), 7872−7877.

Li, S. , Macosko, C. W. , White, H. S. , 1993. Electrochemical processing of electrically conductive polymer fibers. Adv. Mater. 5(7−8), 575−576.

Li, Z. , Luo, G. , Wei, F. , Huang, Y. , 2006. Microstructure of carbon nanotubes/PET conductive composites fibers and their properties. Compos. Sci. Technol. 66(7), 1022−1029.

Liao, Y. , Zhang, C. , Zhang, Y. , Strong, V. , Tang, J. , Li, X. −G. , Kalantar−Zadeh, K. , Hoek, E. M. V. , Wang, K. L. , Kaner, R. B. , 2011. Carbon nanotube/polyaniline composite nanofibers: facile synthesis and chemosensors. Nano Lett. 11(3), 954−959.

Liu, L. −Q. , Eder, M. , Burgert, I. , Tasis, D. , Prato, M. , Wagner, H. D. , 2007. One−step electrospun nanofiber−based composite ropes. Appl. Phys. Lett. 90(8), 083108.

Liu, X. , Chang, H. , Li, Y. , Huck, W. T. S. , Zheng, Z. , 2010. Polyelectrolyte−bridged metal/cotton hierarchical structures for highly durable conductive yarns. ACS Appl. Mater. Interfaces 2 (2), 529−535.

Lorussi, F. , Scilingo, E. P. , Tesconi, M. , Tognetti, A. , 2003. Wearable sensing garment for posturedetection, rehabilitation and tele−medicine. In: Information Technology Applications in Biomedicine, 2003. Fourth International IEEE EMBSS pecial Topic Conference.

Lorussi, F. , Scilingo, E. P. , Tesconi, M. , Tognetti, A. , DeRossi, D. , 2005. Strain sensing fabric for hand posture and gesture monitoring. IEEE Trans. Inf. Technol. Biomed. 9(3), 372−381.

Maier, G. , Nusko, R. , Parzl, A. , 2005. Electrically conductive yarn. U. S. Patent US20050282009.

Mallory, G. O. , Hajdu, J. B. , 1990. Electroless Plating: Fundamentals and Applications, firsted. William Andrew Publishing, New York.

Marculescu, D. , Marculescu, R. , Zamora, N. H. , Marbell, P. S. , Khosla, P. K. , Park, S. , Jayaraman, S. , Jung, S. , Lauterbach, C. , Weber, W. , Kirstein, T. , Cottet, D. , Grzyb, J. , Troster, G. , Jones, M. , Martin, T. , Nakad, Z. , 2003. Electronic textile: a platform for pervasive computing. Proc. IEEE 91(12), 1995−2018.

Mattes, B. R. , Wang, H. L. , Yang, D. , Zhua, Y. T. , Blumenthala, W. R. , Hundleya, M. F. , 1997. Formation of conductive polyaniline fibers derived from highly concentrated emeraldine base solutions. Synth. Met. 84(1), 45−49.

Mazhorova, A. , Gu, J. F. , Dupuis, A. , Peccianti, M. , Tsuneyuki, O. , Morandotti, R. , Minamide, H. , Tang, M. , Wang, Y. , Ito, H. , Skorobogatiy, M. , 2010. Composite THz materials using aligned metallic and semiconductor microwires, experiments and interpretation. Opt. Express 18(24), 24632−24647.

Min, B. G. , Chae, H. G. , Minus, M. L. , Kumar, S. , 2009. Polymer/carbon nanotube composite fibers—an overview. In: Lee, K. -P. , Gopalan, A. I. , Marquis, F. D. S. (Eds.) , Functional Composites of Carbon Nanotubes and Applications. Transworld Research Network, India, pp. 43-73.

Mirmohseni, A. , Salari, D. , 2006. Preparation of conducting polyaniline/nylon 6 blend fiber by wet sppinning technique. Iran. Polym. J. 15(3) , 259-264.

Mottaghitalab, V. , Spinks, G. M. , Wallace, G. G. , 2006. The development and characterisation of polyaniline-single walled carbon nanotube composite fibres using 2-acrylamido-2 methyl-1-propane sulfonic acid (AMPSA) through one step wet spinning process. Polymer 47 (14) , 4996-5002.

Munoz, E. , Suh, D. -S. , Collins, S. , Selvidge, M. , Dalton, A. B. , Kim, B. G. , Razal, J. M. , Ussery, G. , Rinzler, A. G. , Martinez, M. T. , Baughman, R. H. , 2005. Highly conducting carbon nanotube/polyethyleneimine composite fibers. Adv. Mater. 17(8) , 1064-1067.

Najar, S. S. , Kaynak, A. , Foitzik, R. C. , 2007. Conductive wool yarns by continuous vapour phase polymerization of pyrrole. Synth. Met. 157(1) , 1-4.

Nauman, S. , Cristian, I. , Koncar, V. , 2011. Simultaneous application of fibrous piezoresistive sensors for compression and traction detection in glass laminate composites. Sensors 11(10) , 9478-9498.

Negru, D. , Buda, C. -T. , Avram, D. , 2012. Electrical conductivity of woven fabrics coated with carbon black particles. Fibres Text. East. Eur. 20(1(90)) , 53-56.

Nouri, M. , Haghighat, K. M. , Edrisi, M. , Entezami, A. A. , 2000. Conductivity of textile fibers treated with aniline. Iran. Polym. J. 9(49) , 49-58.

Orf, N. D. , Shapira, O. , Sorin, F. , Danto, S. , Baldo, M. A. , Joannopoulos, J. D. , Fink, Y. , 2011a. Fiber draw synthesis. Proc. Natl. Acad. Sci. U. S. A. 108(12) , 4743-4747.

Orf, N. D. , Danto, S. , Shapira, O. , Sorin, F. , Fink, Y. , Joannopoulos, J. D. , 2011b. Fiber draw synthesis. U. S. Patent US8663522 B2.

Passiniemi, P. , Laakso, J. , Österholm, H. , Pohl, M. , 1997. TEM and WAXS characterization of polyaniline/PP fibers. Synth. Met. 84(1) , 775-776.

Patel, P. C. , Vasavada, D. A. , Mankodi, H. R. , 2012. Applications of electrically conductive yarns in technical textiles. In: Power System Technology (POWERCON) , 2012 IEEE International Conference. IEEE, Auckland, pp. 1-6.

Pereira, C. C. , Nobrega, R. , Borges, C. P. , 2000. Spinning process variables and polymer solution effects in the die - swell phenomenon during hollow fiber membranes formation. Braz. J. Chem. Eng. 17(4-7) , 599-606.

Perumalraj, R. , Dasaradan, B. S. , Anbarasu, R. , Arokiaraj, P. , LeoHarish, S. , 2009. Electromagnetic shielding effectiveness of copper core-woven fabrics. J. Text. Inst. 100(6) , 512-524.

Pomfret, S. J. , Adams, P. N. , Comfort, N. P. , Monkman, A. P. , 2000. Electrical and mechanical properties of polyaniline fibres produced by a one-step wet spinning process. Polymer 41(6) , 2265-2269.

Potschke, P. , Brunig, H. , Janke, A. , Fischer, D. , Jehnichen, D. , 2005. Orientation of multiwalled carbon nanotubes in composites with polycarbonate by melt spinning. Polymer46(23),10355−10363.

Rees,J. J. M. ,1988. Conductive yarn. U. S. Patent 4,776,160.

Rui,Z. ,Deng,H. ,Valenca,R. ,Jin,J. ,Fu,Q. ,Bilotti,E. ,Peijs,T. ,2012. Carbon nanotube pol−ymer coatings for textile yarns with good strain sensing capability. Sens. ActuatorsA:Phys. 179, 83−91.

Safarova,V. ,Militky,J. ,2012. A study of electrical conductivity of hybrid yarns containing metal fibers. J. Mater. Sci. Eng. B 2(2),197−202.

Samuelson,H. V. ,1993. Sheath−core spinning of multilobal conductive core filaments. U. S. Pat−ent 5,202,185.

Sandler,J. K. W. ,Kirk,J. E. ,Kinloch,I. A. ,Shaffer,M. S. P. ,Windle,A. H. ,2003. Ultra−low e−lectrical percolation threshold in carbon − nanotube − epoxy composites. Polymer 44 (19), 5893−5899.

Sayed,I. ,Berzowska,J. ,Skorobogatiy,M. ,2010. Jacquard−woven photonic bandgap fiber dis−plays. Res. J. Text. Apparel 14(4),97−105.

Scherr,E. M. ,MacDiarmid,A. G. ,Manohar,S. K. ,Masters,J. G. ,Sun,Y. ,Tang,X. ,Druy, M. A. ,Glatkowski,P. J. ,Cajipe,V. B. ,Fisher,J. E. ,Cromack,K. R. ,Jozefowicz,M. E. , Ginder,J. M. ,McCall,R. P. ,Epstain,A. J. ,1991. Polyaniline:oriented films and fibers. Synth. Met. 41(1),735−738.

Schwarz,A. ,Hakuzimana,J. ,Kaczynska,A. ,Banaszczyk,J. ,Westbroek,P. ,McAdams,E. , Moody,G. ,Chronis,Y. ,Priniotakis,G. ,Mey,G. D. ,Tseles,D. ,Langenhove,L. V. ,2010. Gold coated para−aramid yarns through electroless deposition. Surf. Coat. Technol. 204(9),1412−1418.

Scilingo,E. P. ,Lorussi,F. ,Mazzoldi,A. ,De Rossi,D. ,2003. Strain−sensing fabrics for wearable kinaesthetic−like systems. IEEE Sens. J. 3(4),460−467.

Shim,B. S. ,Chen,W. ,Doty,C. ,Xu,C. ,Kotov,N. A. ,2008. Smart electronic yarns and wearable fabrics for human biomonitoring made by carbon nanotube coating with polyelectrolytes. Nano Lett. 8(12),4151−4157.

Skotheim,T. A. ,1997. Handbook of Conducting Polymers. CRC Press,Boca Raton,FL.

Skotheim, T. A. , Reynolds, J. , 2006. Conjugated Polymers: Processing and Applications. CRC Press,Boca Raton,FL.

Soroudi, A. , Skrifvars, M. , 2010. Melt blending of carbon nanotubes/polyaniline/polypropylene compounds and their melt spinning to conductive fibres. Synth. Met. 160(11),1143−1147.

Soroudi,A. ,Skrifvars,M. ,2011. The influence of matrix viscosity on properties of polypropylene/ polyaniline composite fibers − Rheological, electrical, and mechanical characteristics. J. Appl. Polym. Sci. 119(5),2800−2807.

Soroudi,A. ,Skrifvars,M. ,2012. Electroconductive polyblend fibers of polyamide−6/polypropyl−ene/polyaniline:electrical, morphological, and mechanical characteristics. Polym. Eng. Sci. 52 (7),1606−1612.

Soroudi,A. ,Skrifvars,M. ,Liu,H. ,2011. Polyaniline−polypropylene melt−spun fiber filaments:

the collaborative effects of blending conditions and fiber draw ratios on the electrical proper-ties of fiber filaments. J. Appl. Polym. Sci. 119(1),558–564.

Spinks, G. M., Mottaghitalab, V., Bahrami – Samani, M., Whitten, P. G., Wallace, G. G., 2006. Carbon – nanotube – reinforced polyaniline fibers for high – strength artificial muscles. Adv. Mater. 18(5),637–640.

Sundaray,B., Babu, V. J., Subramanian, V., Natarajan, T. S., 2008. Preparation and character-ization of electrospun fibers of poly(methyl methacrylate)–single walled carbon nanotube nano-composites. J. Eng. Fibers Fabr. 3(4),39–45.

Susumu, K., Matsuo, T., 1965. Studies on melt spinning. I. Fundamental equations on the dynam-ics of melt spinning. J. Polym. Sci. A3(7),2541–2554.

Takeda, T., 1988. Highly electrically conductive filament and a process for preparation thereof. U. S. Patent 4,756,969.

Tao, X. M., 2005. Wearable Electronics and Photonics. Woodhead Publishing, Cambridge. Teo, W. E., Ramakrishna, S., 2006. A review on electrospinning design and nanofibre assem-blies. Nanotechnology 17(14),R89.

Thostenson,E. T., Ren,Z., Chou,T. –W.,2001. Advances in the science and technology of car-bon nanotubes and their composites：a review. Compos. Sci. Technol. 61(13),1899–1912.

Toon,J. J.,1994. Stainless steel yarn. U. S. Patent 5,287,690.

Tsukada,S., Nakashima, H., Torimitsu, K.,2012. Conductive polymer combined silk fiber bun-dle for bioelectrical signal recording. PLoS One7(4),e33689.

Tuniz, A., Kuhlmey, B. T., Lwin, R., Wang, A., Anthony, J., Leonhardt, R., Fleming, S. C., 2010. Drawn metamaterials with plasmonic response at terahertz frequencies. Appl. Phys. Lett. 96 (19),191101.

Tuniz, A.,Lwin,R., Argyros, A.,Fleming, S. C.,Pogson,E. M.,Constable, E., Lewis,R. A.,Ku-hlmey, B. T.,2011. Stacked–and–drawn metamaterials with magnetic resonances in the terahertz range. Opt. Express 19(17),16480–16490.

Tzou, K., Gregory, R. V., 1993. Mechanically strong,flexible highly conducting polyaniline struc-tures formed from polyaniline gels. Synth. Met. 55(2),983–988.

Tzou,K., Gregory,R. V.,1995. Improved solution stability and spinnability of concentrated polya-niline solutions using N,N'–dimethyl propylene urea as the spin bath solvent. Synth. Met. 69 (1),109–112.

Ung, B., Skorobogatiy, M., 2013. Transmission and propagation of terahertz waves in plastic waveguides. In：Saeedkia, D. (Ed.), Handbook of Terahertz Technology for Imaging, Sensing and Communications. Woodhead Publishing,Cambridge.

Van De Meerakker,J. E. A. M., De Bakker,J. W. G., 1990. On the mechanism of electroless plat-ing. Part3. Electroless copper alloys. J. Appl. Electrochem. 20(1),85–90.

Van, L. J. H., Weigand, K. A., 1984. Synthetical technical multifilament yarn and a process for the manufacture thereof. U. S. Patent 4,473,617.

Varesano, A., Dall'Acqua,L., Tonin, C., 2005. Astudy on the electrical conductivity decay of polypyrrole coated wool textiles. Polym. Degrad. Stab. 89(1),125-132.

Vladimir,A. ,Chirkov,A. ,1999. EMI shielding fabric and fabric articles made therefrom. U. S. Patent US5968854.

Vyver,D. V. D. ,Godefroidt,F. ,Luyckx,D. ,Chaboche,L. ,Eufinger,K. ,Roshan,P. ,Vanneste, M. , Parys, M. V. , Decant, X. , Nunez, H. E. , 2013. Coated fibres, yarns and tex-tiles. U. S. Patent US20130090030 A1.

Wang,Y. Z. ,Joo,J. ,Hsu,C. -H. ,Epstein,A. J. ,1995. Charge transport of camphor sulfonic acid-doped polyaniline and poly(o-toluidine) fibers:role of processing. Synth. Met. 68(3), 207-211.

Wang,H. -L. ,Romero,R. J. ,Mattes,B. R. ,Zhu,Y. ,Winokur,M. J. ,2000. Effect of processing conditions on the properties of high molecular weight conductive polyaniline fiber. J. Polym. Sci. B:Polym. Phys. 38(1),194-204.

Wang,G. ,Tan,Z. ,Liu,X. ,Chawda,S. ,Koo,J. -S. ,Samuilov,V. ,Dudley,M. ,2006. Conduc-ting MWNT/poly(vinyl acetate) composite nanofibres by electrospinning. Nanotechnology 17 (23),5829.

Watson,D. L. ,1999. Electrically conductive yarn. U. S. Patent 5,927,060.

Wu,J. ,Zhou,D. ,Too,C. O. ,Wallace,G. G. ,2005. Conducting polymer coated lycra. Synth. Met. 155(3),698-701.

Xue,P. ,Tao,X. M. ,2005. Morphological and electromechanical studies of fibers coated with elec-trically conductive polymer. J. Appl. Polym. Sci. 98(4),1844-1854.

Xue,P. ,Park,K. H. ,Tao,X. M. ,Chen,W. ,Cheng,X. Y. ,2007. Electrically conductive yarns based on PVA/carbon nanotubes. Compos. Struct. 78(2),271-277.

Yang,D. ,Fadeev,A. ,Adams,P. N. ,Mattes,B. R. ,2001. Controlling macrovoid formation in wet-spun polyaniline fibers. In:SPIE's Eighth Annual International Symposium on Smart Structures and Materials. International Society for Optics and Photonics,pp. 59-71.

Zhang,Q. ,Jin,H. ,Wang,X. ,Jing,X. ,2001. Morphology of conductive blend fibers of polyani-line and polyamide-11. Synth. Met. 123(3),481-485.

Zhang,Q. ,Wang,X. ,Chen,D. ,Jing,X. ,2002. Preparation and properties of conductive polyani-line/poly-ω-aminoundecanoyle fibers. J. Appl. Polym. Sci. 85(7),1458-1464.

Zhang,H. ,Shen,L. ,Chang,J. ,2011. Comparative study of electroless Ni-P,Cu,Ag,and Cu-Ag plating on polyamide fabrics. J. Ind. Text. 41(1),25-40.

Zoran, D. , 1992. Textile fabric shielding electromagnetic radiation, and clothing made there-of. U. S. Patent 5,103,504.

第 3 章　碳纳米管纱线

M. Miao

CSIRO Manufacturing Flagship，Melbourne，VIC，Australin

3.1　简介

碳纳米管（CNT）具有优异的力学性能、导电性和导热性，挑战在于将这些微观结构的碳纳米管组织成宏观结构后仍具有这些优良特性。碳纳米管是纳米纤维，在不考虑其原子结构的情况下，其直径相当于植物和动物纤维中微纤维的直径。用于纺纱的碳纳米管长径比非常大，其长径比至少比普通纺织纤维大一个数量级（Miao，2013）。

碳纳米管可以通过以下几种方式加工成纤维和纱线：①从 CNT/聚合物溶液中挤出纤维；②从生长在基体上垂直排列的多壁碳纳米管（MWCNTSM）（称为碳纳米管丛）中纺纱；③碳纳米管在化学气相沉积（CVD）反应器中形成时，可以直接从碳纳米管气凝胶中纺纱；④将碳纳米管大尺寸薄片加捻或卷制成纱线。用碳纳米管丛进行干态拉伸和纺丝制备的纱线具有优异的力学性能。

3.2　碳纳米管丛

3.2.1　碳纳米管丛的合成

所有知晓的可纺性碳纳米管丛都是由 CVD 方法制备的。碳源沉积在催化剂上分解为碳原子，并在催化剂位总形成管状碳纳米管。与电弧放电和激光烧蚀方法相比，化学气相沉积具有操作条件温和、成本低、合成可控等优点，是大规模生产碳纳米管最行之有效的方法（Zhang et al.，2011）。通常，硅晶片衬底上沉积有催化剂，流动的气态碳原料在催化剂的作用下在反应炉中生长成定向排列的碳纳米管。常见的沉积在硅片上的催化剂为铁，载气为氩，碳源为乙炔、乙烯。

图 3-1 所示为从碳纳米管丛中提取的碳纳米管的电子显微镜图像，通过改变催化层的厚度和长度，可以在一定程度上控制碳纳米管丛的直径分布和壁的数量，并且碳纳米管的长度，在一定范围内可以通过生长时间来调节。水蒸气可以用来延长碳纳米管的生长，从而形成更长的碳纳米管丛。可纺碳纳米管丛也可以生长在高度柔韧的不锈钢板上。柔韧的碳纳米管丛可以像一条长带一样运输，碳纳米管丛一端在熔炉中生长，另一端，碳纳米管被转化成纱线，使碳纳米管的固态合成成为一个连续的过程

（Lepro et al.，2010）。

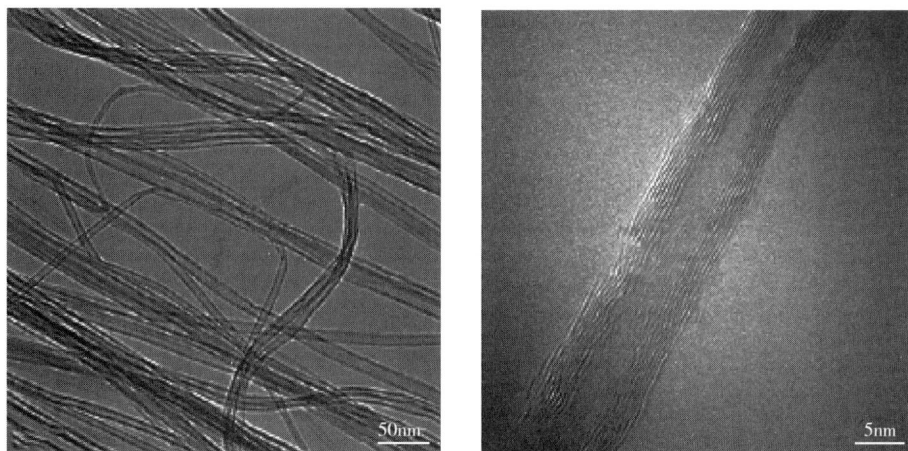

图 3-1　多壁可纺的 CNT 的透射电子显微镜照片（Miao et al.，2010）

3.2.2　碳纳米管丛的可拉伸性

偶然发现垂直排列的碳纳米管丛可以转变为连续长度的相互连接的碳纳米管网（Jiang et al.，2002）。当研究人员试图从一个生长在硅衬底上几百微米高的碳纳米管丛中取出一束碳纳米管时，他们得到的是一个由纯碳纳米管组成的连续带状网络，就像从蚕茧中抽出一根丝一样。图 3-2 所示为碳纳米管丛的网状结构。

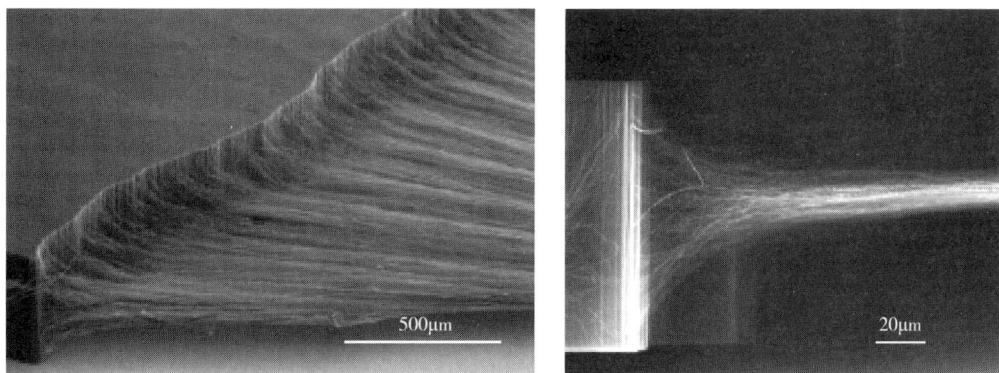

图 3-2　多壁碳纳米管旋转 90°形成连续长度网状结构的电子显微镜照片（Miao et al.，2010）

碳纳米管丛的拉伸能力与碳纳米管阵列的形态密切相关，并且可以通过调整催化剂的预处理时间或者在 CVD 生长过程中引入少量的氢或氧来改变（Huynh et al.，2010）。延长预处理时间会导致催化剂颗粒粗化和不可拉伸的碳纳米管丛的形成。在生长过程中引入氢可使碳纳米管丛排列良好，引入氧会使碳纳米管排列呈波浪状，从碳纳米管丛中提取的碳纳米管网机械强度较低。它的强度可以通过加捻而显著提高，加捻使碳纳米管凝结成更高密度的网状结构，如图 3-3 所示。

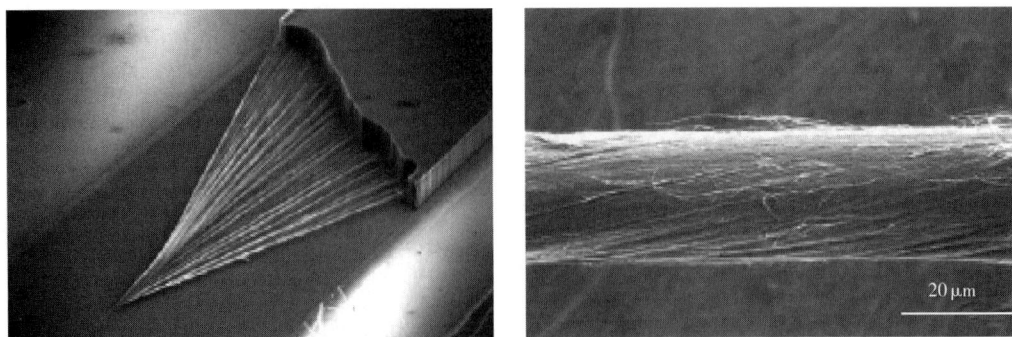

图 3-3　通过加捻形成的 CNT 纱线（左）及其电镜照片（右）

3.3　碳纳米管纤维

通过一小滴挥发性溶剂"缩小"成为一种化合物组织（Zhang et al.，2006）。碳纳米管是疏水性的，但可以被挥发性溶剂润湿。当纱线离开溶剂液柱的弯月面时表面张力把碳纳米管束拉在一起。随着溶剂的挥发，干燥致密的碳纳米管纱线形成。

3.3.1　翼锭纺

对碳纳米管的纺纱工艺进行了初步研究，提出了几种碳纳米管的高速纺纱方法。根据传统的翼锭纺纱原理（图 3-4），建立了第一台自动化连续碳纳米管纺纱机。加捻和卷绕操作由两根同轴实现，两根轴以不同的速度旋转，使纱线缠绕在锭子上的纱线收集筒上。锭子还以线性运动方式将纱线有序地分散在筒管上。计算机用来协调这些工序。同时也在翼锭纺纱机上碳纳米管丛和锭子之间引入了一系列摩擦别针（Tran et al.，2009）。这些别针通过两种方式影响纺纱过程：增加纱线张力，并使捻度沿着别针分开的区域分步插入纱线中。张力的增加进一步增加了纱线密度，使纱线结构更紧密，应力强度和弹性模量更高，但断裂应变降低。

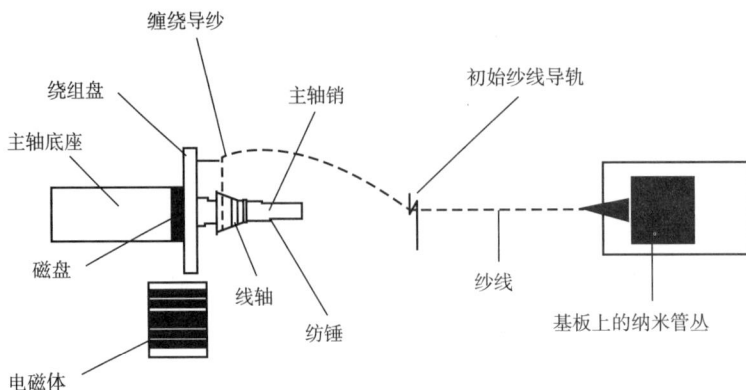

图 3-4　CNT 翼锭纺纱机示意图（Miao，2013）

3.3.2 向上纺纱

图 3-5 所示为被称为 CSIRO "向上纺纱机"的情况（Miao et al.，2010）。碳纳米管丛连接到主轴，可以高速旋转。当纺锤加捻时，碳纳米管网从丛中抽出被向上拉到纱筒上（因此得名为向上纺纱机）。在向上纺纱机中连续纺纱的两个基本功能是独立完成的：加捻由快速旋转的立轴完成，收纱由缓慢旋转的水平纱管完成。

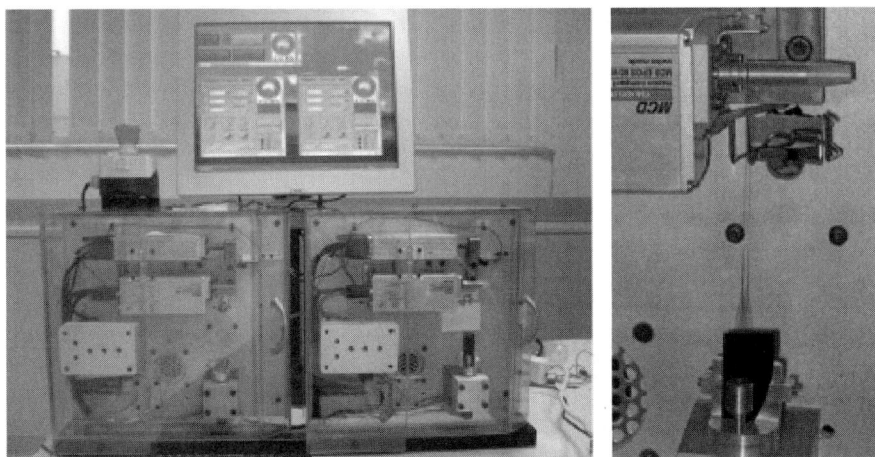

图 3-5 触摸屏控制的双工位向上纺纱概念计算机（左）和
向上纺纱机的主要操作元件（右）（Miao，2013）

此外，导纱器或筒子自身纵向穿过纱线，使纱线沿着纱管散布。向上纺纱机的设计比翼锭纺纱机简单得多。高速锭子采用翼锭纺纱法时，锭子承载的质量比锭子组件的质量小得多。向上纺纱机的纱线轨迹基本上是一条直线，因此在纺纱过程中纱线的张力大大降低，从而使非常精致的碳纳米管网高速纺成纱线。由于其工艺简单，向上纺纱机的纺纱速度可达到 18000r/min，与现代纺纱机生产高支纱线的纺纱速度相当，此外向上纺纱机还具有的优点是大大简化了新纱初纺或断纱接头所需的操作。

3.3.3 摩擦纺纱

由于纱线直径小，生产 1m 纱线必须加入数千个捻度，每米纱线的大量加捻限制了纱线的生产速度，因此需要高度工程化的纺纱机械进行纺纱。机械摩擦作用可以用来生产高密度碳纳米管纱线（图 3-6），其中碳纳米管基本上是直的，彼此平行，并且沿着纱线轴线的方向排列（Miao，2012）。机器的主要工作部分是一对有衬垫的辊子，既可以进行旋转，又可以进行纵向振动。旋转轴把从碳纳米管丛抽取的碳纳米管网运送到纱线卷绕机。两个罗拉的轴向振动方向相反，施加摩擦作用使碳纳米管网变为纱线。摩擦增密纱中碳纳米管之间相互作用的主要机理是范德瓦耳斯力。当摩擦辊间的压力较低时，摩擦增密碳纳米管纱具有一种独特的结构，即高堆积致密性外皮和低密度芯。通过增加摩擦辊之间的压力和降低纱线张力，可以消除低密度纱芯（Miao，2012）。与加捻增密碳纳米管纱线相比，摩擦增密碳纳米管纱拉伸强度类似，但弹性模量显著提高。

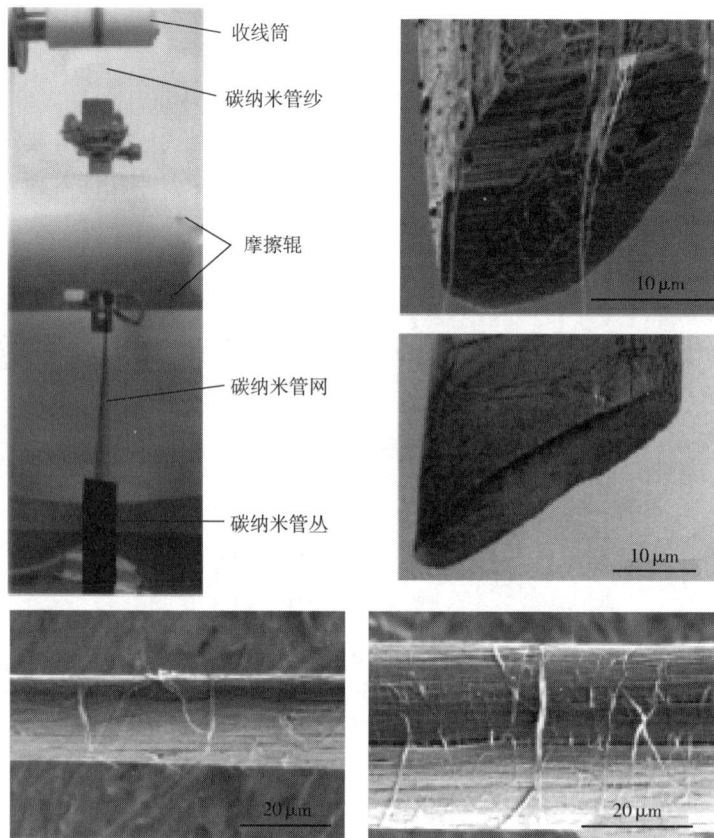

图 3-6 采用摩擦增密法生产碳纳米管纱线（Miao，2012）

3.3.4 碳纳米管包芯纱

由金属长丝芯和碳纳米管外皮组成的包芯纱结构应用于双层纱线超纱电容器（Zhang et al.，2014a）。如图 3-7 所示，可以在翼锭纺纱机上生产这种包芯纱结构的碳纳米管纱线。形成鞘层的碳纳米管连续网是从碳纳米管丛中抽取的，芯材从供应线轴中取出，与碳纳米管网融合。主轴在右侧的加捻作用使金属丝和碳纳米管网一起旋转，从而使碳纳米管网围绕金属丝缠绕，形成包芯纱结构纱线（图 3-7）。由于碳纳米管网的宽度相对于金属长丝的直径很大，所以在包芯纱中芯部完全被碳纳米管外皮包裹。

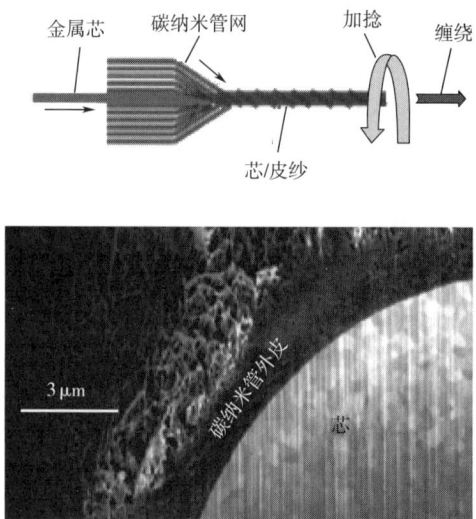

图 3-7 包芯纱生产工艺示意图（上）及碳纳米管包芯纱的横截面（下）（Zhang et al.，2014a）

3.4 碳纳米管纱线的结构和性能

3.4.1 结构和组成

众所周知，随着纱线的细化，纱线的生产效率下降，生产成本大幅度上升。首先，这是因为细纱需要大量的捻度才能获得必要的强力，其次，细纱由于纱线横截面上纤维数量很少而较为脆弱，导致纺纱时断纱。碳纳米管纱线与传统纺织纱线的主要区别在于纱线截面上的纤维数量。碳纳米管纱线横截面上的碳纳米管数量为 $10^5 \sim 10^6$ 根，是传统纺织纱线纤维数量的 $10^3 \sim 10^4$ 倍，传统纺织纱线中精纺纱线约含 40 根纤维，棉纱线约含 100 根纤维。

大多数碳纳米管在碳纳米管丛中以纤维束的形式存在，并且这些纤维束在最终的纱线结构中仍得以保存。提取的碳纳米管网中存在着碳纳米管的松弛、错位和缠绕现象，未加捻的碳纳米管网就像气凝胶，其孔隙率约为 99.97%（Miao，2011）。加捻增密可以大大降低纱线孔隙率，接近理论最小孔隙率（单根碳纳米管纱线内外均存在孔隙）23.8%（Miao et al.，2010）。图 3-8 为碳纳米管纱线的孔隙率与捻回角之间的关系图以及通过聚焦离子束制备的碳纳米管纱线横截面的扫描电子显微镜图像，图像显示出致密的芯和多孔的外皮。

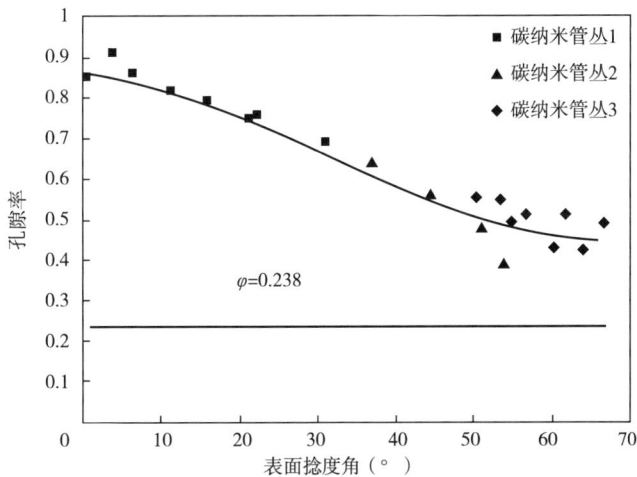

（a）捻度对碳纳米管纱线孔隙率的影响

（b）高捻度的碳纳米管纱线横截面的扫描电镜图像

图 3-8 碳纳米管纱线孔隙率（Miao et al.，2010；Sears et al.，2010）

纱线中碳纳米管的负载转移依靠碳纳米管之间的范德瓦耳斯力。不同径向位置的碳纳米管遵循不同的螺旋角路径，从而形成相互交叉的点接触。为了使碳纳米管之间的连接最大化，纱线中的所有碳纳米管组分必须彼此平行并紧密连接，从而在它们之间形成线接触。传统的纤维矫直和平行化是通过高倍率辊牵伸来实现的，已经准备好的碳纳米管网不能牵伸，在拉伸力的作用下，一个干燥的碳纳米管网在约3%的拉力下断裂，表明单个碳纳米管不会相对滑动。这种情况可以通过在碳纳米管网中加入润滑剂（如石蜡油）来改变，润滑过的纤维网中的碳纳米管之间可以彼此滑动（Wang et al.，2013b）。采用含有分散在石蜡油中的超高分子量聚乙烯的高吸水性凝胶作为载体，碳纳米管网络可以拉伸成原长度的14倍。到目前为止，这种方法仅用于制备由高度排列的碳纳米管组成的高强度复合纤维（Wang et al.，2013b）。

3.4.2 拉伸性能

大多数可纺性纳米管的直径在6~15nm之间，有多层壁。已公布的结果并没有表明碳纳米管的直径或壁数与所得纱线的强度之间有任何一致的关系（Miao，2013）。如图3-9所示，加捻的碳纳米管纱线的强度和模量最初随着捻度角的增加而增加，达到一个稳定值，然后随着捻度的增加而开始减小。纱线强力在表面捻度角为20°时达到峰值，模量在10°左右达到峰值，这种趋势与传统纺纱机的捻度—强力关系相似。

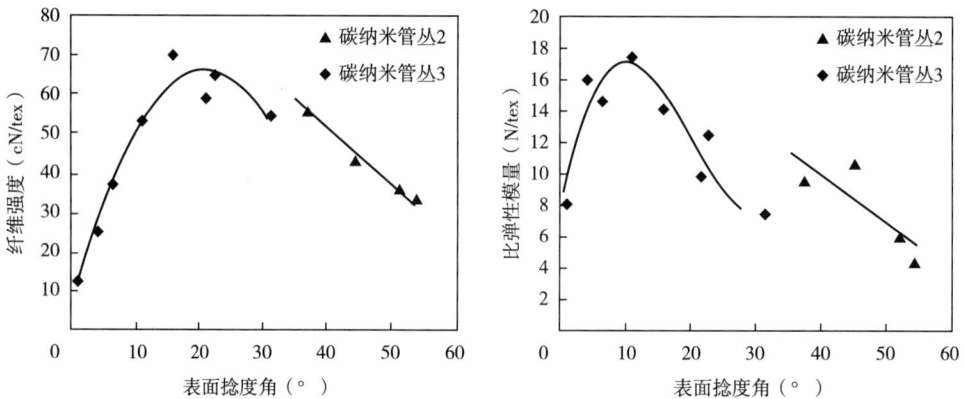

图3-9 碳纳米管表面捻度角和其特定拉伸性能之间的关系（Miao et al.，2010）

翼锭纺纱机和上纺机并行运行了好几年，对两种系统生产的纱线的性能进行了多次试验比较。一般来说，上纺纱比翼锭纱具有更多的孔隙，这可能是由于两种纺纱系统的张力不同造成的。翼锭纱的弹性模量较高，而断裂应变较低。然而，这两种系统纺制的纱线的强度和断裂功（韧性）相似。

Miao等（2011）发现碳纳米管纱线在空气中γ射线辐射可以提高其拉伸强度和模量。结构紧密的纱线比结构松散的纱线受影响更大。对原始碳纳米管丛进行的X射线光电子能谱分析表明，空气中的γ射线辐射使碳纳米管丛中的氧浓度与辐照剂量成正比增加，这表明碳纳米管是在γ射线的电离作用下被氧化的。这些氧气有助于碳纳米管之间的相互作用，从而提高碳纳米管的力学性能。

3.4.3　电导率

单壁碳纳米管是金属导体，是半导体，这取决于石墨烯层是如何包裹成圆柱体中的。据报道，碳弧法生产的多壁碳纳米管的电阻率为 $5×10^{-8}\sim6×10^{-2}\Omega\cdot m$，从金属到半导体的跨度，由催化法制备的多壁碳纳米管的电阻率在 $1×10^{-5}\sim2×10^{-5}\Omega\cdot m$。碳纳米管之间的接触电阻很大程度上取决于接触区域的原子结构，并且可以变化一个数量级以上。由于无定形碳纳米管和其他杂质的存在，多壁碳纳米管宏观结构，如碳纳米管纱线和碳纳米管薄膜（巴基纸）的电导率通常比无缺陷的单个碳纳米管低得多，因为无定形碳和其他杂质会导致散射和接触电阻。

据报道，纯碳纳米管纱的电导率在 $1.5×10^{4}\sim4.1×10^{4}S/m$ 之间，此值扩散的一个主要原因是纱线孔隙率，通常由捻度和后处理的情况决定（Miao，2011 年）。碳纳米管的电导率高度取决于碳纳米管纱线的孔隙率。但是，当电导率被归一化为比电导率时，碳纳米管纱线的孔隙率没有明显的变化，如图 3-10 所示。前面提到的 γ 射线辐射处理可以提高纯碳纳米管纱线电导率的 30%（Su et al.，2014）。

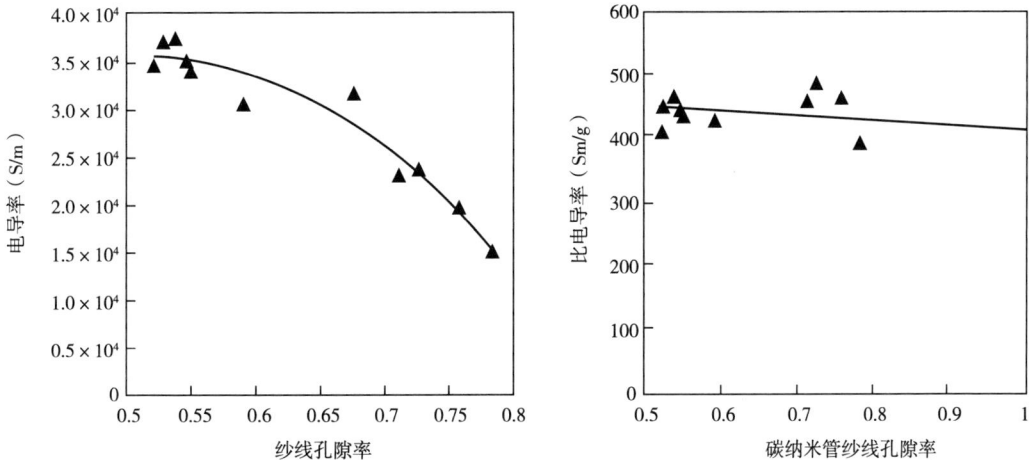

图 3-10　纱线孔隙率对电导率（左）和碳纳米管纱线比电导率（右）的影响（Miao，2011）

大幅度提高碳纳米管电导率的一个方法是在纯碳纳米管纱线上涂上金属涂层。Randeniya 等（2010）报道了一种通过自然电沉积金属纳米颗粒到碳纳米管干纺纱线上使其具有高电导率的复合纱线。用这种方法制备的金—碳纳米管复合纱线和金—碳纳米管纱线具有类似金属的电导率（$2×10^{7}\sim3×10^{7}S/m$）。然而，复合纱的抗拉强度比原纱低 30%~50%。

对碳纳米管纱进行简单的银浆浸涂处理也可以显著提高电导率（Zhang et al.，2014b）。研究发现，在银含量约为 7% 的情况下，金属的导电性发生了阶跃式转变（图 3-11）。这种电导率的阶跃式变化被称为电渗流，此现象发生在高导电性粒子形成电接触路径的时候。由于银浆量少及银浆自身性质，所以经过加工的碳纳米管纱线保持了原有的强力。

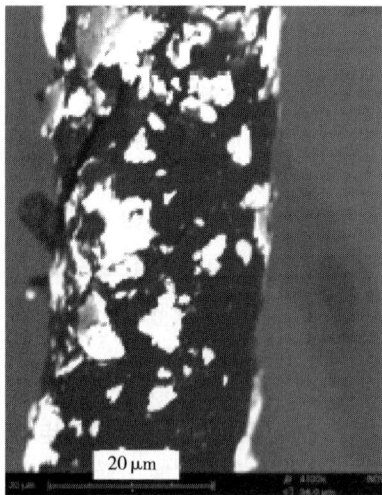

（a）银浆包裹的碳纳米
管纱线的扫描电镜图像

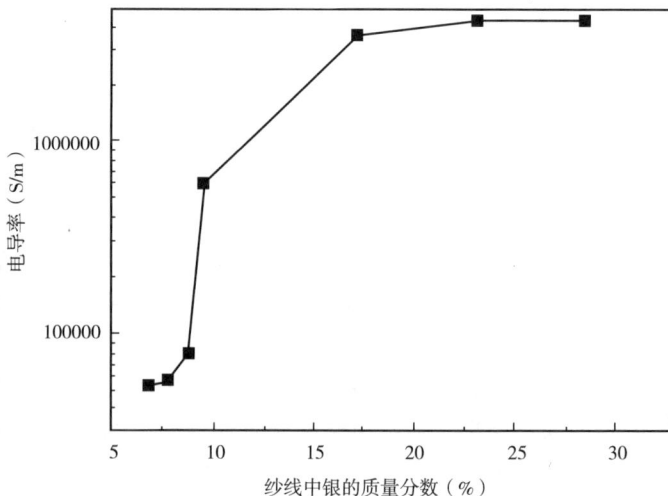

（b）银含量对纱线电导率的影响

图 3-11　经银浆处理过的碳纳米管纱线的电导率（Zhang et al.，2014b）

3.5　碳纳米管纱线的应用

3.5.1　碳纳米管纱纺织品

与许多传统的纺织纱线相比，如羊毛纱（～10cN/tex）和棉纱（～20cN/tex），碳纳米管纱线具有更高的强力（70～80cN/tex）。同时，当碳纳米管纱线的切割端被释放时，纱线的捻度也不如传统的纺织纱线，并且碳纳米管纱线具有很高的耐磨性和打结性。这些特点使碳纳米管纱线的下游加工，如针织、编织和织造更加方便，碳纳米管纱线的导电性使这些织物适用于电子纺织品。图 3-12 所示为一些由碳纳米管纱线制成的织物结构。

3.5.2　碳纳米管纱传感器

加捻碳纳米管纱的电阻随着拉力的变化而变化。碳纳米管纱线可以用作传感器，利用惠斯登桥结构同时检测应变和温度（Kahng et al.，2008）。碳纳米管纱线传感器的应变灵敏度在室温下为 1.4～1.8mV/（V·1000μ），碳纳米管纱线桥的温度灵敏度为 91μA/℃。

经热处理的碳纳米管短段可制成场电子发射器（Wei et al.，2006）。发射电流可达几毫安，与纱段长度成正比且增强系数大于 10^5 倍。场发射也可以从加捻的 CNT 纱线的侧面实现（Zakhidov et al.，2007），同时论证了基于加捻碳纳米管冷阴极的阴极发光灯和字母显示器的原型。

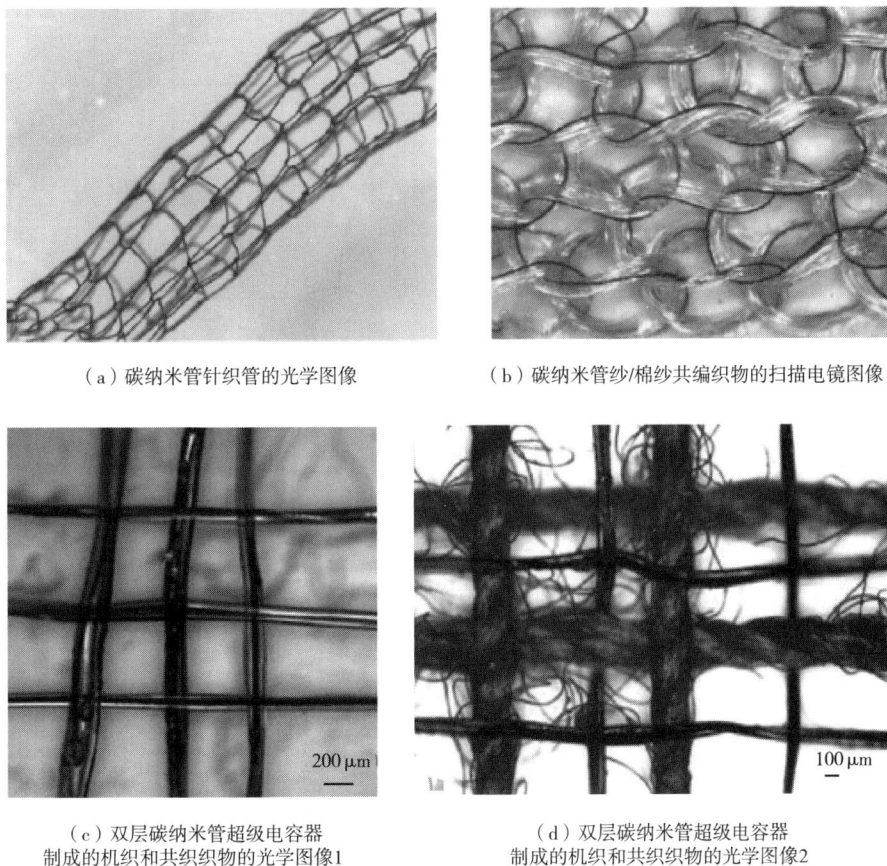

（a）碳纳米管针织管的光学图像　　　　　（b）碳纳米管纱/棉纱共编织物的扫描电镜图像

（c）双层碳纳米管超级电容器
制成的机织和共织物的光学图像1

（d）双层碳纳米管超级电容器
制成的机织和共织物的光学图像2

图 3-12　多壁碳纳米管纱线的结构（Wang et al.，2013a）

3.5.3　柔性超级电容器

电容器（莱顿瓶）用于电能的存储早于电池（伏打电堆）的发明。被称为超级电容器的新一代的电容器，具有两种不同的储能原理：静态双电层电容和电化学法拉第准电容。这些超级电容器的能量密度约为常规电池的 10%，但它们的功率密度通常是常规电池的 10~100 倍（图 3-13），这使得其充电/放电时间比电池更短。超级电容器可以分为三种类型：双电层静电电容器，法拉第准电容器和非对称电解的混合电容器。

柔性电池和超级电容器是已经成为现代生活象征的便携式电子产品的理想电源，也是即将出现的可穿戴式电子产品的理想电源。这些柔性储能装置可以是一维（线性）或二维（平面）结构。平面超级电容器大多建立在金属板、塑料薄膜、纸张和纺织品基板上。在沉积了活性材料、分离膜和集流器的不可渗透层后，二维超级电容器的体积变大，柔韧性大大降低，如果此设备覆盖大面积的服装系统，这些问题将成为主要的问题。相比之下，线性存储设备可以编织或针织，单独纺制或与其他纱线混纺成既结实又舒适的面料。织物的运动自由度和透气性取决于织物的结构。线性超级电容器可以建立在线性基板上，如金属线、塑料/橡胶线、碳纤维、碳纳米纤维、碳纳米管纱线、碳纳米管复合纤维、石墨烯纤维和石墨烯复合纤维，这些基材既作为活性材料的增强材料，又作为电荷收集器。线性

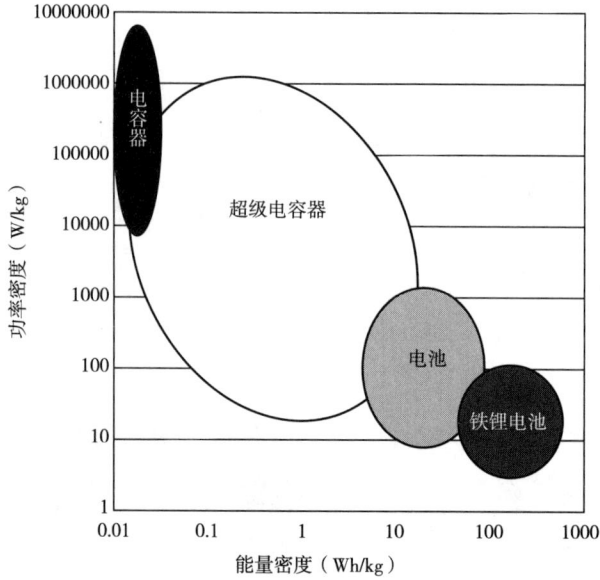

（a）电池和超级电容器的拉贡（Ragone）图

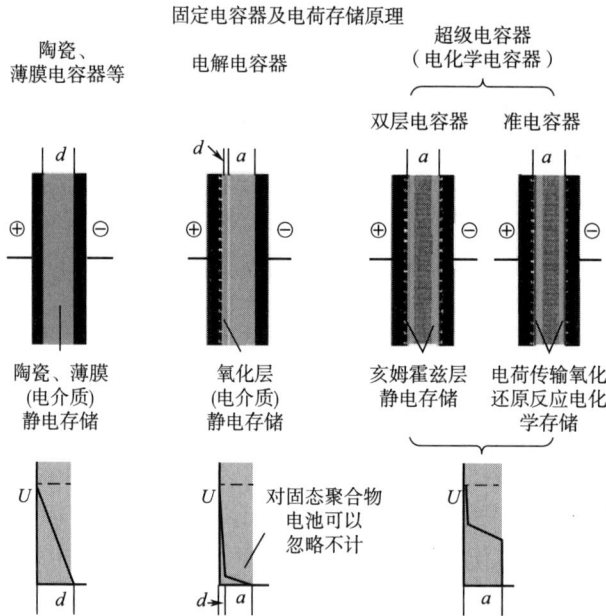

（b）碳纳米管不同类型的电容器

图 3-13　电力存储设备

超级电容器中使用的活性材料可以是碳纳米颗粒、过渡金属氧化物和导电聚合物，由于具有高准电容及快速充电/放电能力，过渡金属氧化物和导电聚合物属于高性能材料。

3.5.3.1　作为活性材料的碳纳米管纱线

与传统碳材料一样，碳纳米管电化学双层电极的电荷储存具有很高的电容性。纯碳纳米管粉末和纱线的电容值明显低于法拉第准电容材料的电容值。碳纳米管纱线电容的增强可以通过利用碳纳米管网中氧和氮杂原子的不同反应来实现。在空气中对碳纳米管纱线进

行 γ 辐射会使碳纳米管纱线引入准电容（Su et al.，2014）。

图 3-14（a）所示为由原丝和 γ 辐射碳纳米管纱线（IR-CNT）制成的超级电容器的循环伏安曲线（CV 曲线）。原碳纳米管纱线超级电容器的循环伏安曲线呈圆形，这是典型的双电层电容器。此外，γ 辐射碳纳米管纱线超级电容器的电流密度明显高于原碳纳米管纱线超级电容器，其峰值通常与准电容材料的氧化还原反应有关。这可能归因于 γ 辐射处理引入了含氧基团（Miao et al.，2011）。图 3-14（b）中两个超级电容器的奈奎斯特图显示了两个超级电容器在高频下的阻抗。奈奎斯特图的 x 轴截距反映了对应于双电极超级电容器电荷传输阻抗的等效串联电阻（ESR）。γ 辐射碳纳米管纱线超级电容器 ESR 不到纺丝碳纳米管纱线超级电容器的一半（Su et al.，2014）。

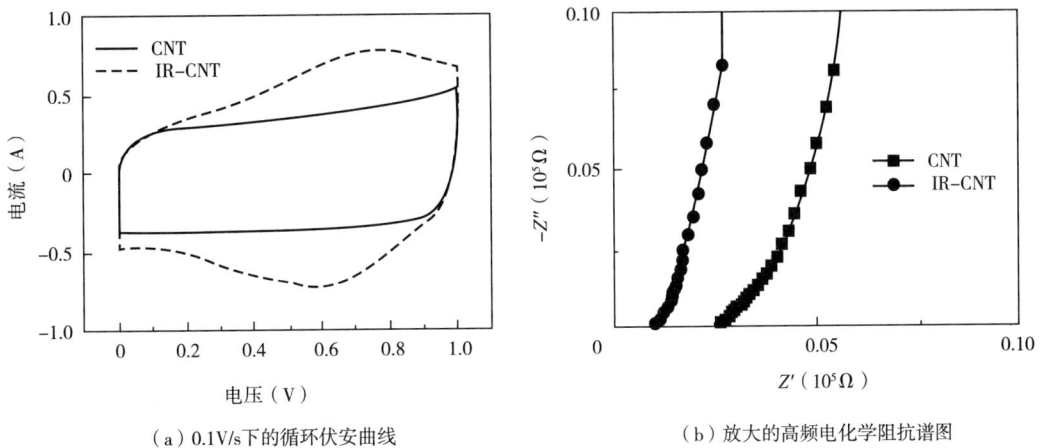

（a）0.1V/s 下的循环伏安曲线　　　　（b）放大的高频电化学阻抗谱图

图 3-14　碳纳米管和 γ 辐射碳纳米管双股纱线超级电容器的电化学性能

3.5.3.2 作为基材的碳纳米管纱线

在充放电过程中，由于材料膨胀和收缩引起的机械应力，使得作为导电聚合物的碳纳米管纱线的循环稳定性较差。过渡金属氧化物如 RuO_2、NiO_2、CoO_2 和 MnO_2 是脆性材料，尚未制成纤维或线状超级电容器，用于可穿戴电子设备。采用碳纳米管纱作为基布，可以大大减轻或消除这些问题。碳纳米管纱不仅具有高强度、柔韧性和尺寸稳定性，适用于无缝机织和针织，还具有多孔结构和导电性，初生碳纳米管纤维的导电性比导电聚合物薄膜和纤维的导电性高出三个数量级，多孔碳纳米管纱结构提供了高电解质的可及性。准电容性材料可以通过涂层或原位聚合应用于碳纳米管纱基材，将复合纱线涂上聚合物电解质［例如，聚乙烯醇—磷酸凝胶电解质（$PVA-H_3PO_4$）］。然后将涂有电解质的纱线两次折叠并加捻以形成双股纱线超级电容器，以上准备工作如图 3-15 所示。导电聚合物（例如，聚苯胺纳米线，Zhang et al.，2014a，Su et al.，2014；以及聚 3，4-乙撑二氧噻吩-聚苯乙烯磺酸盐，又称 PEDOT/PSS，Su et al.，2014b）和过渡金属氧化物（例如，PVA/MnO_2 复合材料，Su et al.，2014a）被用作碳纳米管纱线电极的涂层材料。原位聚合法可以在碳纳米管纱线表面生成高度排列的聚苯胺纳米线阵列，具有很高的超级电容性，如图 3-16（Wang et al.，2013a）所示。

（a）涂布法

（b）原位聚合法

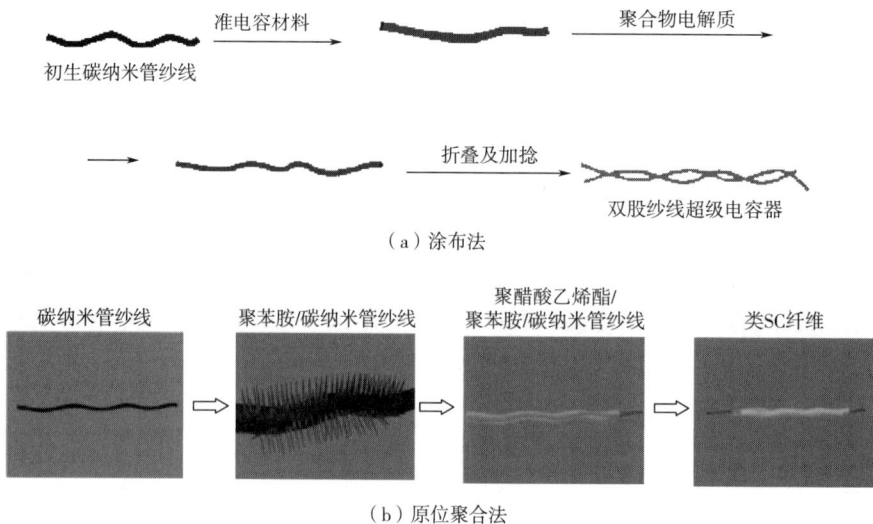

图 3-15 双股碳纳米管纱基材准电容器的制备（Wang et al.，2013a；Su et al.，2014；Su et al.，2014b）

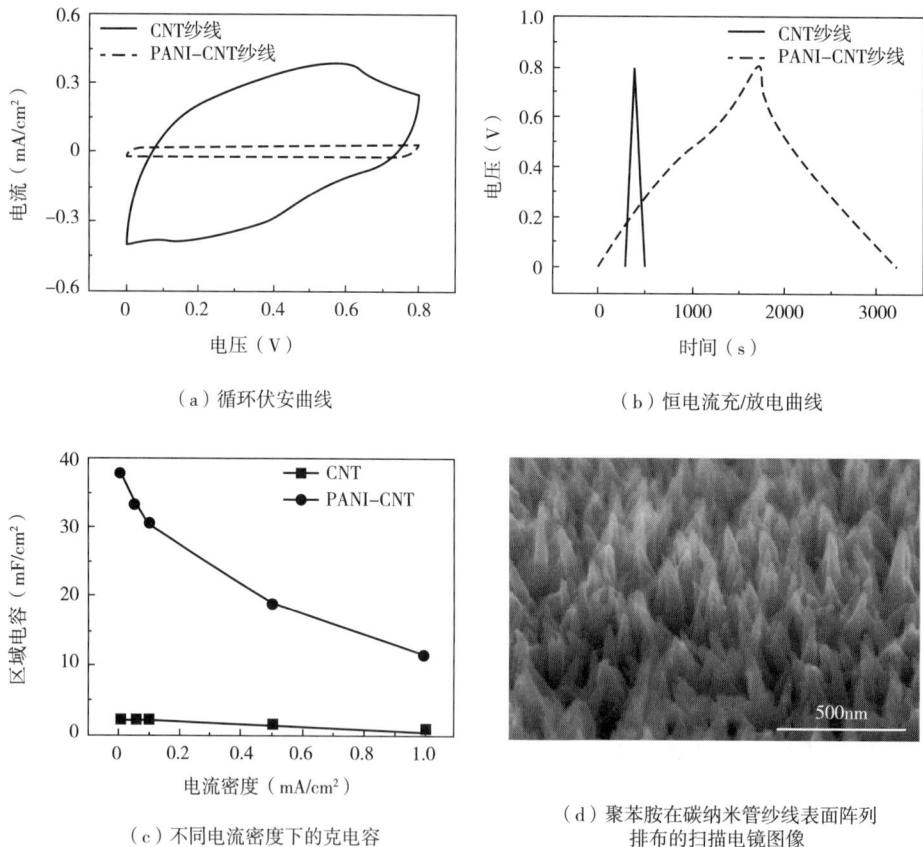

（a）循环伏安曲线

（b）恒电流充/放电曲线

（c）不同电流密度下的克电容

（d）聚苯胺在碳纳米管纱线表面阵列
排布的扫描电镜图像

图 3-16 基于碳纳米管纱线和原位聚合聚苯胺碳纳米管纱线的
双股纱线超级电容器的电化学性能（Wang et al.，2013a）

3.5.3.3　碳纳米管包芯纱

虽然碳纳米管纱线作为电流收集器的电导率比法拉第准电容材料的电导率高得多，但其导电率仍比金属丝低 100 倍。以纯碳纳米管为基材的双股纱超级电容器的电化学性能随着纱线长度的增加而迅速下降，因此关键问题是将它们放大到适合纺织的长度，同时保持或进一步提高它们的电化学性能。这可以通过在碳纳米管纱的中心嵌入一根非常细的金属丝（长丝）来实现，如图 3-7 所示。在包芯纱结构（Zhang et al.，2014a）中，碳纳米管形成了一层薄的表面层，具有很高的电解质的可及性，并且将主要活性材料产生的电荷传输到高导电性金属芯的路径变得更短。通过这种方式，沿着线性超级电容器长度存储的电荷可以以非常高的效率传输。

3.5.3.4　非对称超级电容器

超级电容器的能量密度（E）与超级电容器的比电容（C）和工作电压（U）的平方成正比，$E = CU^2/2$。金属氧化物对称器件的电压（<1V）严重限制了超级电容器的能量密度。通过采用非对称双股纱线超级电容器结构可将电池电压提高到 2V，其中负极为碳纳米管纱，正极为涂层碳纳米管纱（Su et al.，2014a）。非对称双股纱线超级电容器的能量密度显著高于对称超级电容器（图 3-17）。

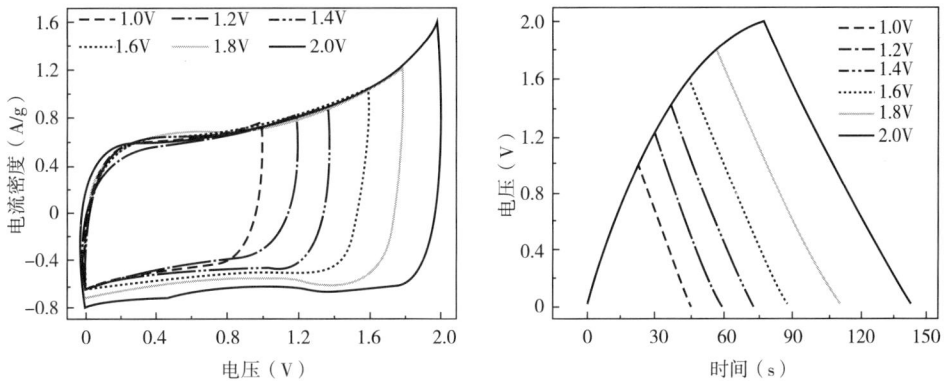

（a）不同电压下的循环伏安曲线

（b）不同电位的恒电流充/放电曲线

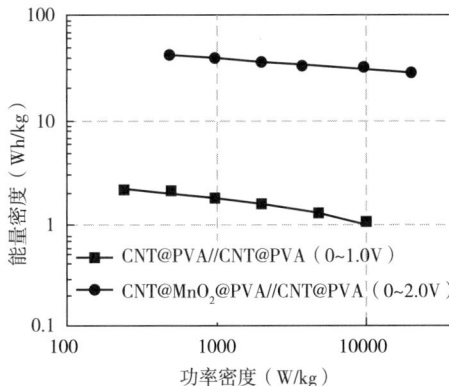

（c）对称双股纱线超级电容器 CNT/CNT
和非对称双股纱线超级电容器 CNT@MnO₂/CNT 的
能量密度与功率密度之间关系的拉页曲线图

图 3-17　非对称双股纱线超级电容器 CNT@ MnO₂/CNT 的电化学性能

3.6 结论和展望

本章介绍了可拉伸碳纳米管丛及其纱线，包括碳纳米管丛的合成和可拉伸性，以及所制得的纱线的形成、结构、生产、性能和应用。

碳纳米管丛的合成研究主要集中在提高碳纳米管的可拉伸性和增加碳纳米管的长度。取向一致的可拉伸碳纳米管丛是生产具有可控结构和性能纱线的基本条件，可拉伸碳纳米管丛可以通过加捻、机械摩擦、溶剂收缩和包芯纱纺制等方法转化为连续纱线。使用专门设计的纺纱机或改良的传统纺纱机纺纱，碳纳米管纱线的生产速度可与目前最先进的超细支传统纺织纱线的生产速度相媲美。

碳纳米管纱线只利用了组成碳纳米管强度的一小部分（<5%），比传统纺织纱线的强度低一个数量级。人们对传统纺织纱线的结构力学十分了解，这为理解碳纳米管纱线结构与性能之间的关系提供基础。纱线的强范德华力、碳纳米管在拉伸网中的几何无序性以及独特的碳纳米管断裂机理，为纱线结构力学研究提供了新的思路。

碳纳米管纱线是一种功能材料，它们已被证明是构建柔性传感器和电子纺织品的线性储能装置的可行材料。毫无疑问，开发新型碳纳米管纱线应用将是一个非常活跃的研究领域。

参考文献

Huynh, C. P., Hawkins, S. C., 2010. Understanding the synthesis of directly spinnable carbon nanotube forests. Carbon 48,1105-1115.

Jiang, K., Li, Q., Fan, S., 2002. Spinning continuous carbon nanotube yarns. Nature 419,801.

Kahng, S. K., Gates, T. S., Jefferson, G. D., 2008. Strain and temperature sensing properties of multiwalled carbon nanotube yarn composites. In: SAMPE Fall Technical Conference, 8-11 September 2008, Memphis, TN, USA.

Lepro, X., Lima, M. D., Baughman, R. H., 2010. Spinnable carbon nanotube forests grown on thin, flexible metallic substrates. Carbon 48,3621-3627.

Miao, M., 2011. Electrical conductivity of pure carbon nanotube yarns. Carbon 49,3755-3761.

Miao, M., 2012. Production, structure and properties of twistless carbon nanotube yarns with a high density sheath. Carbon 50,4973-4983.

Miao, M., 2013. Yarn spun from carbon nanotube forests: production, structure, properties and applications. Particuology 11,378-393.

Miao, M., Mcdonnell, J., Vuckovic, L., Hawkins, S. C., 2010. Poisson's ratio and porosity of carbon nanotube dry-spun yarns. Carbon 48,2802-2811.

Miao, M., Hawkins, S., Cai, J., Gengenbach, T., Knot, R., Huyhn, C., 2011. Effect of gamma irradiation on the mechanical properties of carbon nanotube yarns. Carbon 49,4940-4947.

Randeniya, L. K., Bendavid, A., Martin, P. J., Tran, C.-D., 2010. Composite yarns of multiwalled carbon nanotubes with metallic electrical conductivity. Small 6,1806-1811.

Sears,K. ,Skourtis,C. , Atkinson,K. , Finn,N. , Humphries,W. , 2010. Focused ion beam milling of carbon nanotube yarns to study the relationship between structure and strength. Carbon 48, 4450-4456.

Su,F. , Miao,M. , 2014a. Asymmetric carbon nanotube-MnO$_2$ two-ply yarn supercapacitors for wearable electronics. Nanotechnology 25,135401.

Su,F. , Miao,M. ,2014b. Flexible,high performance two-ply yarn supercapacitors based on irra-diated carbon nanotube yarn and PEDOT/PSS. Electrochim. Acta 127,433-438.

Su,F. , Miao,M. , Niu,H. , Wei,Z. , 2014. Gamma-irradiated carbon nanotube yarn as substrate for high performance fiber supercapacitors. ACS Appl. Mater. Interfaces 6,2552-2560.

Tran,C. D. , Humphries, W. , Smith, S. M. , Huynh, C. , Lucas, S. , 2009. Improving the tensile strength of carbon nanotube spun yarns using a modified spinning process. Carbon 47, 2662-2670.

Wang,K. , Meng,Q. , Zhang,Y. , Wei,Z. , Miao,M. , 2013a. High-performance two-ply yarn su-percapacitors based on carbon nanotubes and polyaniline nanowsire arrays. Adv. Mater. 25, 1494-1498.

Wang,J. , Miao,M. ,Wang,Z. , Humphries,W. , Gu,Q. , 2013b. A method of mobilizing and alig-ning carbon nanotubes and its use in gel spinning of composite fibres. Carbon 57,217-226.

Wei,Y. , Weng,D. , Yang,Y. , Zhang,X. , Jiang,K. , Liu,L. , Fan,S. , 2006. Efficient fabrication of field electron emitters from the multiwalled carbon nanotube yarns. Appl. Phys. Lett. 89, 063101.

Zakhidov, A. A. , Nanjundaswamy, R. , Obraztsov, A. N. , Zhang, M. , Fang, S. , Klesch, V. I. , Baughman, R. H. , Zakhidov, A. A. , 2007. Field emission of electrons by carbon nanotube twist-yarns. Appl. Phys. A 88,593-600.

Zhang, M. , Atkinson, K. , Baughman, R. H. , 2004. Multifunctional carbon nanotube yarns by downsizing an ancient technology. Science 306,1358-1361.

Zhang,X. , Jiang,K. , Feng, C. , Liu,P. , Zhang,L. , Kong, J. , Zhang, T. , Li,Q. , Fan,S. , 2006. Spinning and processing continuous yarns from 4-inch wafer scale super-aligned carbon nanotube arrays. Adv. Mater. 18,1505-1510.

Zhang,Q. , Huang,J. -Q. , Zhao,M. -Q. , Qian,W. -Z. , Wei,F. , 2011. Carbon nanotube mass pro-duction:principles and processes. ChemSusChem 4,864-889.

Zhang,D. ,Miao,M. , Niu,H. , Wei,Z. ,2014a. Core-spun carbon nanotube yarn supercapacitors for wearable electronic textiles. ACS Nano 8(5),4571-4579.

Zhang,D. ,Zhang,Y. ,Miao,M. ,2014b. Metallic conductivity transition of carbon nanotube yarns coated with silver particles. Nanotechnology 25,275702.

第4章 织物传感器

Bosowski，M. Hoerr，V. Mecnika，T. Gries，S. Jockenhövel
RWTH Aachen University，Institut für Textiltechnik，Aachen，Germany

4.1 简介

纺织技术可用于各种不同的工业领域。为了监测纺织品的功能性，可以将传感器与纺织品结合起来。因为纺织品是二维或三维结构的，所以传感器系统应该设计成相应的一部分。智能纺织品是以纺织品为基础的传感器将其机械性和结构性集成到纺织品中，这个定义将在第4.2节中给出。

在没有采用系统方法的情况下，基于织物传感器的研究现状已经从传感器纤维延伸到涂层纱线和纺织品。因此，智能七步工具是为纺织品制造商创造出的标准化工具，允许开发不同应用领域的织物传感器，此工具在第4.3节将具体描述。

织物传感器的开发及其对特定应用的解释，与许多对不同导电材料的研究相关，这是一个漫长而昂贵的开发过程。关于织物传感器的知识现在需要对其进行适当的分类。本章将在第4.3节的第二部分介绍一个分类目录，该目录可以根据测量值直接选择基于织物的传感器模块。

智能纺织品描述了功能化纺织品和材料的巨大领域。通常，智能纺织品被定义为能够以可预测的方式感知和响应其周围环境的智能材料和系统（Schwartz，2002）。根据其行为，智能纺织品可以分为传感、执行和适应功能（Tao，2001）。这些功能可以由额外的电子元件或组织结构的一部分提供。

电子元器件和电路与纺织品的集成可分为三个层次（图4-1）：与服装集成、与纺织品集成和与纱线集成。第一个层次，与服装集成，指的是制造放入电子设备（如MP3播放器）的特殊服装配件。第二个层次，与纺织品集成是指在电子元件和织物之间建立联系（例如，金属按钮），可随时移除。第三个层次是基于织物结构中的纱线本身与电子元件的集成（例如，使用导电或金属涂层的多丝纱）。

许多与智能纺织品相关的研究项目都集中在基于纺织品的传感器和驱动器的开发上，使之可以绑定到技术防护服或医用纺织品的可穿戴系统。目前在医疗领域有很多由欧盟委员会资助基于智能纺织品的健康监测改进工作的项目。研制一种用于测量生理参数的纺织品嵌入式传感器是许多研究项目的主题（Wealthy，Wealthy，n. d；My Heart，Mermoth n. d.；STELLA，Scientific，n. d. OFSETH，Talk2myshirt，n. d.），并以感知信号的方式传回数据（PROETEX；Proetex，n. d）。然而，该产品尚未达到市场成熟，大部分上述产品仍处于原型设计阶段。智能纺织品市场上没有现货的主要原因是纺织业还没有为广大大众

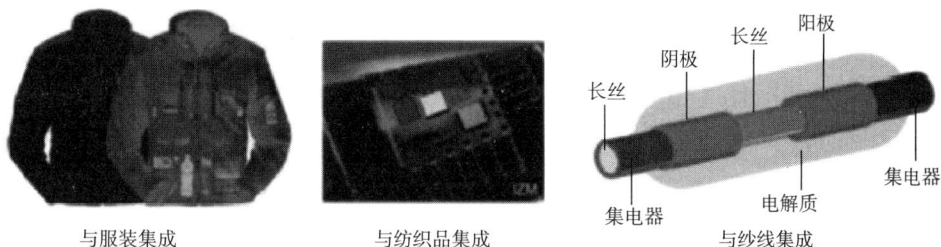

与服装集成　　　　　与纺织品集成　　　　　　与纱线集成

图 4-1　电子元件介入纺织品的程度

市场进行生产（Schwartz，2002）。基于织物传感器的分类目录是一个工具，用于向纺织制造商总结所有现有的传感器及其工作原理。

4.2　织物传感器概述

重要的是要制造基于织物的传感器，而不是仅仅是将传感器结合或应用于织物。这对纺织工程领域的专业度要求较高，因为制造织物传感器需要织物本身满足在此之前只有传感器才能满足的要求。

4.2.1　织物传感器的定义

如图 4-2 所示，基于织物的传感器既是织物的一部分，也是传感器的一部分。

4.2.2　织物传感器的变化

基于织物的传感器是由纺织品制成，并通过其织物结构对传感器进行定义。织物结构可分为四个层次（图 4-3），制造织物传感器有不同的技术，其分类如图 4-4 所示。机织和刺绣技术在第 4.5 节中进行介绍。

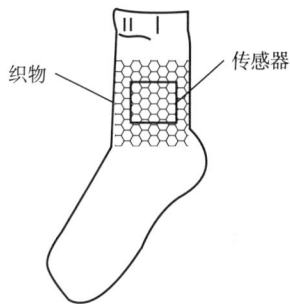

图 4-2　织物中的传感器

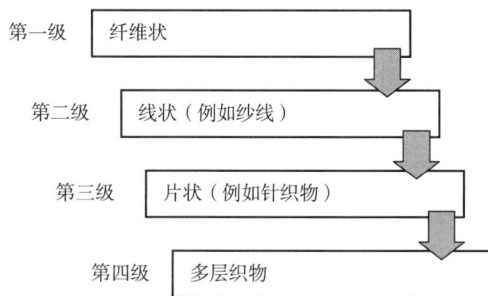

第一级　纤维状
第二级　线状（例如纱线）
第三级　片状（例如针织物）
第四级　多层织物

图 4-3　织物结构层次

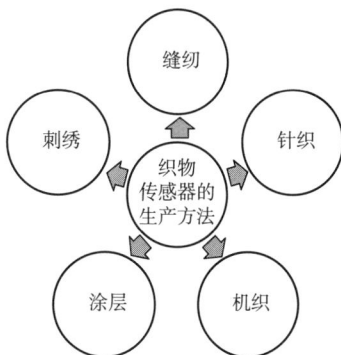

图 4-4　织物传感器的生产方法

4.2.3 纤维

在纺织品整理中玻璃纤维的应用是技术进步的重要体现。技术微型化持续推进是其显著的优点，同时也应符合重要的质量要求，如多样性、快速性、准确性和可靠性（Daniel，1990 年）。

光纤的主要优点是重量轻、体积小。此外，在高电力领域，因为不需要电线接地而不存在传输问题。因此，玻璃纤维将在工厂、铁路线和发电厂中得到更多的应用。它们已经广泛应用于医学，化学过程控制，采矿业，车辆和船舶行业。通过检测纤维包层的折射率变化，玻璃纤维也被用来测量温度的变化。液体的电荷水平和浓度可以用反射原理测量，因为液体与纤维相比还有折射率，但测量不准可能是由表面腐蚀作用和污染引起的。利用微弯效应可以测量压力，这有助于提高工厂和工艺的安全性以及产品的质量。当光纤芯部或包层受到机械应力时，光纤会从两根对准的玻璃纤维上逸出。

4.2.4 纱线

在织物传感器中，纱线常用于检测由于机械磨损或紫外线辐射的影响而产生的应力。一定要避免纱线的破坏，尤其是在产品应用中，纱线破坏可能意味着安全威胁。

4.2.5 二维或三维纺织品

有几种技术可以把单纤维和传感器模块结合起来。一方面，编织可以使纤维紧密结合，而不会影响传感器的功能性；另一方面，缠绕可以将导电的弹性丝线缠绕成弹性带，缠绕还可以调节纤维的力膨胀比。

4.3 织物传感器的开发方法

开发织物传感器的最新进展，已从纤维传感器延伸到涂层纱线和纺织品，但没有采用系统的方法，也没有考虑现有的织物传感器。因此，为发展不同应用领域的织物传感器，已经为纺织制造商创造开发了一个标准化的纺织品工具。此工具被称为智能七步工具，如图 4-5 所示。

4.3.1 智能七步工具

智能七步工具包括七个步骤，用于为特定应用领域和特定功能产品开发的织物传感器。它总结了一份织物传感器的详细目录，该目录可以使纺织品制造商使用现有的织物传感器。

4.3.1.1 需求

在应用方面，纺织品可分为服装及工艺用纺织品，后者根据其功能进行定义。织物传感器的需求一般来自不同的应用领域及其功能。根据产品的用途，需求的数量会有所不同。第一步，区分基本需求和希望的需求是很重要的。然后，设计师可以使用分类目录（Bosowski et al.，2013）为其产品选择现有的织物传感器。找到合适的解决方案后就可以

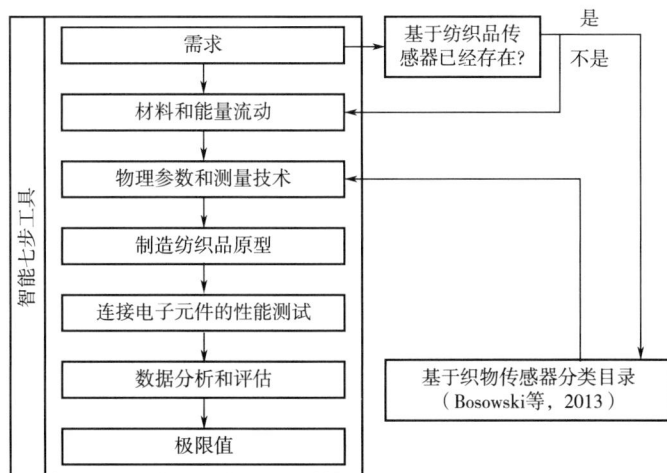

图 4-5　智能七步工具：织物传感器的系统开发方法
（使用织物传感器分类目录；Bosowski et al.，2013）

进入第三步。否则，第二步必须实现才可进入第三步。

4.3.1.2　材料和能量流动

在第二步，必须采用类似于材料和能量流动的方法。一般而言，传感器的功能是接收物理值或材料和工艺特性，并将其转换成二进制、一维或多维电信号。然后这些电信号可以被传送到更高的系统以供进一步处理（图 4-6）。

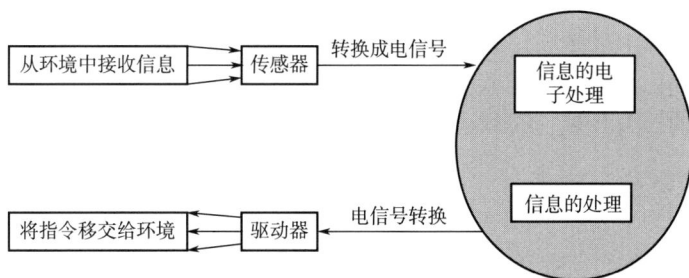

图 4-6　传感器的主要功能

4.3.1.3　物理参数和测量技术

在确定传感器概念后，必须设置使用传感器测量的物理参数。织物传感器是纺织品的一部分，必须对各种不同的力作出反应。因此，依赖于物理、化学和热参数的各种传感器是适合应用的。它们可以帮助检测力、位移、热能、湿度、化学物质、紫外线和其他作用。然后，可以将从环境中接收到的信息转化为电信号。在第三步，必须确定将导电线放在非导电线之间的位置，以及适合产品要求的制造技术。

4.3.1.4　制造纺织品原型

织物传感器有不同的生产技术，详见第 4.5 节。图 4-4 为各种不同织物传感器的生产方法。在开发过程的第四步，将生产的纺织品进行第一次测试。纺织品也可以从分类目录中选择（Bosowski et al.，2013）。

4.3.1.5 连接电子元件的性能测试

为了消除电子元件与织物传感器互连的障碍，必须从开发之初就确保元件之间的接口集中。因此，在第五步中，建立一个跨学科团队是很重要的，这个团队由熟悉电子元件互连问题的专家组成。产品的整个概念必须被视为一个整体系统，而不仅仅是由不同组成部分制造的产品。电子元件（硬件）和织物传感器之间的互连必须是系统集成任务的一部分。对于每个部件，必须使用符合产品要求的特定的连接。因此，必须从一开始就进行测试，以获得最佳的解决方案。

4.3.1.6 数据分析和评估

传感器技术是数字测量和控制系统的一部分，称为基于传感器的在线监控系统。基于传感器的在线监控系统由适当的传感器、电子器件、硬件和软件组成，可以实时监控生产过程和采集产品数据。系统各部件所需的子功能包括获取和处理测量值，以及界定极限值和记录测量值，如图4-7所示。当检测到温度、张力、压力、液体浓度、直径或断丝等既定参数的偏差时，监测系统会干扰制造过程（Ramakers，2005）。在第六步中，必须对连接到系统组件的织物传感器进行分析，以确定其测量和检测质量。在某些情况下，织物结构不能充分达到传感器的质量，此时必须从第三步重新设计。

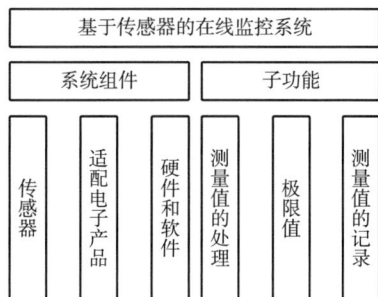

图4-7 基于传感器的在线监控系统

4.3.1.7 极限值

第七步也是最后一步，可以用下面的例子来解释：触觉传感器是基于电容式感应原理的。传感器不仅能显示接触的位置，还能显示每个接触位置的压力。红色和橙色表示压力较高，而蓝色和绿色表示压力较低。由于使用织物传感器产生高质量的信号非常重要，因此为了区分不同的压力区域，必须通过测量传感器信号来确定极限值。

4.3.2 织物传感器分类目录

现有的结构目录已经可以访问最先进的技术。目录中应用的系统方法有助于人们了解现有的程序并开发新的创新传感器系统（图4-6）（Ramakers，2005）。本节比较了织物传感器分类目录的优点和便利性。此外，还说明了VDI指南2222中规定目录的基本分类和结构，它的应用引出了附录中的目录，代表了纺织技术的最新进展。分类目录的优点和便利性有助于生产智能产品。现有目录是根据1982年2月的VDI指南2222第2页"结构目录的编制和应用"设计的。其目的是为织物传感器的系统使用提供建议。

图4-8所示为用于编制和应用结构目录的系统正确的标准方法。由于结构目录并不是完整的，因为它们只能代表技术的研究现状，它们仍然能够实现可复制的构筑过程。因此，就有效性和效率而言，这就构成了规模经济。为了方便实现直接对目

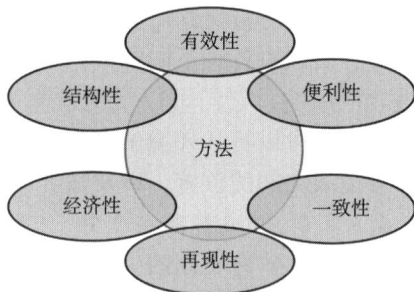

图4-8 结构目录的编制和应用

标导向的访问，有必要按照设计方法的观点来构建目录。这样不仅可以达到一定程度的方便，而且还可以鼓励设计者依靠目录。为此，在编制目录时，必须将有效性、结构性和一致性等作为基本标准。

4.3.2.1　分类和结构

各个阶段，从最初的设计到最终解决方案的要点，都是设计和建造过程的一部分。因此，编制目录至少代表了这一过程的一部分。

根据 VDI 指南 2222 编制目录时，在使用措辞相当笼统的指令的解决方案时，必须将实际问题抽象出来，然后根据所描述的功能类比实现。因此，目录中只包含解决问题过程的初始阶段，而解决过程的虚拟部分不受影响。目录主要参考不同应用领域织物传感器的功能进行分类，特定织物传感器与特定类别相关（VDI，1982）。

4.3.2.2　可用性

协调问题和描述的解决方案之间的几个不同特征，需要后者的明确安排。因此，在一个轴上显示所有解决方案，而在另一个轴上显示所有解决方案的特征是有意义的。根据现有目录，最好利用线性的、一维的解决方案进行排列（VDI，1982）。

表 4-1 包含了能够快速了解相关解决方案的参考文献类别，这些参考文献按重要性程度进行排列。根据最高标准的应用范围，可以在机械传感器、化学传感器或热传感器之间进行传感器类型的划分。通过命名不同的测量变量来规定测量原则，从而得到可行的解决方案。结构原理、纺织几何学和材料的最终设计有助于人们理解传感器应该如何在工艺中应用（图 4-9）。

表 4-1　参考文献

1	2	3	4	5	6	Nr.
应用领域	传感器类型	参数	构建原则	纺织结构	材料	—

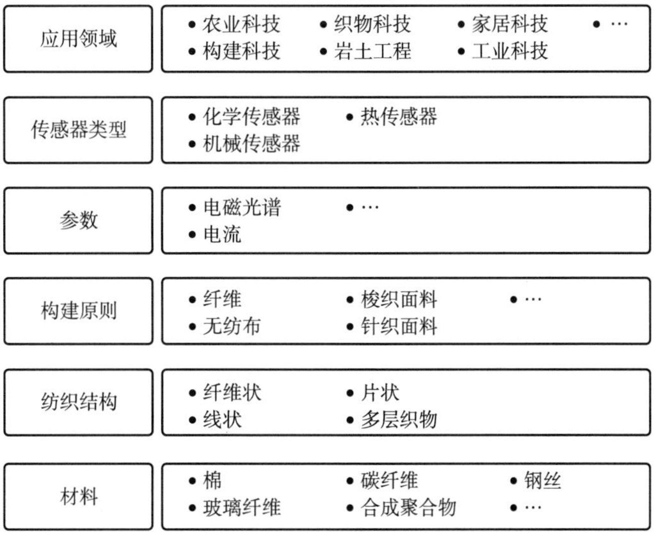

应用领域	• 农业科技　• 织物科技　• 家居科技　• … • 构建科技　• 岩土工程　• 工业科技
传感器类型	• 化学传感器　• 热传感器 • 机械传感器
参数	• 电磁光谱　• … • 电流
构建原则	• 纤维　• 梭织面料　• … • 无纺布　• 针织面料
纺织结构	• 纤维状　• 片状 • 线状　• 多层织物
材料	• 棉　• 碳纤维　• 钢丝 • 玻璃纤维　• 合成聚合物　• …

图 4-9　参考文献的结构和内容

被称为解决方案的模块是目录的核心，因为它包含了所有重要的信息（表4-2）。资料来源的指示使使用者能够很容易地恢复到原始文件，以便寻找详细的信息程序。

表4-2　解决方案

程序性原则	示意图
1	2

程序原理描述了传感器的功能和设计的关键方面。示意图有助于增强对传感器应用程序的理解。

最后一部分称为访问特性（表4-3），并通过命名不同的应用示例、可能的变化方式以及优缺点来添加到其他部分。此外，特征值可能会限制解决方案的分类。

表4-3　访问特性

应用实例	变化	优点 缺点	解决方案的种类					
1	2	3	4	5	6	7	8	9

4.4　织物传感器（测量参数）的类型

作为纺织品的一部分，能够抵抗机械、化学和热影响的传感器必须对各种不同的力做出反应。因此，依赖于物理、化学和热作用机制的各种传感器都适合应用。它们有助于检测力、位移、热能、湿度、化学物质、紫外线辐射和其他影响。在生产过程中，必须确保纺织品原有的纺织技术和功能不受影响，进行传感器与纺织品的整合。为了同时测量不同的影响结果，传感器应该是可分组的。此外，模块化的构造方法保证了最佳适应的操作条件。根据这些模块化的组合，不同材料的组合、材料或添加物的组合、生产纤维或后整理的方式等产生的影响，可能使传感器的特性有所不同。

4.4.1　电容传感器

电容器是一个由两个相对的电极组成的电子元件，电极由绝缘材料分隔开。当电压施加于电路时，电极带正电和负电。系统中没有电流，因为绝缘体阻止了电荷的流动。在带电的电极之间，形成了一个电场。基本上，电容器是一种储能元件，经常用于电路中，以缓冲电源的波动。由于电容器的容量取决于电极之间的距离，因此可以用电容器作为压力或变形传感器。多个电极设置在纺织品表面上，与结构另一侧的基础电极相对应，电极被柔性材料分开。由于纺织品暴露在机械压力下（导致变形），电极之间的距离发生变化，导致电容量的变化。图4-10所示为

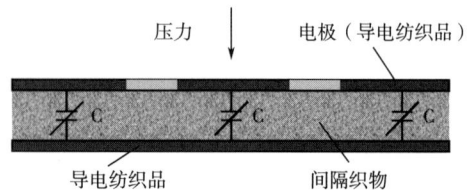

图4-10　由纺织平行板电容器构成的运动传感器

由纺织平行板电容器构成的运动传感器。通过使用多个电极（电容器），可以测量压力分布。

4.4.2　温度传感器

温度是许多领域需要监测的关键参数之一，例如制造过程、结构健康监测及家庭和医疗保健应用等领域（Barroca et al.，2013；Gefen，2011；Ghaddar et al.，2011；Scheibner et al.，2011）。与电子传感器相比，纺织品温度传感器在智能结构中的应用具有很大的优势。例如，织物温度传感器可以覆盖更大的区域，保证分布式温度传感。它们还具有柔顺性和轻量化的特点，既适用于结构的热评估，也适用于卫生保健应用（Li et al.，2012；Jones，2009）。例如，在医疗保健应用中，基于智能纺织技术的温度传感器可以提供皮肤表面和近身环境中温度变化的评估。这些数据可用于生理评估，控制病情，促进伤口愈合。织物传感器的技术规格根据应用要求而变化。大多数情况下，针对织物温度传感器存在的问题，是将传统传感器的工作原理转变为智能纺织技术进行解决。

到目前为止，已经研究了多种用于测温的织物传感器的制造方法，纤维工程、涂层、编织、针织、工艺刺绣和印刷技术都得到了发展。根据其工作原理，温度传感器被设计为热电偶、电阻、半导体和光学传感器。

最初，由于其并不复杂的结构，热电偶被称为最简单的温度传感器之一。热电偶由耦合在一个点上的两种不同金属组成，其电压与金属之间连接处产生的温差有关，如图 4-11（a）所示（Park et al.，1993），所获得的数据通过电子电路进一步转换为输出温度信号。电阻式温度传感器作为电阻温度检测器（RTD）工作［图 4-11（b）］，此类传感器的工作原理基于金属电阻随温度的变化而变化。

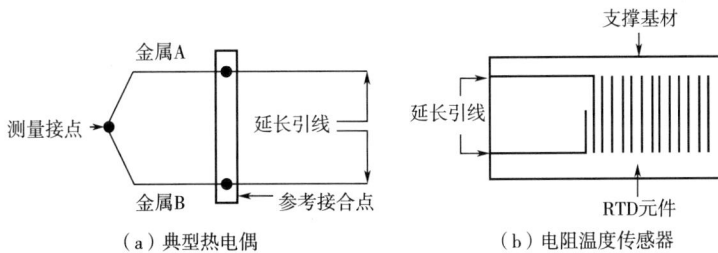

（a）典型热电偶　　　　　（b）电阻温度传感器

图 4-11　典型热电偶与电阻温度传感器

上述两种类型的温度传感器通常用导电纱线或金属单丝加工而成。半导体传感器是以聚合物为基础的，温度信号是根据半导体的扩散电阻分析（Park 等，1993）得到的。另一种类型的温度传感器是基于光纤布拉格光栅（FBG）的传感器，它是一种灵敏的光学材料，可以反射特定波长的光，并透射其他波长的光（Li et al.，2012；见第 4.7 节）。

光纤工程和涂层技术促进了基于热敏聚合物、碳纳米管和光纤光栅传感器的小型光纤传感器的发展。第一类温度传感器通常由绝热电子基板纤维或纱线组成，这些纤维或纱线被涂上一层热敏层，然后用保护涂层封装［图 4-12（a）］。由于其物理性能，聚偏二氟乙烯纤维（PVDFs）经常被报道为最有利的基板材料之一，而碳纳米管组分和石墨聚合物是为热敏层开发的材料（Sibinski et al.，2010）。

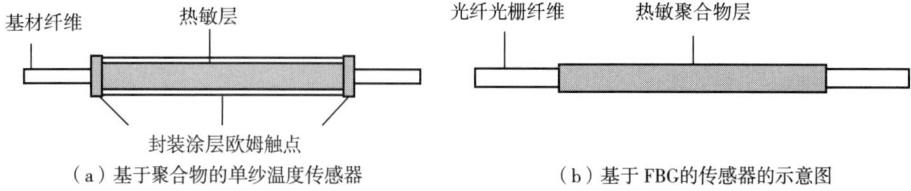

（a）基于聚合物的单纱温度传感器　　　　　　（b）基于 FBG 的传感器的示意图

图 4-12　两种传感器示意图（Li et al.，2012；Sibinski et al.，2010）

光纤传感器进行的温度评估也可以通过光学技术来实现。其中一种很有前途的方法是在光纤光栅上涂覆热敏物质，例如过氧化钴和丁酮的混合物。温度测量的光学估算可以确保测量结果的准确性，但是功能性涂层提高了传感器的性能（Li et al.，2012）。

这种基于纤维的传感器可以通过传统的织物生产技术（如编织和工艺刺绣）进行有效的加工，从而构造新的智能结构，或者在现有结构中增加额外的功能。虽然纤维工程技术在许多领域有着广阔的应用前景，但其中一些技术需要开发更加简单、低成本的方案，特别是在需要对大规模区域进行温度估算的情况下。

对于可穿戴、医疗保健和大面积应用，编织、针织等纺织品制造技术可以通过在生产过程中集成热敏复合材料，成功地应用于温度传感织物的开发。例如，Ziegler 和 Frydrysiak 等已经研究了通过结合机织、针织和非织造织物结构来开发纺织品热电偶的方案（Ziegler et al.，2009）。Locher 等利用铜丝制造了一种用于温度传感的混合机织织物（Locher et al.，2005）。在另一个研究项目中，采用不同导电纱线进行针织开发了智能结构（Husain et al.，2014）。在这两项研究中，温度估算是基于测量热敏电导材料的电阻变化。图 4-13（a）和（b）举例说明了两种通过机织和针织设计的温度敏感织物（Locher et al.，2005；Husain et al.，2014）。

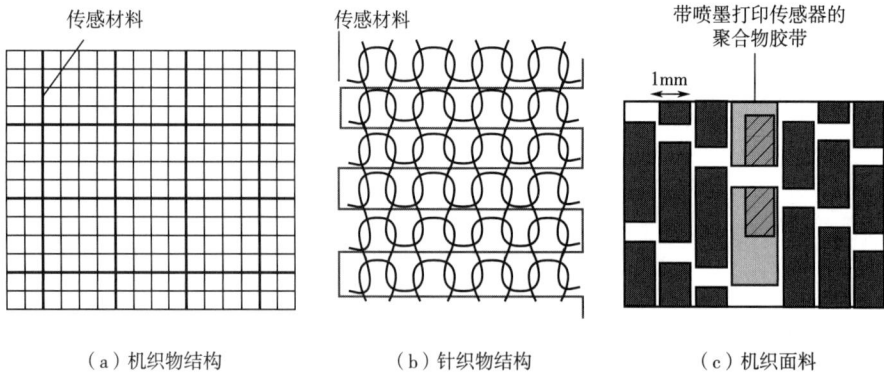

（a）机织物结构　　　　　　（b）针织物结构　　　　　　（c）机织面料

图 4-13　机织、针织和纺织品集成印刷电阻温度传感器的设计
（Locher et al.，2005；Husain et al.，2014；Kindeldei et al.，2011，2013）。

用于温度估计的纺织品也可以通过刺绣和印花等纺织品加工技术来开发。例如，一种在 ITA 定向纤维铺设（TFP）的刺绣技术，通过结合相关的导电纱线和金属单丝来开发纺织品热电偶（图 4-14）。Seeberg 等（2011）展示了应用丝网印刷，通过结合聚合物和金属物质直接在纺织品上实现热电偶。来自苏黎世的研究小组利用印刷技术在卡普东箔上制作了一个微型电阻温度传感器，这个传感器在织造过程中被加入纺织品中（Kindeldei et al.，2011，2013）。图 4-13（c）显示了这种方法的设计。目前的技术水平显示了使用纺织品为基础结构进行温度评估的巨大差异性。这些都有可能在结构健康监测、生理健康监测和舒适性评价等领域具有优势。

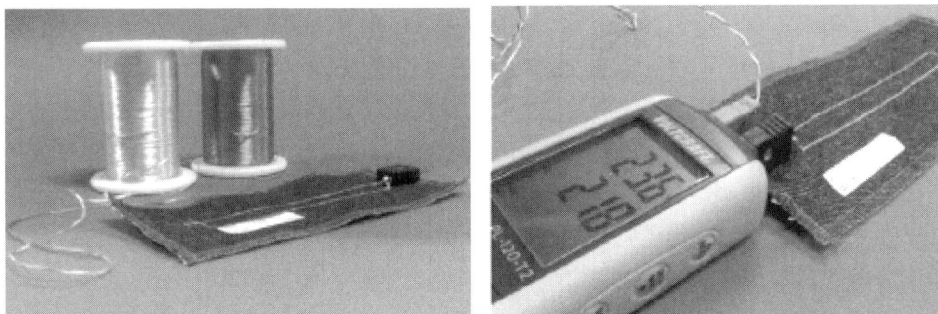

图 4-14　用镍和银纱线绣制的纺织品热电偶（ITA）

4.5　织物传感器的制备

织物传感器技术的开发过程中，必须确定导电丝在非导电丝之间的位置，以及适合产品要求的制造工艺。在下一节中将展示编织和刺绣技术。这两种技术的优点是，由于其纺织结构，导电线具有非常稳定和牢固的位置，这是功能传感器的前提条件。

4.5.1　2D 织物

2D 织物是一种有数千年历史的高速、经济的织造方法。织物在 2D 织造过程中是由经纱和纬纱交织而成的。图 4-15 为织物织造过程中经纬纱的排列。最重要的是，每根经纱都必须穿过综眼，才可实现经纱的上下移动。这会影响织物的设计，并增加纱线在织造过程中所受到的磨损。然而，接下来我们将介绍两种简单的织造图案，平纹和缎纹，通过改变图案来显示织物结构中的不同之处，这为设计织物传感器创造了巨大的可能性。

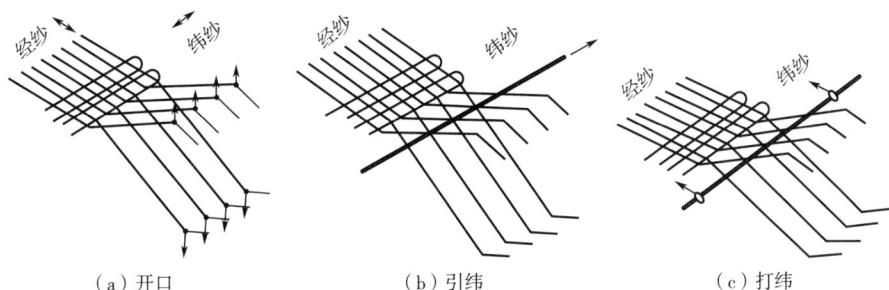

（a）开口　　　　　　（b）引纬　　　　　　（c）打纬

图 4-15　二维织造的阶段

4.5.1.1 平纹组织

平纹组织是所有织物组织中最简单的。平纹组织是最紧密的编织组织。

平纹组织具有最多的组织点，经纱和纬纱相互交织，一上一下交替。经纱和纬纱的密度是有限的，平纹织物相对坚固、紧密，两面组织结构相同。每根纱线为相邻纱线提供最大的支撑。在平纹组织中，织造原理是经纱和纬纱在各个系列中交替交织 [图 4-16（a）]。

4.5.1.2 缎纹组织

缎纹组织织物光滑。为了达到使用效果，调整经纱和纬纱的交织点，使传感器被经纱或纬纱所覆盖。同时，确保在重复编织的过程中，对传感器进行彻底分解，这样就不会有两个点连接起来。每根经/纬纱浮在四根纬/经纱之上，并与第五根纬纱交织。缎纹织物如图 4-16（b）所示，在缎纹织物上，每根经纱和纬纱之间只有一个交织点，这就是其看起来光滑的原因；缎纹织物表面纱线数量较多；缎纹图案比平纹图案更松散。

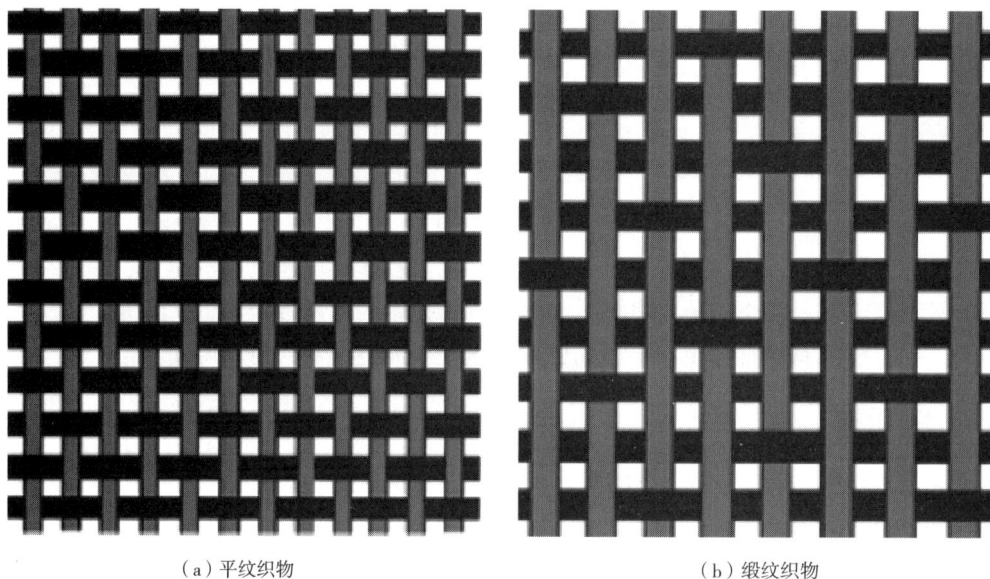

（a）平纹织物   （b）缎纹织物

图 4-16　平纹织物和缎纹织物示意图

4.5.2 刺绣

刺绣是一种在纺织品上加工特定的几何花型的方法，可以在纺织品上用特定材料的纱线（Bosowski et al.，2013）加工。这种方式首先在软件中设定和打孔，然后将这些设定转换成刺绣机代码，目前文献中定义了三种刺绣方法：

链式刺绣，标准刺绣和定制纤维布置（TFP）。这三种方法都可以用来生产不同种类的织物传感器。有各种机器配置可供选择，包括多达 11 个平行绣头的 TFP，超过 56 个平行绣头的标准刺绣（图 4-17）。当配置其他多头机械时，刺绣可以有较高的效率，应用范围从地毯、桌布的装饰绣到电阻式自动加热系统的 TFP 绣。由于这些刺绣应用程序已很成熟，有望通过刺绣织物传感器的新发展进一步实现纺织品的功能化。

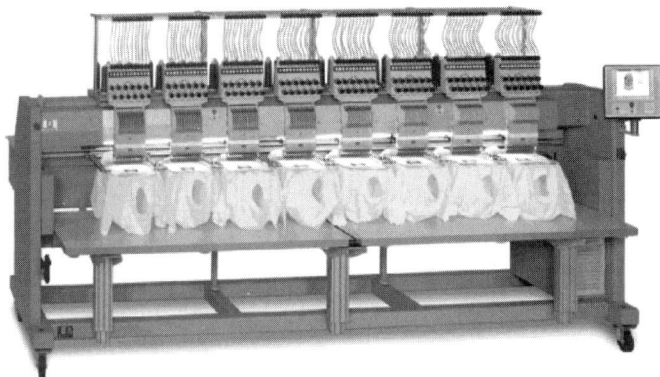

图 4-17　八头管刺绣机（德国克雷菲尔德 ZSK 刺绣机股份有限公司）

4.5.2.1　链式刺绣（Ari）

链式刺绣，也称为 Ari 针，在织物传感器的结构中可以起到特殊作用。链式针法在几何上类似钩针，是一种非常有特色的技术，通常用于壶绣和苔藓刺绣等。由于苔藓绣花机的结构与传统绣花机不同，因此必须注意选择合适的机器。此外，尽管两种机器在机械构造上有所不同，但都采用了类似的刺绣技术。苔藓刺绣由单线系统制成，针穿过载体材料，把线从针下拉出来，板面朝上。然后，通过在载体材料上方的旋转运动形成一个回路。紧密地重复这种模式，形成苔藓状表面（图 4-18）。

图 4-18　苔藓刺绣原理（德国克雷菲尔德 ZSK 刺绣机股份有限公司）

在制作织物传感器时，苔藓刺绣尤为重要。当单线系统使用导电线时，苔藓刺绣可以建立一个三维结构，生产的纺织结构如图 4-19 所示的电极。这些电极可以作为传感器电极用于人体信号监测，如心电图（ECG）、脑电图（EEG）或肌电图（EMG）。三维结构的苔藓刺绣电极比扁平的刺绣电极提供更好的皮肤接触。对于身体上有毛发的部位，比如头皮，或者男人的胳膊、腿和胸部，这是非常正确的。自然毛发的面积比导电电极要小得多，因此对信号产生的影响微乎其微。这种三维结构的另一个优点是，由于接触压力，电极表面对皮肤和身体的几何形状具有很强的适应性。可以很容易地创建圆形形状，使其与皮肤的自然起伏形成轮廓区域。这种方法的缺点是，由于单线系统固有的力学性能，刺绣表现得像针织纺织品。这在传感器技术中是特别不受欢迎的，因为如果导电线发生断裂，可能会导致整个传感器单元出现断裂，使其无法使用（图 4-19、图 4-20）。

图 4-19　通过苔藓刺绣获得的纺织电极

图 4-20　两种不同几何形状的纺织电极

4.5.2.2　标准刺绣

标准刺绣包括双线锁式针法，这种双线锁式针法也称为索兹尼针法，是一种双线系统。在这个系统中，针或者说面线，被储存在一个圆锥形的线轴上，底线在衣服的底面缝合。底线把顶部的绣花线固定在衣服附近。刺绣所用的底布通过使用刺绣框架保持张力。这些模具可以由简单的金属夹具和更复杂的液压系统组成，这些液压系统可以更快地去除底布。框架提供的张力提高了刺绣的准确性，同时使针保持干净及轨迹不变。在刺绣过程中，固定底布的框架由计算机控制，并沿着 x 和 y 方向移动，以生产设计好的图案。针穿过织物，并通过位于底布下方的旋转夹钳将面线与底线交织在一起（图 4-21）。

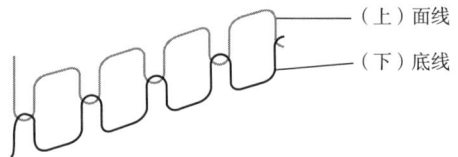

图 4-21　双线锁式针法

双线锁式针法适合生产导电垫，将导电纱线作为面线和/或底线，可以更好地控制，以适应产品的需要。如果面线和底线都是导电的，那么导电性就会穿过整个织物。如果面线是导电的，使用适当的基础材料和纱线张力，织物的下面可以是绝缘的。在纺织品的不同位置控制导电性能，可以使纺织品的使用功能具有特定的变化。所需的传感器类型及其输出相关数据的能力取决于纱线材料、织物组织和信号处理。如果有最终用途，如传感器电极用于身体信号监测（心电图，脑电图，肌电图），这些电极可以进一步包括前面提到的苔藓电极。锁式绣花的优点是这些传感器可以在标准的多头或单头绣花机上生产。通过使用多头绣花机，组织的功能部件（电极）和设计部分可以一步绣好，类似于传统的绣花设计应用。这可以节约时间和金线，并提高传感器精度。

4.5.2.3　定制纤维布置（TFP）

另一种最新发展起来的刺绣技术称为 TFP 方法，它由三线系统组成。TFP 是一种受先进缝制结构影响的纺织品生产技术，这种技术可以连续放置选定的纺织材料，材料可以在控制的几何形状下放置和打孔。这个过程传统上是在电子工业中用来优化材料和定制加载条件的。纤维材料由上下缝线固定在基材上，这一步将选定的第三根纤维"锁定"到一个几何结构中，并通过上下缝合保留该几何结构，图 4-22 所示为 TFP 方法的原理。

各种纤维，如碳纤维、玻璃纤维、玄武岩纤维、芳纶、天然纤维、热塑性纤维、陶瓷纤维以及金属丝等，可以在一种设计中应用和组合，这就拓宽了 TFP 技术的应用领域，特别是在传感器及其相应电子元件中。TFP 方法的通用性很强，因为它比其他刺绣针法对材料的依赖性更小。由于 TFP 提供的纤维放置位置固定，通常不能直接刺绣的材料现在可以放置在织物上，这导致了传感器

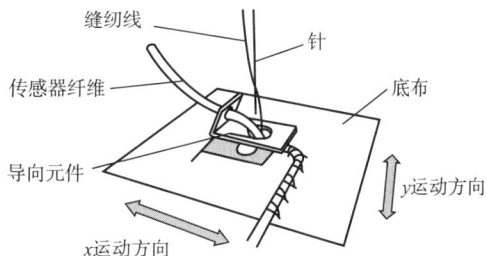

图 4-22　TFP 技术基本原理

几何形状的多种可能性和最终用途中更多可控可变性，图 4-23 包括几种 TFP 刺绣感应器。如图 4-23 所示的温度、湿度和应变传感器可用于监测伤口愈合过程，图示的几何图形可用来测定电阻变化引起的温度变化、电容变化引起的水分含量变化以及电感变化引起的应变。

图 4-23　通过 TFP 技术采用铜/玻璃纤维/共振敷料制作的
不同形状的应变传感器［双曲线（左）和螺旋线（右）］

图 4-24 所示为用作温度传感器的纺织品热电偶。在这个应用程序中，不锈钢丝和康铜纤维被应用到床垫上，以测量床的温度。理论上，两种不同的金属丝可用作温度传感器，它们的热电电压差异很大。

图 4-24　通过 TFP 技术采用不锈钢丝和康铜纤维制作的纺织品热电偶

4.6 织物传感器的应用

在应用领域，纺织品可以分为服装和科技纺织品，后者以功能进行定义（Gries，2007）。对织物传感器的要求一般来自不同的应用领域，根据产品的用途，集成电子产品的数量变化很大。智能服装可以分为八个智能等级（表4-4，Carvajal Vargas，2005）。

表4-4　纺织智能等级（Mohring et al.，2006）

等级	智能等级	运动和加速度传感器	
1	愚蠢	定位传感器	
2	无知	可视化设备	
3	琐碎	温度传感器	
4	懂事	计算机	
5	聪明	用户界面	
6	智慧	生物功能监测	
7	智能	纺织品标签和无线	
8	明智	数据和能源总线系统	

很多可以想到的应用程序，在很多情况下都能帮助人们。探测与身体机能（如脉搏、温度）相关数据的传感器提供了舒适感和安全感。再过几年，即使是黑蒙症的视觉辅助工具，也可能成为医学科学领域的常用工具。信息通过纺织品从传感器传输，然后刺激皮肤神经。织物传感器可以在危险地区、体弱或慢性病人及运动员的监测中发挥重要作用。软传感器是一种用于运动和呼吸检测的织物压电电阻传感器。压电效应可以通过外力或机械的影响来加强。

结合在纺织品中的运动和加速传感器可以通过微处理器传输数据，然后由微处理器对信息进行分析和评估。这样，对错误动作的反馈可以防止受伤后和康复过程中的不良姿势和动作。例如，摩托车手的保护系统可以通过运动传感器实现。

根据应用领域的不同，来自不同生产方法的传感器被组合在一个系统中。

4.6.1 湿度及其监测

湿度及其监测，以及温度管理，在工业、医疗和家庭应用中都很重要。空气中的水蒸气含量在食品、制药、半导体、构筑、纺织及木材工业等许多制造过程中都非常重要。湿度和含水量会影响生理、生物和化学过程。空气中水汽含量过高会促进细菌、霉菌和真菌的生长，而空气中水汽含量过少则会对患有呼吸系统疾病和过敏症的患者造成健康问题、设备功能障碍以及某些构筑物和材料的损坏。因此，湿度水平管理有着广泛的应用范围，是微气候控制、监测不同构筑物的湿度饱和度以及所有以水蒸气量为干扰剂的传感应用所必需的。（Rittersma，2001；Patissier，1999；Zampetti et al.，2009；Ma et al.，1995；Laville et al., 2002；Miyoshi et al., 2007，2009；Telliez et al., 1999；Canhoto et al., 1996，2004；Smits et al., 2011；Shi et al., 2013；Gavhed et al., 2005；Reijula, 2004；O'reagan et al., 2010)。

最初，湿度可以称为绝对湿度，表示实际蒸发量。相对湿度是指在规定温度下空气中蒸发量与相同温度下空气中饱和蒸发量的百分比。电容式湿度传感器由两个电极和放置在两个电极之间的电介质组成。RH 值是根据介电常数（即电介质的 RH 和温度）的电容变化确定的。因此，对电介质材料的主要要求是吸湿性，即易于吸收环境中的蒸汽。电阻式湿度传感器的工作原理是基于吸湿介质中电阻抗的变化，吸湿材料吸水，离子官能团解离，导致电导率增加。因此，随着湿度的增加，材料的电阻减小。图 4-25 所示为传感器的结构（Chen et al., 2005）。

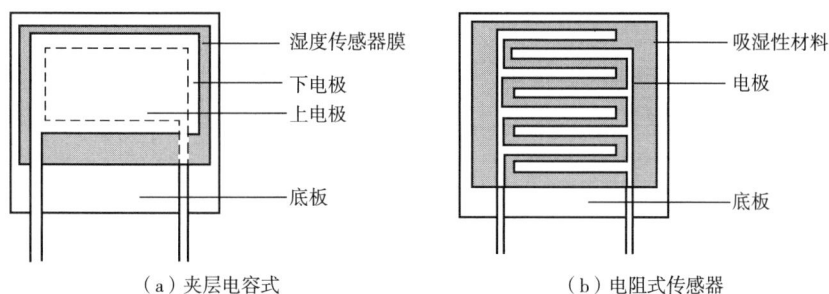

图 4-25　两种传感器的结构

尽管电子湿度传感器的种类繁多，但有些应用还是需要智能纺织技术提供新的解决方案。例如，近年来在一些工业部门，如食品包装和射频识别装置，对柔顺性和轻量化传感器的需求增加了。此外，在如床垫和汽车座椅等许多纺织品结构中，柔韧性是确保温度控制的一个基本问题。除此之外，纺织品湿度传感器在伤口和皮肤病理学管理方面具有巨大的潜力。

已经研究了不同的技术，如光刻、喷墨打印、软微电子机械系统（MEMs）技术、静电纺丝和溶胶—凝胶（Zampetti et al., 2009；Starke et al., 2011；Oprea et al., 2007；Virtanen et al., 2011），这些技术可以生产微型和柔性湿度传感器。然而，对于某些应用来说，覆盖大区域可能是最重要的，而测量精度或响应时间可能低于微型传感器所需要的。在这种情况下，可以选择纺织品作为材料。

到目前为止，不同的方法和传感器结构已经被研究过，传统的电容式和电阻式湿度传感器的工作原理已经应用到纺织品上。（Kindeldei et al., 2011，2013；Consales et al., 2011；Boussu et al., 2013；salvo et al., 2010；Coyle et al., 2010；Moriss et al., 2009；Pereiro et al., 2011；Weremeczuk et al., 2012.) 有效的 RH 测量通常需要一个复杂的方法，将织造、刺绣、纤维工程和印刷技术结合起来。最佳方法的选择取决于所选择的传感器结构、材料和应用。类似与其他类型的传感器，纺织品最初可用作感湿结构的载体。然而，由于纺织品的特殊性质，例如吸湿性和运输性，纺织品也可用作感湿元件的活性化合物。此外，纺织品的选择可以受到其他要求的影响，如材料的耐久性或其触觉特性。除此之外，导电纺织品是实现传感器电极的一个很好的选择。

最先进的解决方案在集成级别上各不相同（Cherenack et al.，2012）。Pereira 等（2011）描述了一种基于纺织品的湿度传感器，该传感器使用棉织物作为吸湿材料，并将导电纱织入纺织品中作为电极［图 4-26（a）］。波兰的研究小组探索了一个共同的解决方案。他们使用纺织品作为基底，在底物上印刷电极，并沉积吸附层［Weremeczuk et al.，2012；图 4-26（b）］。苏黎世联邦理工学院的研究人员将微型化的湿度传感器印刷在聚合物带上，然后将其编织成纺织结构（Kindeldei et al.，2011，2013）。这种传感器设计的应用范围仅限于土工织物，在一定程度上也适用于运动服装中出汗率较高或皮肤电阻反应很好时的监测。

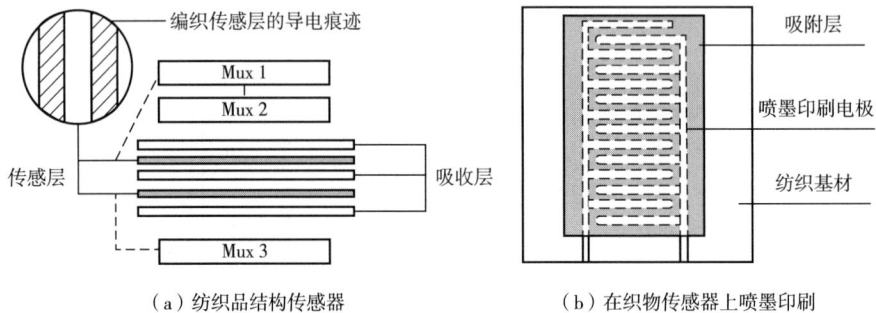

（a）纺织品结构传感器　　　　　　　　　（b）在织物传感器上喷墨印刷

图 4-26　传感器示意图（Pereira et al.，2011；Weremeczuk et al.，2012）

另一方面，纤维、织物、纺织品、油墨、石墨等传感材料对所用聚合物材料的单一性能也有一定的影响，它们对湿度的反应时间更短。

设计和生产基于纺织品的传感器，用于测量不同湿度范围的变化虽然这些类型传感器的制造更加复杂，但它们在服装或其他结构及气候控制方面具有广泛的潜在应用。（Kindeldei 等，2011，2013；Devaux 等，2011；Reddy 等，2011）。

4.6.2　压力测绘系统

界面压力测绘涉及使用传感器来量化两个接触物体之间的压力，例如一个人和他的支撑面。压力测试有广泛的应用，但是在辅助技术中，它通常被临床医生用来确定轮椅垫的舒适性，研究人员研究支持表面、溃疡的风险因素和溃疡预防方案。压力成像技术可以用于工业和工程环境中的产品设计和验证、过程控制或质量保证。

这些压力测绘系统可以根据不同的用途进行不同的配置，但临床上最常见的是专家使用的座椅薄垫。这些垫子是由小传感器和罩子组成的矩阵。当一个人坐在这样的垫子上，传感器会读出大腿或臀部各个部位的压力。这些数据会传输到计算机上，供临床专家分析。

一些压力测绘系统是基于压阻技术的，如图 4-27（a）所示，（如加拿大温尼伯 FSA 的拉伸传感器；FSA，n.d.），这意味着电阻会随着压力的施加而改变。压阻半导体聚合物夹在两层高导电防刮尼龙织物之间，浮动的三明治结构可以适应座椅环境的复合曲面，因为光滑的层面可以移动，并最大限度地减少了阻碍。半导体上不同压力引起的电阻变化，由接口模块解码并转发到计算机，在计算机上显示为一系列颜色和数字压力值。

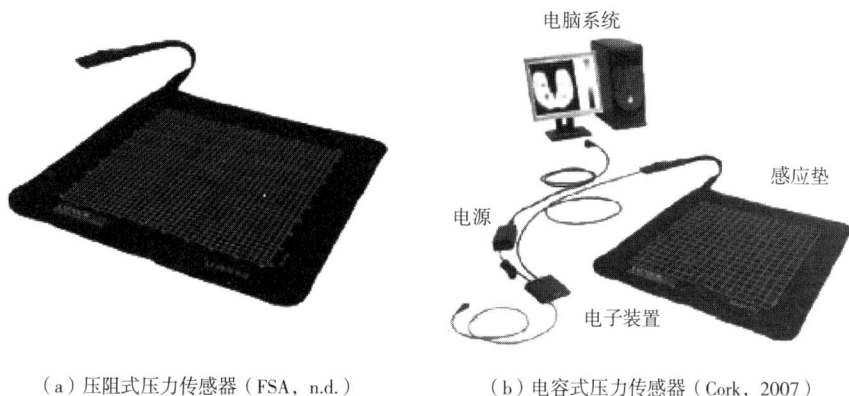

(a) 压阻式压力传感器（FSA, n.d.）　　　　　(b) 电容式压力传感器（Cork, 2007）

图 4-27　压力传感器

基于这些材料，远景医疗公司在市场上推出了很多博迪特拉克品牌的压力测绘系统产品，如"袜子传感器"［Vista Medical Ltd.（Hrsg），2012；Boditrak, n. d.］。

电容式压力传感器由电容式传感元件组成，压力应用于这些元件的表面，会导致与压力变化相关的血糖浓度增加。专有的基于 Windows 软件补偿传感器的非线性，随着时间的推移会迟滞和蠕变，提高测试的准确性。基于电容的压力成像传感器的 X 传感器可以实时显示任意两个接触表面之间的压力分布［图 4-27（b）］。传感器元件精确、薄、柔顺且坚固，这些物理特性最大限度地减少了在数据采集过程中传感器的存在所产生的任何人为影响（Cork，2007）。

为了构建触觉阵列传感器，PPS 将电极排列成正交的重叠式条带［Pressureprofile, n. d. ；图 4-28（a）］。每个电极重叠的地方形成一个独立的电容器。通过选择性地扫描单行和单列，可以测量该位置的电容，从而测量局部压力。PPS 的专用驱动器和调节电子设备可以高速扫描阵列，同时优化设置，以获得每个传感元件的最大传感响应。

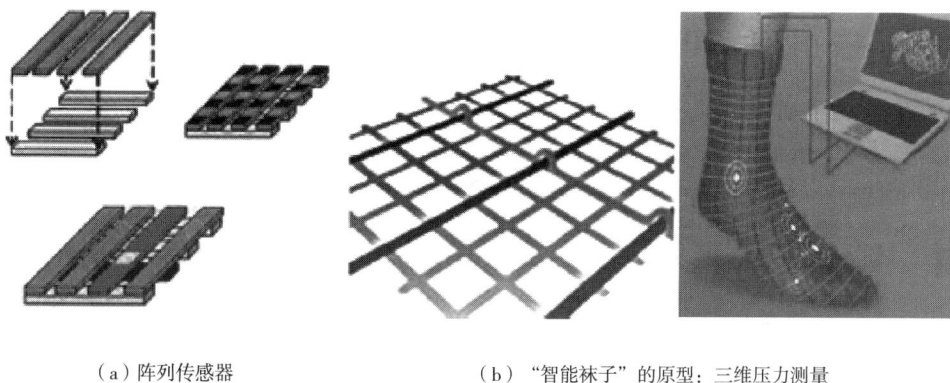

(a) 阵列传感器　　　　　　　　(b) "智能袜子"的原型：三维压力测量

图 4-28　阵列传感器与"智能袜子"传感器（Pressureprofile, n. d. ；Alphafit, n. d. ）

Alphafit 的功能纺织品是由感知细丝制成的，利用这种传感器，可以测量三维可变表面的表面压力。纺织品三维压力测量适用于所有与脚有关的东西，由感知细丝本身测量压力。该纺织系统在不需要插入任何工业传感器的情况下工作，这种测量系统可以应用在任何纺织品上，生产过程极其简单，可以根据不同的用途，在大量的纺织材料上进行。有了压敏细丝，可以为身体的每个部位生产特殊的纺织品，如手、脚和膝盖。应用领域还包括大量的工业用途。最初的想法是为骨科鞋匠开发一种测量工具，以缓解糖尿病足综合征患者的足部疼痛。

现在，其应用领域包括医学和体育领域。最重要的是，这种压感智能袜子非常适合定制滑雪靴［图 4-28（b）；Alphafit，n. d.］。材料和技术的特定结合可以生产出能够测量多点感触压力传感的纺织品。

4.7　未来趋势

本节重点介绍了织物传感器的未来趋势。

4.7.1　纤维涂层传感器

光纤光栅（FBG）是一种由短光纤构成的分散式布拉格反射器，能够反射特定波长的光，并能传输所有其他波长的光。这是通过在纤维芯的折射率产生周期性的变化来实现的，这种变化会产生特定波长的电介质反射镜。因此，FBG 可以用作内置光学滤波器来阻挡特定的波长，或者作为波长特定的反射器。具体来说，FBG 仪器有广泛的应用，如地震学，极端恶劣环境下的压力传感器，以及油气井中用于测量外部压力、温度、振动和在线测量流量影响的井下感应器。因此，与传统的电子仪表相比，FBG 具有显著的优势，因为它对振动或热不那么敏感，因此更安全。20 世纪 90 年代，对飞机和直升机结构用复合材料的应变和温度的测量进行了研究。图 4-29 所示为编织结构中的布拉格纤维。

（a）作为经线　　　（b）嵌入3D编织　　　（c）嵌入传送带

（d）插入凹槽　　　（e）织入平纹织物

图 4-29　编织结构中的布拉格纤维（Schloβer et al. ，2009）

4.7.2　印刷织物传感器

具有发光特性的印刷织物传感器/插件有广阔的应用领域，如用于防护用品领域（如救援人员、消防员、道路工人、邮政工人、送货人员）。在黑暗中发出特定信息的发光旗帜或横幅、可弯曲的显示器/屏幕，这些都可以纳入服装用纺织品或产业用纺织品中。在纺织品上印刷发光油墨（OLED/LED）显示出巨大的潜力，是印刷行业的巨大飞跃。本文介绍了一种较广泛的定位和定型技术，采用发光材料和各种排版技术，如化学和物理蒸气排版，以及卷筒印刷、非接触式印刷等印刷技术。发光产品的印刷可采用不同的技术，如传统的丝网印刷（平网或圆网），数码喷墨印刷（按需滴印，采用压电技术和阀喷技术，这两种技术都反映了数码印刷技术的最新进展）。

通过涂层或丝网印刷制备的活性层的厚度通常比满足应用所需的厚度要厚。因此，它代表了材料的浪费和性能的损失。然而，当考虑到应用时，电子设备的墨水由直径大于几微米的颗粒组成，这就使得丝网印刷成为首选技术。

数码喷墨印花是一种更加灵活的技术，可以很好地融入纺织品和服装的现代生产流程。因此，必须开发具有有机发光二极管和电致发光特性的喷墨打印发光粒子，并将其应用于织物上。通过这种方法，可以更有效地制备自发光纺织品，并使其性能更高，而材料成本更低。喷墨印花技术是纺织材料印花的一种创新技术，在不久的将来将变得非常重要，因为这项技术将缩短印花时间，满足工业界对实时响应用户需求的强烈要求。此外，喷墨印花技术通过合理利用资源对环境产生了积极影响。喷墨打印是一种通过小型喷嘴（直径<20μm）喷射出液体或分散物的小液滴，以达到对承印物精确定位的技术。

4.8　结论

织物传感器的发展和应用需要一种新的思维方式。纺织、电子和计算机科学的专业知识必须与生物、化学、物理和医学的知识相结合，以帮助新兴应用领域和提供解决方案（Carvajal Vargas，2005）。织物传感器的开发过程，每次都从零开始。虽然在许多研究项目中已经有了关于纺织传感器的知识，但是在设计功能化纺织品时，还没有用于选择传感器模块和材料的标准化工具。一个可以直接选择传感器模块的分类目录为纺织行业的开发者提供了一个近期的概览，包括应用于不同的领域的所有开发的织物传感器。

参考文献

Barroca, N. , Borges, L. M. , Velez, F. J. , et al. , 2013. Wireless sensor networks for temperature and humidity monitoring within concrete structures. Constr. Build. Mater. 40,1156–1166.

Beckerath, A. , von Eberlein, A. , Hermann, J. , et al. , 1995. W. I. K. A. Handbook. WIKA Instrument Corporation, USA, pp. 131–140.

Bosowski, P. , Husemann, C. , Quadflieg, T. , Jockenhövel, S. , Gries, T. , 2013. Classified catalogue for textile based sensors. Adv. Sci. Technol. 80,142–151.

Boussu, F. , Cochrane, C. , Lewandowski, M. , Koncar, V. , 2013. Smart Textile for Automotive Interiors, Multi-Disciplinary Know-How for Smart Textiles Developers. Woodhead Publishing, Cambridge, pp. 172-197.

Canhoto, O. , Pinzari, F. , Fanelli, C. , Magan, N. , 1996. Effect of relative humidity on the aerodynamic diameter and respiratory deposition of fungal spores. Atmos. Environ. 30(23), 3967-3974.

Canhoto, O. , Pinzari, F. , Fanelli, C. , Magan, N. , 2004. Application of electronic nose technology for the detection of fungal contamination in library paper. Int. Biodeterior. Biodegrad. 54, 303-309.

Carvajal Vargas, S. , 2005. Smart Clothes—Bekleidung mit integrierten oder adaptierten elektronischen Komponenten—Bedeutung, Status Quo, Anforderungen. Diplomica Verlag, Hamburg.

Chen, Z. , Lu, C. , 2005. Humidity sensors: a review of materials and mechanisms. Sens. Lett. 3, 274-295.

Cherenack, K. , van Peterson, L. , 2012. Smart textiles: challenges and opportunities. J. Appl. Phys. 112, 1-15.

Consales, M. , Buosciolo, A. , Cutolo, A. , et al. , 2011. Fiber optic humidity sensors for highenergy physics applications. Sens. Actuators B: Chem. 159, 66-74.

Cork, R. , 2007. XSENSOR technology: a pressure imaging overview. Sens. Rev. 27, 24-28.

Coyle, S. , Lau, K. -T. , Moyna, N. , et al. , 2010. BIOTEX—biosensing textiles for personalized healthcare management. IEEE Trans. Inf. Technol. Biomed. 14(2), 276364-276370.

Daniel, E. , 1990. Einsatz von Lichtwellenleitern in der Textilveredlung. TEMA Tech. Manage. 40 (1), 34-36.

Devaux, E. , Aubry, C. , Campagne, C. , Rochery, M. , 2011. PLA/carbon nanotubes multifilament yarns for relative humidity textile sensor. J. Eng. Fibers Fabr. 6(3), 13-24.

FSA, Winnipeg Canada.

Gavhed, D. , Klasson, L. , 2005. Perceived problems and discomfort at low air humidity among office workers. Els. Erg. Book Ser. 3, 225-230.

Gefen, A. , 2011. How microclimate factors affect the risk for superficial pressure ulcers. J. Tissue Viabil. 20(3), 81-88.

Ghaddar, N. , Ghali, K. , Chehaitly, S. , 2011. Assessment thermal comfort of active people in transitional spaces in presence of air movement. Energy Build. 43, 2832-2842, Elsevier.

Gries, T. , 2007. Textiltechnik 1, fifth ed. ITA Institut für Textiltechnik der RWTH Aachen, Aachen.

Husain, M. D. , Kennon, R. , Dias, T. , 2014. Design and fabrication of temperature sensing fabric. J. Ind. Text. 44(3), 398-417.

Jones, A. R. , 2009. The Application of Temperature Sensors into Fabric Substrates. Master Thesis. Kansas State Univesity, Manhattan, Kansas, pp. 7-29.

Kindeldei, T. , Zysset, C. , Cherenack, K. H. , Troester, G. , 2011. A textile integrated sensor system for monitoring humidity and temperature. Proc. Transducers 2011, 1156-1159.

Kindeldei, T. , Mattana, G. , Leuenberger, D. , et al. , 2013. Feasibility of printing woven humidity and temperature sensors for integration into electronic textiles. Adv. Sci. Technol. 80, 77-82.

Laville, C. , Pellet, C. , 2002. Comparison of three humidity sensors for a pulmonary function diagnostic microsystems. IEEE Sens. J. 2, 96-101.

Li, H. , Yang, H. , Li, E. , et al. , 2012. Wearable sensors in intelligent clothing for measuring human body temperature based on fiber bragg grating. Opt. Express 20(11), 11740-11752.

Locher, I. , Kirstein, T. , Tröster, G. , 2005. Temperature profile estimation with smart textiles tampere. In: Proceedings of the1st International Conference, Ambience, Finland, pp. 1-8.

Ma, Y. , Ma, S. , Wang, T. , Fang, W. , 1995. Air-flow sensor and humidity sensor applications to neonatal infant respiration monitoring. Sens. Actuators A: Phys. 49(1-2), 47-50.

Miyoshi, Y. , Tkeuchi, T. , Saito, T. , et al. , 2007. A wearable humidty sensor by soft-MEMS techniques. In: Proceedings of the 2nd IEEE International Conference on Nano/Micro Engineered and Molecular Systems, vol. 2, pp. 211-214.

Miyoshi, Y. , Miyajima, K. , Saito, H. , et al. , 2009. Flexible humidity sensor in a sandwiched configuration with a hydrophylic membrane. Sens. Actuators B: Chem. 149, 28-32.

Möhring, U. , Scheibner, W. , Gries, T. , Stüve, J. , 2006. Schlußbericht für den Zeitraum: 01. 04. 2004 bis 30. 06. 2006, Aachen, Greiz. Forschungsthema: Erhöhung der Funktionssicherheit von gewebten und geflochtenen lastaufnehmenden Bändern und Seilen für industrielle Anwendungen und Extremsportbereiche durch Integration von Sensoren für die Belastungs-und Verschleißkontrolle. Textilforschungsinstitut Thüringen—Vogtland e. V. Greiz, Institut für Textiltechnik der RWTH Aachen, Aachen.

Moriss, D. , Coyle, S. , Wu, Y. , et al. , 2009. Bio-sensing textile based patch with integrated optical detection system for sweat monitoring. Sens. Actuators B: Chem. 139, 231-236.

Oprea, A. , Barsan, N. , Weimar, U. , et al. , 2007. Capacitive humidity sensors on flexible RFID labels. IEEE Transducers 2007, 2039-2042.

O'Reagan, J. R. , Lazich, J. A. , 2010. Low-air loss moisture control matress overlay. Patent US 2010/0043143 A1, 1-7.

Park, R. M. , Carrol, M. R. , Bliss, F. , et al. , 1993. Manual on the Use of Thermocouples in Temperature Measurements. American Society for Testing & Materials, USA, p. 199.

Patissier, B. , 1999. Humidity sensors for automotive, appliances and consumer applications. Sens. Actuators B Chem. 59(2-3), 231-234.

Pereira, T. , Silva, P. , Carvalho, H. , Carvalho, M. , 2011. Textile moisture sensor matrix for monitoring of disabled and bed-rest patients. In: IEEE International Conference on Computer as a Tool(Eruocon), pp. 1-4.

Ramakers, R. , 2005. Systematische Entwicklung von sensorbasierten Online-Überwachungssystemen für die Filamentgarnverarbeitung. Shaker, Aachen.

Reddy, A. S. G. , Narakathu, B. B. , Atashbar, M. Z. , et al. , 2011. Fully printed flexible humidity sensor. In: Proceedings of the Eurosensors XXV, 2011, vol. 25, pp. 120-123.

Reijula, K. , 2004. Moisture-problem buildings with molds causing work-related diseases. Adv.

Appl. Microbiol. 55,175−189.

Rittersma,Z. M. ,2001. Recent achievements in miniaturized humidity sensors—a review of trans-duction techniques. Sens. Actuators A:Phys. 96,196−210.

Salvo,P. ,Di Francesco,F. ,Constanzo,D. ,et al. ,2010. A wearable sensor for sweat monitoring. IEEE Sens. J. 10(10),1557−1558.

Scheibner,W. ,Ullrich,K. ,Neudeck,A. ,Moehring,U. ,2011. Textile Sensors for the Vehicle In-terior. Textilforschungsinstitut Thüringen−Vogtland e. V. (TITV),Greiz.

Schloßer,U. ,Bahners,T. ,Schollmeyer,E. ,2009. Integration von Bragg−Fasern in technische Textilien zur Erfassung des Dehnungszustands und der Temperatur. Tech. Text. ,17−19.

Schwartz,M. (Ed.),2002. Encyclopaedia of Smart Textiles. Wiley, New York, ISBN 0 − 471 − 17780−6.

Seeberg,T. M. ,Roeset,A. ,Jahren,S. ,et al. ,2011. Printed organic conductive polymer thermo-couples in textile for smart clothing application. In:33rd Annual International Conference of the IEEE EMBS,Boston,USA,August 30−September 3,pp. 3278−3281.

Shi,X. ,Zhu,N. ,Zheng,G. ,2013. The combined effect of temperature,relative humidity and work intensity on human strain in hot and humid environments. Build. Environ. 69,72−80.

Sibinski,M. ,Jakubowska,M. ,Sloma,M. ,2010. Flexible temperature sensors on fibers. Sensors 10,7934−7946.

Smits,E. ,Schram,J. ,Nagelkerke,M. ,et al. ,2011. Development of printed RFID sensor tags for smart food packaging. IEEE Trans. Instrum. Meas. 60(8),2768−2777.

Starke,E. ,Tuerke,A. ,Krause,M. ,Fischer,W. −J. ,2011. Flexible polymer humidity sensor by ink−jet−printing. IEEE Transducers 2011,1152−1155.

Tao,X. ,2001. Smart technology for textiles and clothing. In:Tao,X. (Ed.),Smart Fibres, Fab-rics and Clothing. Woodhead,Cambridge,UK,pp. 1−5.

Telliez,F. ,Bach,V. ,Delanaud,S. ,et al. ,1999. Influence du niveau d'humidite de l'air sur le-sommeil du nouveau−néen incubateur. RBM−News 21(9),171−176.

VDI 2222, Blatt 2, Konstruktionsmethodik, Erstellung und Anwendung von Konstruktionskatalo-gen. In:Verein Deutscher Ingenieure:VDI−Richtlinien,VDI−Verlag,Düsseldorf 1982,pp. 1−13.

Virtanen,J. ,Ukkonen,L. ,Bjoerninen,T. ,et al. ,2011. Inkjet−printed humidity sensor for passive UHF RFID systems. IEEE Trans. Instrum. Meas. 60(8),2768−2777.

Vista Medical Ltd. (Hrsg),2012. Smart Fabrics. The Next Generation in Pressure Mapping. Vista Medical Ltd. (Hrsg),Winnipeg,Canada.

Weremeczuk,J. ,Tarapata,G. ,Jachowicz,R. ,2012. Humidity sensor printed on textile with use of ink−jet technology. In:Proceedings of the Eurosensors XXVI,vol. 47,pp. 1366−1369.

Zampetti,E. ,Pantalei,T. ,Pecora,A. ,et al. ,2009. Design and optimization of an ultra thin flexi-ble capacitive humidity sensor. Sens. Actuators B:Chem. 143,302−307.

Ziegler,S. ,Frydrysiak,M. ,2009. Initial research into the structure and working conditions of tex-tile thermocouples. Fibres Text. East Eur. 17(6),84−88.

第 5 章 微电子集成纺织品

T. Dias，A. Ratnayake
Advanced Textiles Research Group，School of Art & Design，
Nottingham Trent University，Nottingham，United Kingdom

5.1 简介

服装由织物制成，纱线是通过纤维加工而成的，织物的功能是由纱线特性和织物编织技术来决定的。常用的加工技术有两种，一是机织，其中纱线正交交织［图 5-1（a）］，另一种是纱线相互串套，称为针织［图 5-1（b）］。

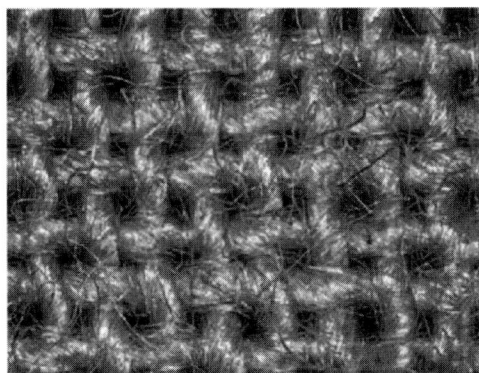 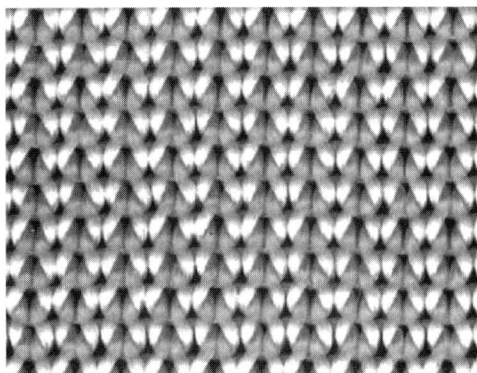

（a）机织物　　　　　　　　　　　　　　　（b）针织物

图 5-1　织物结构

由于纱线的物理结合，纺织品结构表现出良好的拉伸恢复性和剪切性能，优异的柔顺性，良好的皮肤接触性、透气性和舒适性（特别是针织物）。因此，纺织结构为创建智能可穿戴系统提供了一个出色的平台。

通过将信息技术整合到纺织品中，可以增强纺织品的功能。英国诺丁汉特伦特大学的研究小组（ATRG）对先进纺织品的期望是能够引入无须特殊处理即可清洁和使用的电子功能性纺织品和服装。其核心目标是将功能性融入纱线中，从而将日常纺织品变成智能产品。

当今大多数可用的电子纺织品都是通过连接永久性或可移动的电子功能来制造的。在第一代系统中，电子设备可以简单地连接到衣服上或放在口袋中。在第二代系统中，通过

将导电纱线植入织物结构中从而引入电功能，这些应用程序通常是有限的，仅作为未来可能实现集成潜力的示例。因此，将功能性整合到柔韧的纱线中是可穿戴纺织电子产品的发展方向。

5.2　相关研究

在过去的几十年中，人们尝试将电子功能与纺织品相结合。例如，早期的医疗传感背心，采用 ECG 监测的针织电极，制作用于呼吸监测以及压阻运动检测的针织拉伸传感器（Paradiso et al.，2006；Dias et al.，2003，2004），汗液监测传感器也置于硅胶片中，安装在纺织品上（Coyle et al.，2010）。但是，电子功能是由位于口袋中并通过电缆连接的传统印刷的电路板（PCB）模块提供的。商用的电子活性纺织品（EATs）提供了类似的有限集成电路功能。例如，Adidas-Textronics（2014）公司的米考奇（micoach）运动文胸将导电纤维编织到纺织品中形成脉冲—感应电极。电子功能由刚性（潜在的不舒适性）的卡扣式模块提供，连接到文胸前端并将数据传输到接收器（如运动手表、智能手机、有氧运动设备）。

纺织品中最早的电子电路示例是由佐治亚理工学院 Jayaraman 在 1998 年发明的可穿戴主板（Park et al.，2002）。不锈钢纱线被织成带有数据总线的织物，常规的刚性 PCB 电子设备可以在不同的位置连接该数据总线。Locher 等（2004）使用了类似的方法，在经向和纬向编织绝缘导线形成纺织品 PCB。为了形成理想的布线，通过手工去除绝缘层上的导线绝缘层来形成纺织品通孔。在所需的交点处，沉积导电胶。面临的最重要的挑战是将电子组件可靠地安装在机织物上。FP7 项目 PLACE 演示了使用非导电材料、黏合剂固定刚性模块（Von Ksrshiwoblozki et al.，2013）。据报道，电子纺织品基本的热和湿度测试结果良好，但没有进行机械和洗涤测试。此外，电子产品仍必须装配的是刚性插入器，因此纺织品的手感、舒适性和外观受到影响。FPT 项目 STELLA 部分解决了刚性电子器件在柔性应用中的局限性。这个项目开发了可拉伸的弯曲铜丝互连，并在硅树脂中嵌入超薄硅芯片（Gonzalez et al.，2011）。这些可拉伸的电路板由刚性岛组成，随后必须与纺织品连接，由于使用硅树脂，织物的透气性和剪切性能受到影响。PASTA 项目开发了 E-Thread®，可以直接将两个导体连接到芯片上。然后，E-Thread®组件可以与纱线结合，随后织入或绣入织物。带有发光二极管（LED）和射频识别（RFID）芯片的 E-Thread®通过 Primo ID 公司启动实现商业化，但是电子元件在纱线表面上是可见的，因为它们没有集成到纱线结构中。PASTA 也解决了更复杂的电子设备问题，但是这些解决方案使用了带有传统的 PCB 的刚性卷边平板组件（Brun et al. 等，2009）。

苏黎世联邦理工学院的可穿戴计算实验室已经开发出一种将小型表面贴装设备（SMD）安装在柔性塑料带上的方法（Simon et al.，2012）。包含金属焊盘和连接部件的互连的 2mm 宽的条带在纬向代替标准纱线织入织物。通过连接在经线方向的导电线提供动力，将它们相交在一起。标准裸模的使用限制了条带的弯曲程度，而且条带不适用于针织品或刺绣。组件和互连暴露在织物表面，并在洗涤后迅速失效（Zysset et al.，2012）。

5.3　光纤电子技术

5.3.1　背景

服装生产的基本核心技术是分阶段进行的，最重要的处理步骤如下。纤维组装过程：在此步骤中，大量纤维纺成纱线。纱线组装过程：在此步骤中，将纱线织为织物，以制成纺织面料。织物染色和后整理过程：在此步骤中，织物染色并获得更好的后处理。织物组装过程：在此步骤中，将织物切成布片并缝制在一起，形成三维产品（即衣服）。

在上述过程中，纱线中的纤维要经受三维屈曲，包括弯曲、拉伸、扭转和老化效应（包括长期和短期依赖关系）引起的机械和物理影响，以及机械和电子磁滞效应。ATRG 研究的目的是将半导体芯片（封装的芯片）与纺织纤维整合到一起，以保护芯片不受此类负面影响。这个目的可以通过将芯片直接插入纺织纤维中或将芯片封装在纤维束中实现。

将芯片插入纺织纤维：这只能通过人造纤维来实现，方法是在纤维挤出过程中插入芯片。尽管此技术可以保护芯片免受拉伸应力和弯曲应力以及纺织纤维在后处理过程中将受到的温度、压力和其他化学作用的影响，但这种方法不会保护芯片免受纺织纤维的扭转变形的影响。

将芯片封装在纤维束中：这种方法可以保护芯片免受上述变形和应力所带来的伤害，并且不限于人造纤维。因此，该研究的重点是创建科学基础，以封装管芯和互连填充长丝纱线，并用聚合物微棒封装管芯。此过程基于在任何半导体装置/电路制造区域中可用的技术和过程。

5.3.2　芯片封装技术

该技术是将封装的芯片（半导体芯片）集成到一束纤维中以保护芯片不受机械、热和压力的影响。解决方案是将芯片放置在一束人造长丝纤维中，然后用聚合物基质封装该区域。在下文将使用这些符号作简称：芯片封装区域称为封装芯片区域（ECA），将所得纱线作为电子功能纱线（EFY）。

最初的研究重点是研究创建 ECA 两种可能的方法。第一种方法是将长丝纤维与柔性聚合树脂黏结在一起，从而密封芯片区域。第二种方法是采用并排热黏合工艺，将长丝纤维连接起来，从而封闭芯片区域。ECA 的性能根据各组分的个性特征、相对比例、均匀程度、组分之间的界面性质以及各组分的固化速度而定。如图 5-2 所示，ECA 沿长丝纤维长度方向有规则的间隔排列。这个概念将使 EFY 在针织时插入，并在针织时定位。封装芯片面积（ECA）长丝纤维（载体纤维）。

图 5-2　以封装芯片和互连填充的芯长丝纤维

5.3.2.1 长丝纤维并排热黏合工艺

在长丝纤维并排热黏合过程中，必须用热能使长丝纤维的外表面融化，从而形成机械强度高的复合结构（ECA）来保护半导体芯片。热能会导致更大的分子振动，直到分子最终彼此松动形成液体。如图5-3所示，在熔点时，与之接触的长丝纤维彼此之间将形成牢固的化学键并封装芯片。

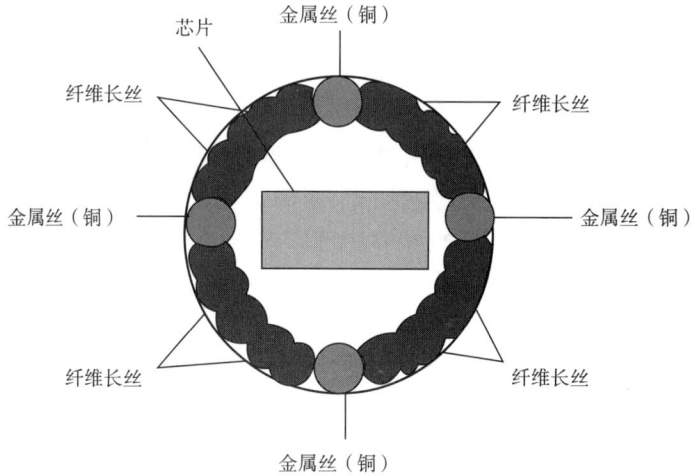

图5-3 纤维并排热黏合示意图

5.3.2.2 树脂浸渍ECA工艺

该技术的优势在于，在纺织品加工过程中，例如，服装（带有EFY）的日常穿着及其洗涤和熨烫操作，EFY受到的所有变形和应力都可以由长丝纤维和聚合物树脂承受。聚合物树脂也将保护（密封）芯片免受液体、灰尘等的影响。所描述的工艺也将使细铜线编织到EFY中，为芯片供电和信号传输（图5-4）。

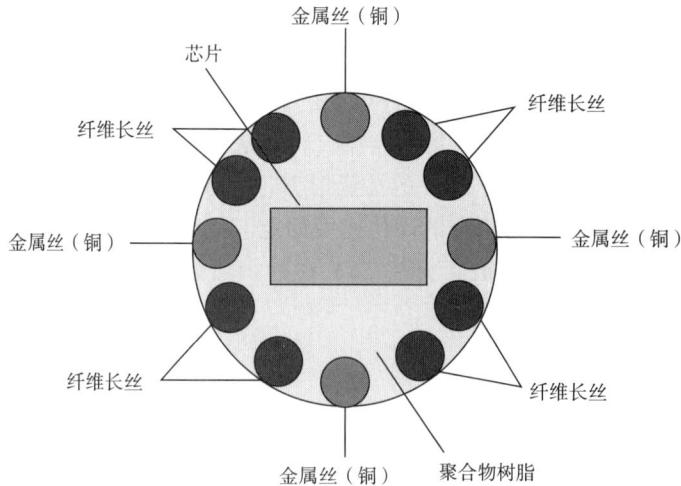

图5-4 树脂浸渍封装示意图

在第 5.3.2.1 节和 5.3.2.2 节中描述的两个工艺中，树脂浸渍的 ECA 工艺是首选方案，因为利用热能使用并排热黏合形成的 ECA 可能会损坏半导体芯片的功能。主要研究目标是封装技术的开发，封装过程的建模，将细铜线连接到芯片焊盘上技术的开发，纤维封装芯片的评估（即机械应力）。下面描述了开发用于生产 EFY 的核心技术平台。

开发的技术基于将芯片封装在纤维束内部的概念，以保护其免受各种形式的机械应力、热应力和化学应力的影响。解决方案是将芯片定位到芯丝上，然后将细铜丝焊垫到芯片的焊盘上。铜线直径的数值将取决于焊盘的尺寸。然后通过在芯片周围形成聚合物的微荚对芯片进行保护，技术原理如图 5-5 所示。微荚将围绕芯片形成密封，从而保护它免受各种形式的应力（热、化学和机械）的影响。微型吊舱还将保护焊点免于过度弯曲。在微荚之间，纱线的纤维将不受约束，这将使有助于保持纱线整体的纺织特性。最后，围绕着填充有半导体芯片和互连的芯丝纱形成纤维护套。这种方法将在机织，针织和缝制过程中保护所得的电子功能纱线。

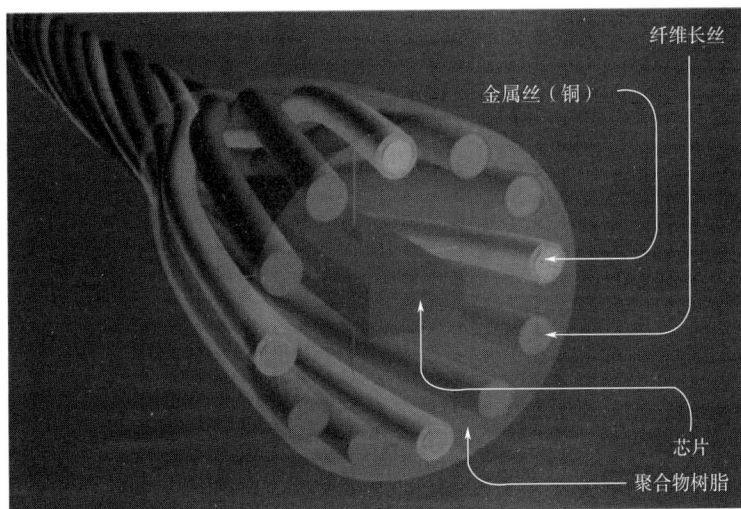

图 5-5　电子功能纱线示意图

已经针对不同的应用领域开发了几种展示纱线。带有电子签名缝纫线中，RFID 芯片嵌入的缝纫线中，然后可以将其并入服装和皮革产品（手提包，鞋子等）中，以进行品牌定义和保护、安全性、产品标识、可追溯性、位置定义和跟踪（物流）。纱线中嵌入 RFID 的主要优势是，对于芯片的工作必不可少的天线也可以集成在纱线的纤维内。迄今为止开发的最小天线比 RFID 芯片大 80 倍，这是可以用 RFID 纱线解决的基本问题。RFID 缝纫线已整合到服装的接缝中，以研究其在家用洗衣机和烘干机的耐用性。

发光纱线：将 LED（1.00mm × 0.50mm × 0.15mm）封装到聚乙烯（PE）纱中，见图 5-6（a）。用 LED 纱线为展示模特生产了服装 [图 5-6（b）]。将发光纱绣在织物上制作宣传活动和电影行业的服装；纺织品中嵌入 LED，供骑行者、行人、儿童、建筑和道路人员使用，也可用于制作毛绒玩具。

温度传感纱线：此纱线是通过将热敏电阻（0.50mm×0.80mm×0.80mm）封装在纱线中形成的。这些纱线应用于医学和卫生保健、个人防护设备和运输纺织品领域。

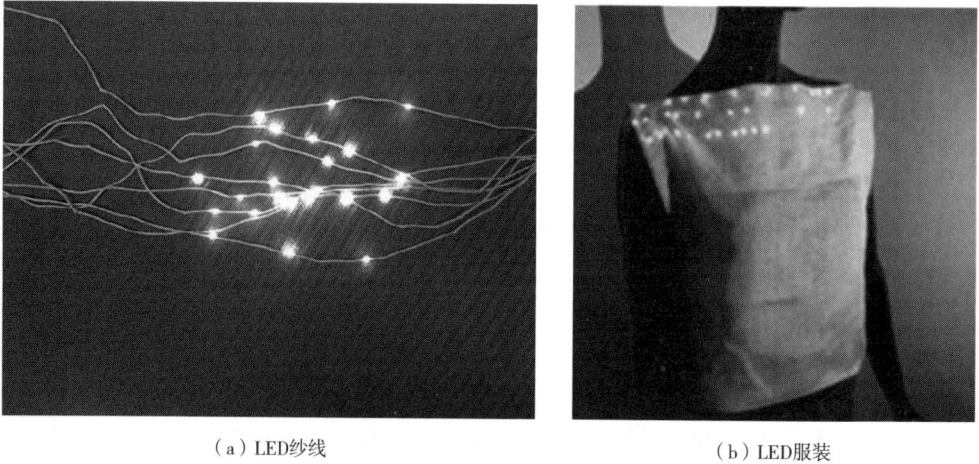

（a）LED纱线　　　　　　　　　　　（b）LED服装

图 5-6　LED 纱线和 LED 服装

5.4　结论

电子纺织品的增长趋势强劲。但目前，大多数生产工艺都无法通过充分整合电子元件，使纺织品的生产过程和性能得以实现。电子元件在纱线生产阶段整合成为纺织品的核心，目的是促进新一代可穿戴电子系统的生产。全面整合将确保纺织品的性能，如适形性和耐用性。此过程的开发技术将在新的应用领域提供新产品。该技术在世界处于领先地位，给消费者和整个行业都带来良好的经济效益。

参考文献

Brun,J.,et al.,2009. Packaging and wired interconnections for insertion of miniaturized chips in smart fabrics. In:Microelectronics and Packaging Conference,EMPC 2009,15-18 June 2009, pp. 1-5.

Coyle,S.,et al.,2010. BIOTEX—biosensing textiles for personalised healthcare management. IEEE Trans. Inf. Technol. Biomed. 14(2),pp. 364-370.

Dias,T.,Wijesiriwardana,R.,Mukhopadhyay,S.,2003. Knitted strain gauges. In:SPIE's International Symposium on Microtechnologies for the New Millennium,May 2003.

Dias,T.,Wijesiriwardana,R.,Mitcham,K.,2004. Fibre meshed transducers based real time wearable physiological information monitoring system. In:8th IEEE Conference of Wearable Computers,November 2004.

Gonzalez,M.,et al.,2011. Design and implementation of flexible and stretchable systems. Microelectron. Reliab. 51(6),pp. 1069-1076.

Locher,I.,et al.,2004. Routing methods adapted to e-textiles. In:Proceedings of the 37th International Symposium on Microelectronics(IMAPS 2004),November 2004.

Paradiso,R. ,De Rossi,D. ,2006. Advances in textile technologies for unobtrusive monitoring of vital parameters and movements. In:Proceedings of the 28th IEEE EMBS Annual International Conference,New York,USA,August 30−September 3,2006.

Park,S. ,et al. ,2002. The wearable motherboard:a framework for personalized mobile information processing(PMIP). In:Proceedings of the 39th Design Automation Conference,pp. 170−174.

Simon,E. ,et al. ,2012. Development of a multi−terminal crimp package for smart textile integration. In:4th Electronic System−Integration Technology Conference,17−20 September 2012, pp. 1−6.

Von Ksrshiwoblozki,M. ,et al. ,2013. Electronics in textiles—adhesive bonding technology for reliably embedding electronics modules into textile circuits. Adv. Sci. Technol. 85,1−10.

Zysset,C. ,et al. ,2012. Integration method for electronics in woven E−textiles. IEEE Trans. Compon. Packag. Manuf. Technol. 2(7),pp. 1107−1117.

第6章　加热纺织品

E. Mbise，T. Dias，W. Hurley
Nottingham Trent University，Nottingham，UK

6.1　简介

柔性纺织品加热系统是加热技术的重要发展方向之一。由于纺织品弯曲和收缩的特性，因此具有巨大的优势，可以为不规则的几何形状（如蛇形和球形的结构）加热。从一级方程式轮胎加热系统到加热毯，基于纺织品的加热系统在今天的日常活动中起着巨大的作用（图6-1）。

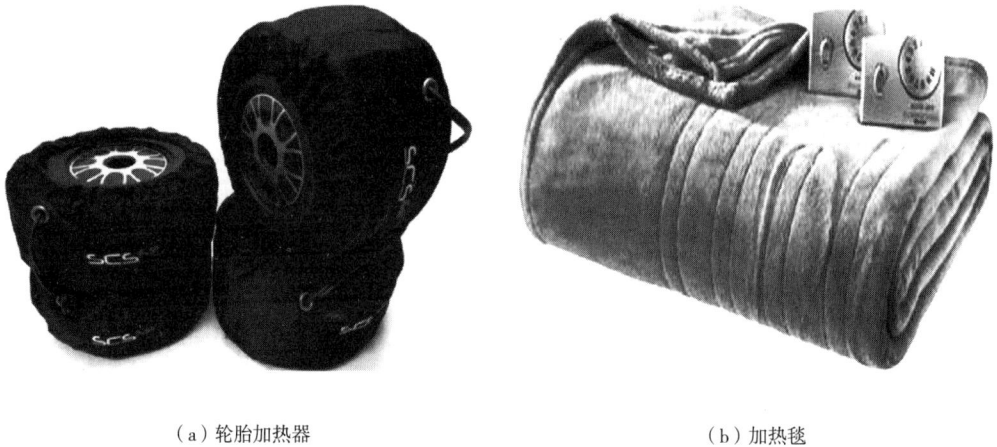

（a）轮胎加热器　　　　　　　　　　　　（b）加热毯

图6-1　轮胎加热器和加热毯

出于加热目的，应用加热系统在较冷的外部环境中为用户/系统提供必要的温暖，温暖的环境可以保护用户/系统免受较冷环境的侵害。这很重要，因为温暖的条件才能保持系统正常运行或人体保暖。使用者需要保持身体温暖，以使身体在没有受损的情况下保持正常（Sampath et al.，2012）。人体体温必须是保持在37℃左右，体温过低有可能导致器官功能障碍（Au，2011；Kar et al.，2007；Kissa，1996）。用户/系统结构大多为不规则形状，因此柔性加热系统由于可以实现有效的热量传输而具有额外的优势。由于加热系统和需要加热区域之间的接触面积较少，使用非柔性系统进行加热可能会导致热量大量损失。热传递是通过传导与对流（Xu et al.，2011；Hsieh，1995；Sousa et al.，2004）进行的，所以柔性加热系统将在热源和用户/系统之间建立更多联系，几乎没有热量损失。

同样，在性能驱动的功能中，加热系统在维持人体所需的重要热量水平方面也起着主要作用。许多物理系统需要热量才能在不同区域高效运行。例如，化学反应加热后可加快反应速度，可以更快获得产物。在化学上，热产生原子的激发（Durrant et al.，1970；Cotton et al.，1980），这导致了更多的相互作用。因此，所需产品的产率更高。在加热系统类别中，传导和对流是传热的主要方式，有时还加上辐射。

6.2 加热纺织品的加热理论和应用

纺织品加热系统可分为两大类：聚合物基和金属基纺织品加热器。顾名思义，这是根据加热元件的结构命名的。金属基纺织品加热器是由金属作为加热元件组成的（Altmann et al.，1990）。在这种设计中，使用金属丝或金属片产生热效应（图 6-2）。聚合物基纺织品加热器使用聚合物材料生产加热纱线。当施加直流电（DC）时，加热纱线会产生热量。聚合物系统是引入合成纱线后开发的新技术，合成纱线是通过熔融聚合物纺丝生产的，它们是由具有已知性质和特征的单体制成的。图 6-3 举例说明了基于聚合物的柔性加热织物的生产技术。

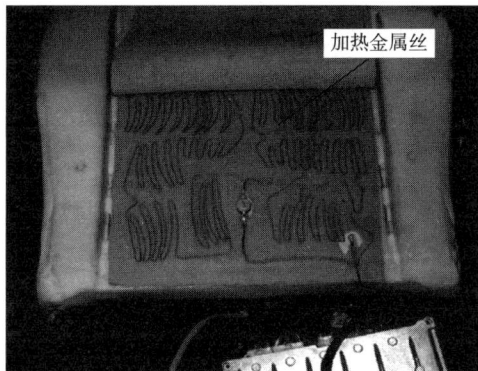

图 6-2 汽车座椅中的金属基纺织品加热器

图 6-3 EXO2 柔性聚合物基加热织物

这些技术可以生产导电纱和片材，并制成纺织品仍保持其导电性。导电纱线可以通过纺制具有不同性能的聚合物来生产，例如，聚合物可以在纺纱之前预设混纺比例，这样输出的纱线将具有指定性能。正是这种技术使具有不同导电性和加热效果的聚合物纱线得以生产。

6.2.1 加热理论

加热系统的技术源自欧姆定律的基本原理。在欧姆定律中，在施加电压时，电流流经电阻，导致电阻发热并以热量的形式散发功率（Paynter et al., 2011；图6-4）。

因此，加热系统将需要三个主要组件：电源、电阻以及电源和电阻的连接部件。电源将迫使电流流过电阻，从而使电阻根据流过的电流产生热量；电流受电阻限制，电阻和连接部件必须由导电材料制成。高效的连接部件是由金属制成的。铜是最好的材料，因为它具有可用性和良好的导电性（Copper, 2015）。对于可穿戴

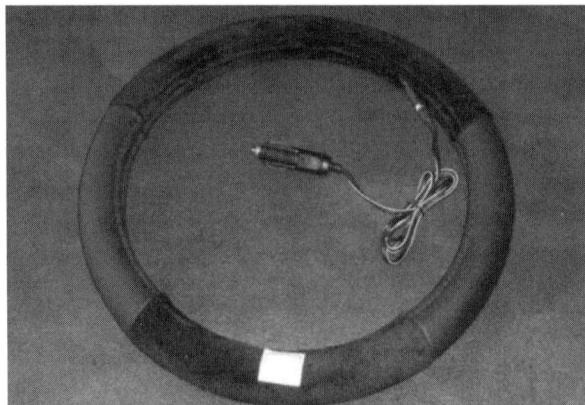

电压（V）　电阻（Ω）　功耗（W）

$U=IR$

$P=iU=I^2R$

图6-4　欧姆定律图示

系统，电阻器和连接材料必须足够薄，以具有柔韧性，同时强度足以防止断裂并提供有效的加热。为了提供系统佩戴舒适性，加热系统的电源必须足够小以减轻重量，但可以提供持久的加热电流。大多数高效的可穿戴加热系统使用可拆卸的电源，以便需要时可以轻松完成充电。

在纺织材料上，安装该加热系统是一个挑战。大多数系统将加热单元连接到纺织材料上，其他系统将其夹在两个或多个纺织层之间。将它们连接在一起是一项艰巨的任务，因为可能会影响纺织品的美观和悬垂性，生产的织物也可能很重。然而在汽车座椅等其他应用中，这些限制并不重要，因为加热系统和纺织材料的组合不需要太多的灵活性，重量也不是问题。

6.2.2 金属加热器的应用

金属加热系统主要应用于汽车、建筑、体育和娱乐等领域。加热系统已经在汽车工业中使用了很长一段时间，主要在北半球，用于高端汽车中，如图6-5所示。

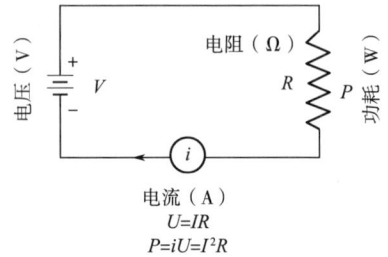

图6-5　加热方向盘罩

　　为了提供加热效果，已经使用纺织品开发了灵活、可靠且可控的加热系统。常见的设计是插入加热元件编织成织物（Weiss，2013）。这种结合提供元件必要的热效应和织物的柔韧性。使用的加热元件是由细铜线制成的，有时在使用座椅时，它们受到外层保护不受损害。这些加热系统的性能是十分重要的，并且已根据系统引入了适当的控制措施（Buie，1997）。大多数加热座椅配备了不同的加热等级，从高到低，有时甚至更多等级，加热效果由用户控制。有时只需要少量加热，而在其他时候则需要最大加热量，例如在极端寒冷的条件下定位。要使座椅具有所有这些加热条件，还需要有效的控制系统来调节热量和加热持续时间。只要有电源，加热元件就会始终提供有效的供热。由于系统不是自我调节的，当用户感觉到热量聚积时，这可能会引起不适（Crow，1998；Fangueiro et al.，2010；Spencer，2001）。因此，汽车加热系统经过精心设计，从而可以通过打开和关闭时间来控制加热效果。该理论确实适用于体育、娱乐活动以及建筑和类似结构的采暖，由于区域的大小，加热元件的规模要大得多。

6.3　加热纺织品的制备

6.3.1　纱线

　　设计纺织品加热系统的一个重要方面是使用的纱线类型。碳硅纱线（FabRoc®）是通过将有机硅和碳聚合物混合在一起，然后以挤出纺丝工艺以生产 FabRoc® 纱线（图 6-6）。

　　FabRoc® 纱线是一种弹性单丝，可以生产具有良好回复性的纺织品。碳和有机硅的混合比例决定了长丝纱的整体电阻。可通过比例设计，来生产电导率和电阻从低到高的系列品种纱。FabRoc® 纱线的另一个关键特性是，它比相应的金属加热纱线能产生更好的加热效果，因为具有更大的加热功率，辐射远红外能量，可用于人类皮肤疾病的治疗（McAndrew，2006）。通常，加热纺织品由用于加热和导电的纱线组成。设计中需要多个加热元件，元件之间必须使用不同类型的纱线。如图 6-7 所示，涤纶纱由于成本低、强力高而广受欢迎。有时使用黑色涤纶纱，因为黑色的保温能力是众所周知的，而保温能力是加热织物所需要的。加热元件会在织物的某些区域产生热量，而在非加热区域，热量被黑色涤纶纱保留，这意味着可以使用更少的加热元件和更少的电力消耗织物。在其他情况下，颜色组合可用于加热元件和非加热元件，根据最终产品来实现一个美观的设计。

图 6-6　FabRoc® 纱线

图 6-7　涤纶纱卷

6.3.2　生产

利用电脑横机编织工艺来生产纺织品加热系统，也可以采用其他针织技术，如圆型纬编针织和经编针织技术，有从 2D 到 3D 的不同类型设计（图 6-8）。

FabRoc®针织纱的编织过程中使线圈和针迹可以交叉连接，以减少由 FabRoc®纱线制成的加热元件的电阻。电脑横机（图 6-9）适合生产针织结构的加热系统。

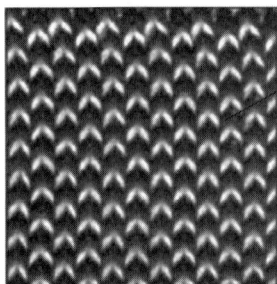

针织FabRoc®纱线

图 6-8　编织加热元件的结构

图 6-9　斯托尔（Stoll）电脑横机

电脑横机结合 CAD（计算机辅助设计）系统（图 6-10），可以在计算机上进行设计，然后转移到横机上进行编织。此系统是多功能的，可以利用它进行各种不同种类的设计，范围从 2D 到 3D，或直接在机器上生产出完整的无缝服装。这使加热纺织品的生产更具经济性，并减少了纱线浪费。

如前所述，FabRoc®纱线具有弹性，这给编织过程带来了挑战。因为 FabRoc®纱线在编织过程中往往会拉伸，由于其断裂强度低而容易发生断裂。为了避免断线和编织困难，使用了美名格股份有限公司（Memminger GmbH）的特殊纱线输送系统（Kennon et al.，2000）来降低张力输送 FabRoc®纱线。美名格系统（图 6-11）可以通过电动机来预设纱线张力输送纱线。该技术可以使 FabRoc®纱线在编织过程中不断裂。

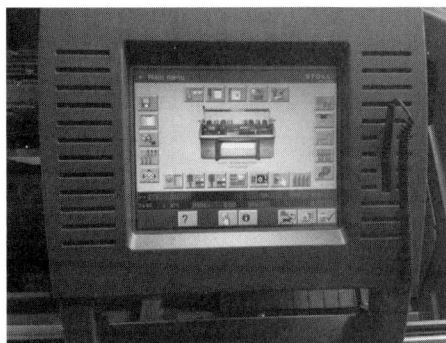

图 6-10　斯托尔电脑横机 CAD 系统　　　图 6-11　美名格股份有限公司的纱线正向输送系统

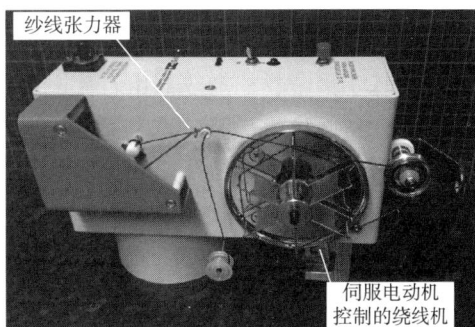

6.3.3　加热器尺寸

在针织聚合物基加热器的设计和生产中，尺寸和设计会影响加热效率。聚合物基加热器的尺寸设计会影响电子连接的方式，并且编织聚合物基纱线将降低整体电阻，并提供加热时的高电流传导性。因此必须设计最佳尺寸生产高效可靠的加热器。诺丁汉特伦特大学的先进纺织品研究小组（ATRG）已证明与宽尺寸加热器相比，窄尺寸加热器具有显著的加热效果（图 6-12）。

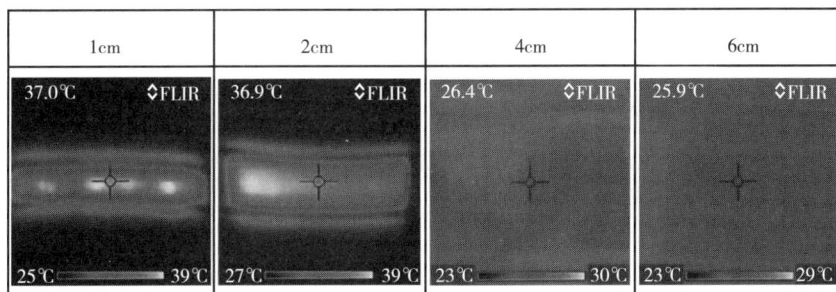

图 6-12　3.0V 电源下热图像的宽度比较

但是，加热元件的长度（图 6-13）对加热效果没有明显影响，因此，在设计时应仔细考虑针织加热器的尺寸。

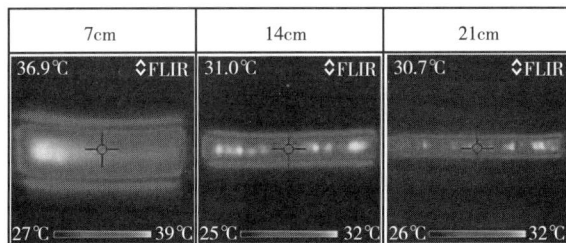

图 6-13　3.0V 电源下热图像的长度比较

93

6.3.4　连接

通常，基于聚合物的加热器由直流电源（如电池）供电，接通电源后，电源使电流流过加热元件，从而产生热量，这是基于欧姆定律。对于编织加热元件中的 FabRoc® 纱线，电流将流过发热元件的编织线圈和针迹从而产生热量，加热元件的电力是由针织线圈提供的，并且线圈是由导电纱线编织而成的，但是必须使用电阻非常低的导电纱线来生产线圈，以确保从电源获得足够的电流供应给针织加热器。

针织用导电纱的选择与结构设计很重要，可以使用不同种类的导电纱，流行的一类纱线是带有银微层的细尼龙丝（图 6-14）。该纱线是柔性的，并具有非常好的导电性能。由于纱线的柔韧性，很容易进行编织，并且仍能导电。用这种纱线制成的线圈具有低电阻，因此可以在低电压下实现有效加热。镀银纱线编织的线圈与由 FabRoc® 纱线编织的加热元件之间的连接如图 6-14 所示。加热织物的三个重要部分，即母线、加热元件和连接，都是在针织过程中形成的，从而形成整体针织结构。但是，为了避免电路短路，必须避免两条母线（正极和负极）之间接触。母线之间的短路会在加热结构上形成斑点，并可能损坏电源。母线的设计很重要，ATRG 的研究表明，编织更多路线将减少电阻，从而会改善电流（图 6-15）。当线圈的路数增加到四列时，电阻显著下降，再进一步增加路数并没有效果。研究表明，针织物回路形成了一个微型电网，反过来又降低了由 FabRoc® 纱线形成的加热元件和用镀银纱编织的线圈的总电阻。

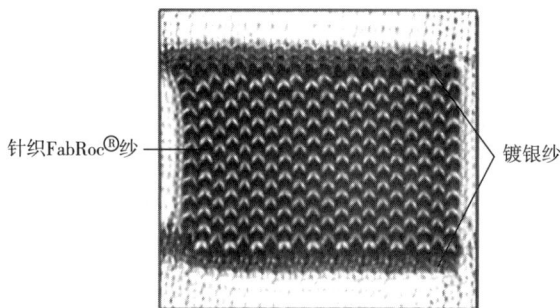

图 6-14　使用镀银纱编织的加热元件

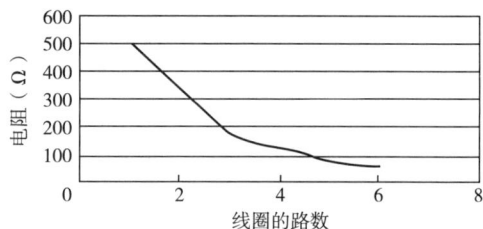

图 6-15　母线中电阻随线路数的变化

6.3.5　电源

可充电电池可激活可穿戴加热系统。电池由于其可用性，用作电源是合适的，并且可以轻松充电。大多数可充电电池是锂电池，具有不同的尺寸和形状（Jha，2012），这使电源可以无缝结合到可穿戴加热系统的设计中。例如，EXO2 手套的电源已集成到手套中（图 6-16），设计时要考虑手套的形状。通常，电源控制器也集成在电源组中，以控制加热器的功率，实现不同的加热效果，因为控制器会调节流经加热器元件的电流。在某些应用中，较长的时间可能会导致加热的某些区域出现纺织品温度升高的现象，可以通过设计来控制系统防止这种情况的发生，在预定的时间段内关闭电源，大多数电源具有集成的电源控制和管理系统。

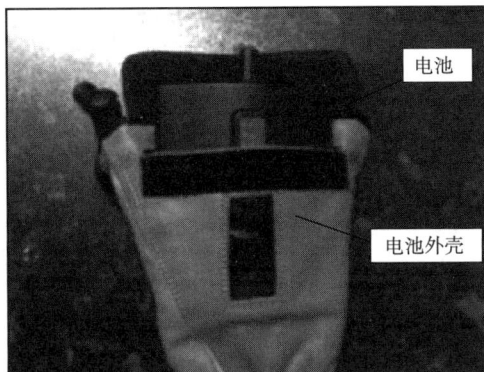

图 6-16　EXO2 电源集成到手套中

6.3.6　加热纺织品的后整理

在针织过程中，纱线会受到机械应力，这将影响加热针织物的缝隙尺寸和形状，并影响产品的尺寸稳定性，应在编织过程中加以考虑，可以在编织完成后消除大多数不必要的应力。各种后整理技术，在针织品的生产中非常常见，例如蒸制过程，蒸汽使纤维中的分子达到较低水平的能量状态，从而使针织物松弛（Spencer，2001）。通常会使针织物略微收缩，实际的收缩量取决于纤维的种类。

6.4　加热纺织品的应用

6.4.1　加热手套

加热手套被认为是聚合物基加热纺织品的切入点。加热元件可以用碳硅纱线制成。如 FabRoc® 纱线用在加热手套中，由于手臂和手指过度弯曲，手套需要极高的柔韧性，使用金属线制成的加热手套可能没有所需的柔韧性，使用 FabRoc® 纱线编织加热元件的技术已获得 EXO2 技术有限公司的"热工针织技术"专利（McAndrew，2006），并且已经使用热工针织技术开发出一种加热手套的衬里（图 6-17）。EXO2 技术已开发出带有手套衬里的滑雪手套，在手套中嵌入可充电电池，可为加热元件供电。

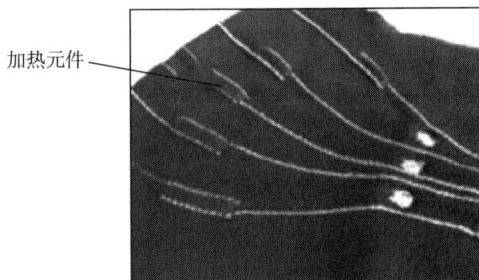

图 6-17　针织加热手套衬里

6.4.2　加热织物

加热织物中的加热元件采用 FabRoc® 纱线织入织物，适用于许多领域，如图 6-18 所示，有四个加热元件用于加热。

加热织物有许多潜在的应用，可用于改善汽车的车厢环境，包括加热汽车座椅、包裹架子和方向盘，并生产用于户外运动和休闲活动的加热服。在汽车座椅中，可以将聚合物基加热结构放置在后面内饰层，防止磨损。由于汽车座椅设计师的关注重点更多是关于内饰层的美观性，基于聚合物的加热纺织品可以针对其性能进行量身定制。相比于金属加热器，聚合物加热器更加柔顺，由于其优越的悬垂性，即使位于汽车后备厢和中央控制台等密闭场所也可以提供热量。在持续弯曲的地方，如在可调节的座椅上，加热纺织品的疲劳失效可能性较

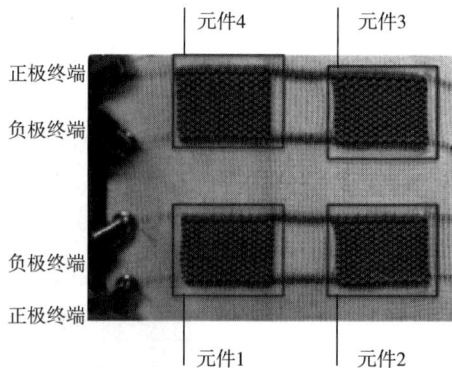

图 6-18　加热织物方盒设计

小。户外活动中，如远足和慢跑要求使用者穿着大面积覆盖身体的衣物来保暖和防风。

人体需要保持恒定的体温，纺织品被用来在较冷的室外温度下保持体温，专门为人类生存而开发抵御寒冷天气条件的特殊服装，如北极和南极的外界温度较低，可以达到 $-50℃$。加热纺织品（主要是基于聚合物的纺织品）可以提供必要的热量。之所以最具有优势，是因为加热纺织品更高效，需要更少的电力，因此可以使用更小、更易于携带的电池。据前所述，基于基体的加热器本质上是柔顺的，可以在不使用时折叠和压实，并不会破坏其结构和性能，因此易于包装和携带，尤其是在北极和南极等偏远地区，可以设计基于聚合物的加热器，以生产高效的针织背心内衬，穿在两层衣服之间，并在需要时提供加热效果。市场上有加热背心，但清洗可能会导致失去加热性能。

6.5　未来趋势

纺织品加热系统已经从贴在纺织服装上的金属加热片，发展到在生产过程中编织到纺织材料中的针织加热元件，纺织品具有柔韧性，同时具备加热功能。根据其性能，未来的趋势可能会集中在提高加热效率和电源管理上。可以开发更好的用于电源和加热元件之间连接的导电纱线来代替当前的镀银纱，镀银纱价格昂贵。因为铜的高导电性和优异的抗菌性，可以开发极细的铜线等材料来提供连接。

加热纺织品的另一个重要的未来趋势是开发更高效的加热纱线。当前研究中使用的FabRoc®纱线具有可变电阻和导电性。未来的研究应集中于减少电阻变化和如何生产更细、更均匀的导电纱线。

另一发展领域是电源，锂电池技术已经存在了很长时间，需开发一种更小型、更高效的电池系统可开发轻质的加热纺织品。

6.6　结论

纺织品加热系统是可穿戴电子产品的重要发展方向之一。电加热系统与纺织品的整合

可以追溯到 1911 年，当时将金属丝连接到手套上的技术已经获得专利，本章已经展示了聚合物基针织加热系统的开发，该纺织品可以为开发新一代美观、轻便且可水洗的供暖纺织品提供生产平台。

参考文献

Altmann, D., Haupt, E., Knuppel, M., 1990. Heated seat. Google Patents.

Au, K. F., 2011. Advances in Knitting Technology. Woodhead Publishing Series in Textiles, Cambridge, UK.

Buie, D., Buie, J., 1997. Temperature controlled seat cover assembly. Google Patents.

Cotton, F. A., Wilkinson, G., 1980. Advanced Inorganic Chemistry: A Comprehensive Text. Wiley, New York/Chichester.

Crow, R. M., 1998. The interaction of water with fabrics. Text. Res. J. 68, 280−288.

Durrant, P. J., Durrant, B., 1970. Introduction to Advanced Inorganic Chemistry. Longman, London.

Fangueiro, R., Filgueiras, A., Soutinho, F., Meidi, X., 2010. Wicking behavior and drying capability of functional knitted fabrics. Text. Res. J. 80, 1522−1530.

Hsieh, Y. −L., 1995. Liquid transport in fabric structures. Text. Res. J. 65, 299−307.

Jha, A. R., 2012. Next−Generation Batteries and Fuel Cells for Commercial, Military, and Space Applications. Taylor & Francis, Boca Raton, FL.

Kar, F., Fan, J., Yu, W., Wan, X., 2007. Effects of thermal and moisture transport properties of T−shirts on wearer's comfort sensations. Fibers Polym. 8, 537−542.

Kennon, W. R., Dias, T., Xie, P., 2000. A novel positive yarn−feed system for flat−bed knitting machines. J. Text. Inst. 91, 140−150.

Kissa, E., 1996. Wetting and wicking. Text. Res. J. 66, 660−668.

McAndrew, G., 2006. Heating element. UK patent application GB0523154. 3.

Paynter, R. T., Boydell, B. J. T., 2011. Introduction to Electricity. Prentice Hall/Pearson Education (distributor), Upper Saddle River, NJ/London.

Sampath, M., Aruputharaj, A., Senthilkumar, M., Nalankilli, G., 2012. Analysis of thermal comfort characteristics of moisture management finished knitted fabrics made from different yarns. J. Ind. Text. 42, 19−33.

Sousa, L. H. C. D., Monteiro, A. S., Perri, V. R., Motta Lima, O. C., Pereira, N. C., Mendes, E. S., 2004. Generalization of the drying curves in convective and conductive/convective textile fabric drying. In: 14th International Drying Symposium, São Paulo, Brazil, pp. 710−717.

Spencer, D. J., 2001. Knitting Technology. Woodhead Publishing Limited, Cambridge, UK.

Sweeney, M., Branson, D., 1990. Sensorial comfort. Text. Res. J. 60, 371−377.

Weiss, M., 2013. Flat heating element. Google Patents.

Xu, D. −H., Cheng, J. −X., Zhou, X. −H., 2011. A model of heat and moisture transfer through parallel pore textiles. J. Fiber Bioeng. Inform. 3, 250−255.

第7章 电子纺织品连接技术

V. Mecnika，K. Scheulen，C. F. Anderson，M. Hörr，C. Breckenfelder
Institut fuer Textiltechnik（ITA）der RWTH Aachen，Germany，Kanbar
College of Design，Engineering，and Commerce，
Philadelphia University，Philadelphia，PA，USA，Hochschule Niederrhein
University of Applied Sciences，Monchengladbach，Germany

7.1 简介

目前，通过整合工程、信息技术和设计等不同领域的能力，人们致力于开发智能纺织品。智能纺织品的用途多种多样，从时尚到高科技和特定医疗等领域。尽管可利用的材料、结构和生产方法多种多样，但所有智能纺织品的突出特征是其具有响应环境并与之互动的能力。智能纺织品的触发或刺激因素可以是物理的，也可以是化学的。

智能纺织品通常由两个基本部分组成，即特定功能的纺织结构及其相应的电子零件。具有附加功能的结构可以是织物传感器或执行器，以确保通过物理或化学反应与环境相互作用。为了将获取的信息传送到应用程序，需要进行传输和处理。因此，电子产品通常是智能系统不可分割的一部分。相应地，智能纺织单元的形态在此类系统的开发中至关重要。通常一个单元具有多层结构，其中包含传感器、电路、基础设施、保护层和其他相关化合物。

在目前的文献中，已经开发出突破性的技术用于制造纺织品接口、电路、传感器和执行器。在将先进的电子纺织品技术用于截然不同的应用方面，纺织工程、信息技术和电子制造业已取得了成功。事实上，一些源自智能纺织品领域的产品已经面向市场。尽管如此，由于各种技术和社会经济障碍，许多想法仍处于起步阶段。其中开发智能纺织品的关键问题是如何将纺织技术与所需的电子设备融合在一起。产品应具有柔韧性和耐用性同时应具备电子产品的智能性，智能纺织品的开发人员面临的另一个挑战是生产效率提高和工艺优化。为实现这些目标而提出的解决方案均与所采用的连接技术有关。连接技术对于智能纺织品的生产至关重要，它的两个关键要素是纺织品部件和相应的电子产品（图7-1），连接方法及相应的技术取决于所需的功能。不同的功能有不同的连接要求，包括信号采集、加热和互联网等主题的背景信息调查。目前，有许

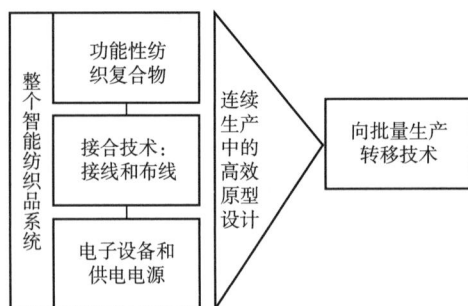

图7-1 整个智能纺织品系统

多不同的方法可确保纺织品与电子产品的有效结合，这些方法及其特定用途，通常是材料和生产技术之间的折中方案，连接方法有助于提高纺织品的功能。

常规纺织品可用于引导电路和控制电子纺织品与微芯片、电阻和二极管等元件之间的连接，可以通过刺绣、缝纫或印刷等技术来实现，从更全面的角度来看，纺织品可能是电路布线和接触系统不可分割的组成部分。由于导电材料的多样性，如金属丝和导电纱线，导电电路可以通过机织或针织等技术直接编织到织物结构中去。前一种类型的黏合可以通过诸如形式锁定或代理锁定之类的技术来确保。传统的纺织技术，如机织，针织，刺绣，缝纫和黏合均可用于智能纺织品的开发，以便纺织品和电子单元之间实现适当的电路布线和接线（Linz，2012；Zesset et al.，2012；Zhang et al.，2012）。图 7-2 所示为集成在纺织品上的电子模块矩阵的组合方法。接线最初是采用刺绣方法用金属单位定制的纤维铺放（TFP）。然后，采用焊接技术将电子模块的电触点固定到纺织品表面。电子设备与纺织品的连接也可以通过黏合技术实现。有机硅，聚氨酯和环氧基膜等导电黏合材料可以确保可靠的接触和牢固的连接。

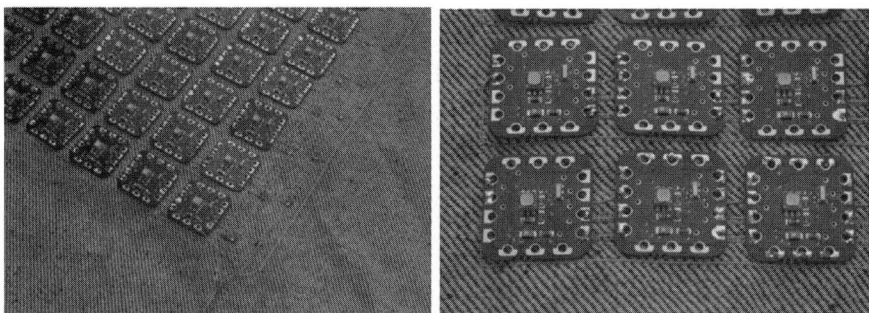

图 7-2　通过刺绣和焊接将电子模块矩阵集成到纺织品上（ITA，RWTH Aachen）

弗劳恩霍夫研究所的研究团队着重研究了非导电胶黏剂（NCA）黏合技术（Krshiwoblozki，2013）。可逆连接对许多智能纺织品是有益的，其中功能模块必须与纺织品分离。研究人员试图通过使用紧固件纽扣、导电尼龙搭扣、磁铁和螺栓解决这个问题。

尽管有许多新的智能纺织品技术正在开发中，但它们主要在原型阶段实现。智能纺织品开发商已经在为工业应用进行推广开发。批量生产的关键之一是生产过程自动化。但是，几年前智能纺织品才被引入市场。并且大多是限量生产（Horter，2011）。可以通过拾取和放置技术并优化生产阶段等方法来确保智能纺织品的连续生产。目前，由于智能纺织品市场存在局限性，开发这种生产工具和向工业转移相对昂贵。实际上，连接技术解决方案直接与特定产品的开发相对应，应考虑智能纺织品的有限细分市场。大多数产品都需要独特的生产和加工方案，其中还包括电子组件的电子集成。

尽管 LED 在纺织品中的功能有限，但它们确实简单可靠，可以为纺织品添加理想的光学效果。对于智能纺织品中的电子元件的连接，刺绣技术可确保其高效且可靠。瑞士 Forster Rohnerple 公司开发了一种基于刺绣方法生产的配备集成 LED 的豪华室内纺织品和服装（Zimmerman，2013）。ZSK Stickmaschinen 和 TITV Griez 研究所展示了一种通过刺绣技术和 LED 亮片的应用方式生产发光纺织品的有效方法（图 7-3）。

图 7-3　通过刺绣方法实现 LED 的自动连接（ZSK Stickmaschinen GmbH）

　　除此之外，交互式纺织品中有前途的市场之一是交互式系统，这些系统通常需要更复杂的连接技术。目前，用于功能基础设施互连的解决方案可从 Interactive Wear、Ohmatex 和 Clothing+ 等公司获得。确保电子设备相互连接的常见解决方案之一是纺织电缆（图 7-4），纺织电缆通常由带有金属导体的纺织带制成。触点被焊接，并通过热熔成型等技术加工，以提供机械保护，这种产品的制造包括几个阶段。组装的一些步骤，如切割材料和确保适当的接触保护是全自动的，受程序机器支持；其他操作，如焊接、锡涂层和隔离是由专业人员实施的，并由工具辅助。如，由未来形态（Future Shape）公司开发的将处理单元集成到大面积传感器系统中的电子模块是采用单独的手动步骤连接的（图 7-5）。

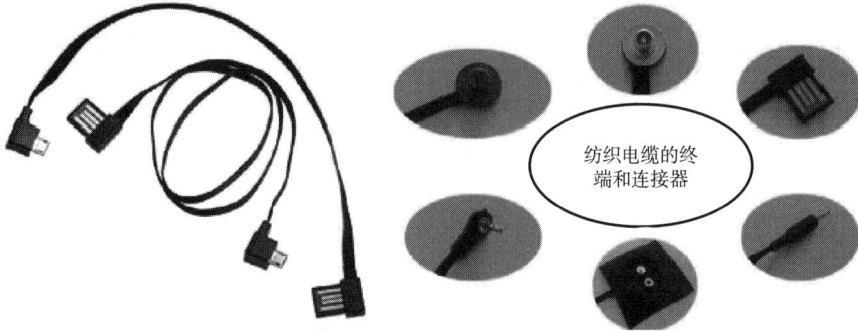

图 7-4　纺织带状电缆和连接元件（ZSK Stickmaschinen GmbH）

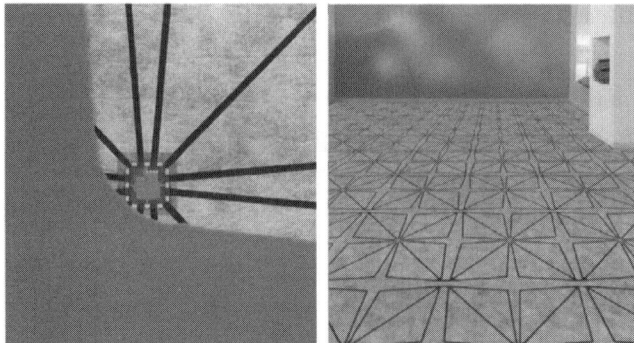

图 7-5　将处理单元集成到大面积传感器 SensFloor® 系统模块中（Future Shape）

智能纺织品自动化生产的主要问题之一是确保多阶段生产过程的连续性。目前，由于智能纺织品的批量生产有限，这一关键条件尚不具备。从小批量生产智能纺织品（100 件）过渡到中等系列（1000~5000 件），可以显著降低产品成本 35%~50%。过渡到中等系列生产运行，需要不同的技术支持并优化制造技术。然而，特定操作的自动化通常与特定产品开发的功能、形态和制造技术相关。而且，由于缺乏每年批量超过 10 万件的标准化制造要求，集成自动化制造面临新的障碍。

7.2　纺织加工连接

智能纺织品开发中经常使用的连接包括力配合、形状配合或黏合等。形状配合连接，主要用于将电子设备连接到纺织品上，可以采用编织、缝纫或刺绣。刺绣的优势是可以使用单一技术将导电路径与支撑电子器件以复杂而有用的几何形状结合在一起。因此，刺绣是可以制造电极等设备的纺织技术，包括在相同的制造工艺中创建导电路径及其内部的相应连接。刺绣技术的介绍见 4.5.2 节的内容。

7.2.1　连接技术

刺绣作为一种连接技术已在文献中得到反复证明。2006 年，林茨（Linz）等研究了刺绣在智能纺织品中的应用，发表了论文"基于刺绣导电纱和微型柔性电子的电子互连的完全集成式心电图衬衫"（Linz et al.，2006）。许多初步调研表明，刺绣触点本质并不可靠。

为了确保电子导电部件与纺织品之间的连接经过洗涤也能保持，已经开发出不同的封装刺绣触点的方法。这种封装通过限制触点与水的接触来保持作用，该技术已经在各种温度循环和洗涤循环中得到了部分验证。结果表明，将环氧胶黏剂局部应用到刺绣触点上，随后进行热熔封装，可在纺织品和电子部件之间提供良好的电接触（Linz et al.，2011）。图 7-6 显示的连接包括传感器、执行器、电子设备、印刷电路板（PCB）和导电路径，均位于织物的同一侧。

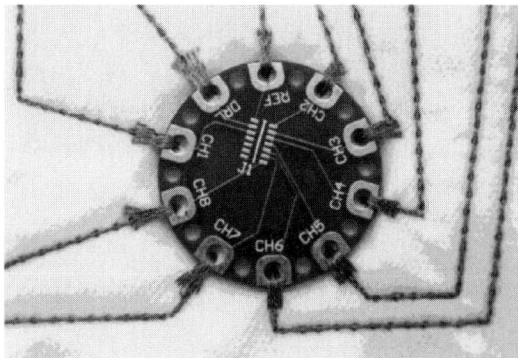

图 7-6　基于刺绣的 PCB 连接

但是，刺绣应用在贴身的智能纺织品中时，必须在织物的外部放置电子元件和导电路径，将其与汗液等自然产生的导电物质隔离，诸如电极传感器或执行器等功能部件放置在织物贴近身体的一侧直接接触皮肤。此位置可以确保电极可以获得最佳的皮肤接触，从而不受由于导电路径与皮肤的接触变化造成的假象影响。因此，导电部件必须放在电极的相对侧。未来必须聚焦于改进双面刺绣技术，这会影响智能纺织品的创新能力。

7.2.2 刺绣技术的发展趋势

纺织电极可用于各种生物信号监控，包括心电图、脑电图和肌电图。导电电极垫可测量电信号，然后通过纺织品的导电路径将电信号传输到电路板进行处理。当前是将如柔性电路板之类的设计整合并直接应用于服装中，这样可以改善舒适度。最终目标是找到一种电子产品与电极的整合方式使用户很难识别或感觉到它们，从而提高用户体验。为了确保电极能够测量尽可能小的信号，必须将电极与外部电磁影响分开。外部电磁干扰会导致测量不准，从而降低信噪比并增加系统错误。为了确保该系统对人工制品具有耐用性，电极必须放置在纺织品的另一侧，该侧不固定导电路径。即使是柔性电路板，也必须放置在纺织品不包含电极的一侧以确保用户的舒适度。此外，这有助于确保电路板和皮肤之间没有多余的接触而产生外来信号。

当前，刺绣技术将重点放在纺织品连接和功能化上，而不倾向于产品背后的特定布局和流程链。因此，为了提高实用性和效率，必须对标准刺绣机进行改进。首先，自动更改刺绣框尺寸，可以改善已经绣好的几何图形的在线监测。此反馈控制中可以消除许多误差并节省昂贵的材料（如在电极构造中所用的材料）。图 7-7（a）为用于脑电图（EEG）的电极，通过刺绣的导电路径进行监控，并通过刺绣将 PCB 连接到纺织品的一侧，这是典型的应用，其中导电路径和 PCB 与电极分开，如图 7-7（b）所示。

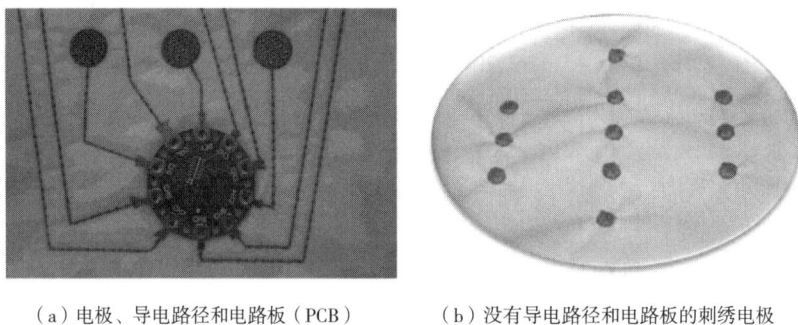

（a）电极、导电路径和电路板（PCB）　　（b）没有导电路径和电路板的刺绣电极

图 7-7　刺绣 EEG 帽

7.2.3 技术挑战

为了生产带有连接 PCB 的自动刺绣双面 EEG 帽，每次都要完成如图 7-8 所示的生产周期。在此生产周期中面临的挑战是多方面的：纺织品具有 100% 耐撞性的翻转能力，翻转后将框架下沉到工作位置，从仓库正确放置 PCB，接近 PCB 孔的位置以制作刺绣触点。纺织品具有了 100% 耐撞性翻转，挑战在于框架的位置直接位于针和线轴之间［图 7-9（a）］。耐撞性定义如下：当框架翻转时，在任何情况下，框架都不会撞到针头或机器的其他地方。为了获得可接受的耐撞性翻转能力，必须在机器前操作区之外驱动框架［图 7-9（b）］。为了保证框架已从针上移开，必须在翻转之前将传感器放置在框架上以控制其位置。

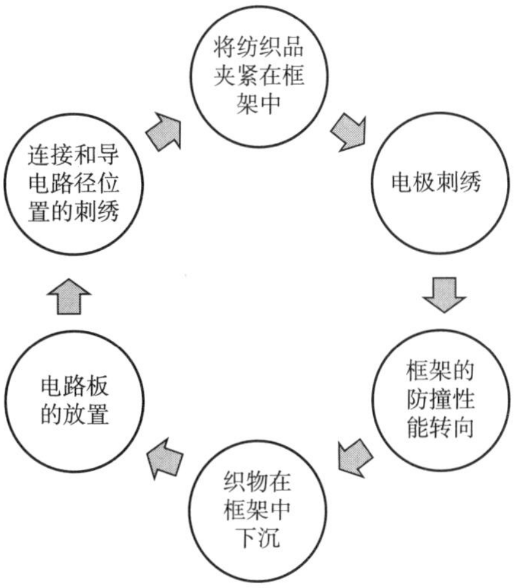

图 7-8　自动刺绣 EEG 帽的生产周期

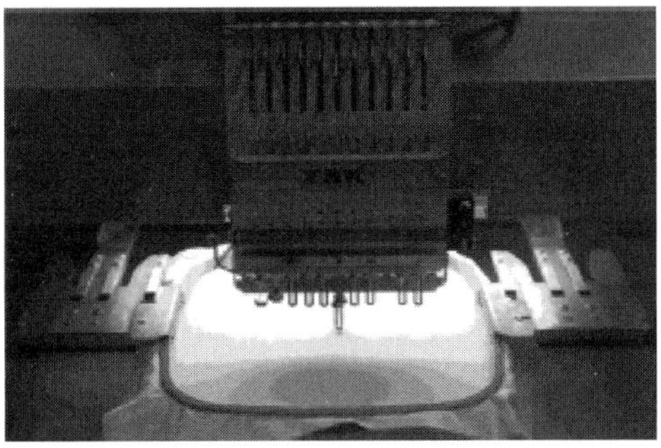

（a）处于工作位置 　　　　　　　　　　（b）处于翻转状态位置

图 7-9　管状刺绣机框架

下面介绍纺织品下沉的必要性。下沉定义：纺织框架的构建方式必须能够改变距离，即翻转框架时发生的距离变化可以得到补偿。图 7-10（a）为带有传统管状框架的管状刺绣机，框架可以夹紧并固定。在图 7-10（b）中，框架处于翻转位置时被夹紧。比较结果表明，这种框架只能用于纺织品的单面刺绣。由于针头与线轴之间的距离变化，因而无法进行翻转。针与线轴之间的距离在刺绣期间必须始终保持一致，以确保可预测的结果。因此，框架的简单翻转并不是解决方案，框架的结构必须允许纺织品自动翻转并自动下沉到正确的工作位置。

为了大规模生产电子纺织品，PCB 的正确放置是另一个必须克服的技术挑战。为了自动放置 PCB，刺绣系统中必须集成一个传感器，以确保包含中央供应站中储备 PCB 的确切位置。传感器必须确保排除 PCB 的角度旋转，因此 PCB 上有定向孔（图 7-11）。在其中三个定向孔中，刺绣第一步插入小刺钉可将 PCB 固定。否则，PCB 在刺绣过程中可能会滑动，针会错过连接孔（图 7-11）。定向刺钉的另一个好处是可以避免即使位置的微小变化也可能导致的 PCB 和导电纤维之间的电连接中断。如果在最初的刺绣步骤中正确固定，则无须用额外的黏合剂固定 PCB。

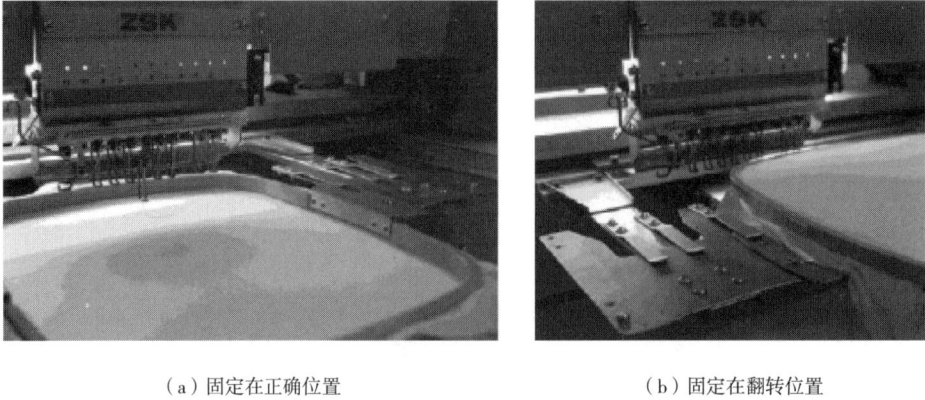

（a）固定在正确位置　　　　　　　　　　（b）固定在翻转位置

图 7-10　使用管状刺绣

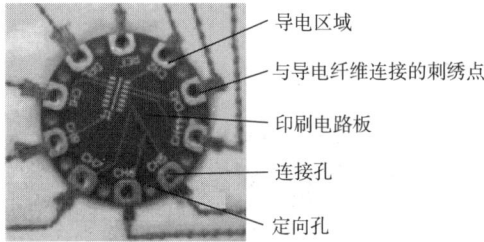

图 7-11　电子纺织品上导电区域相连的 PCB

7.3　电子纺织品黏接技术和自动化

在纺织黏接技术领域，黏合剂的使用是一种连接不同零件的具有吸引力的方法。黏合剂的全部潜力尚未展现，尤其是在纺织品和电子元件之间的连接上。

通常，黏合是指使用黏合剂实现两个或多个材料之间的内聚连接，黏合机制是机械、化学或两者的组合。在机械黏合的情况下，通过在胶黏剂和基材表面之间形成封闭产生连接。化学黏合通过化学原理起作用，如范德瓦耳斯力、共价键、离子键、金属键和偶极键等。胶黏力中化学键的强度直接取决于基底材料及其表面性质，胶黏剂的润湿性强烈地影响着黏附程度。湿润性取决于基材的表面能；表面能越高，附着力越高。通常，金属比塑料具有更高的表面能，范围为 $1\sim2.5\text{J}/\text{m}^2$。塑料的表面能通常较低，范围为 $0.03\sim0.06\text{J}/\text{m}^2$。因此，塑料通常表面难以湿润。

使用胶黏剂时，要保持表面清洁；因此，在使用前先将基材进行预处理。黏合接头的机械强度是由基材与胶黏剂的黏合力决定的，黏合接头是确定连接部件间的位置的。有时，黏合接头具有附加功能，如导热或抗电，每种应用都需要适当地选择胶黏剂的量，胶黏剂要根据基材的特性以及接头的要求来选择，如机械强度、弹性或其他功能。

为了正确连接纺织品及相应的固体电子组件，要使用不同的胶黏剂。常用的三种电连接方法为（图 7-12）：NCA 黏合，其中通过物理机械接触进行电连接；通过各向同性导电黏合剂（ICA）进行黏接；导电和非导电黏合剂结合机械压力。

NCA 黏合通常使用热塑性熔融黏合剂，常用的黏合剂包括热塑性聚氨酯类。同样，当需要在短的时间内完成更大的表面处理时，可以使用导电金属箔。为了实现可靠的电连接，可将压力施加到粘接过程中的连接部件上，这些连接部件的机械强度可用于大多数应用（Linz，2012）。

环氧基导电黏合剂也已在智能纺织品中广泛使用，可以使用多种基础聚合物，如热固性材料，弹性体或热塑性材料。导电性主要是通过添加银颗粒来实现，可以是片状或粉末状，尺寸分布在 1 ~ 30mm 之间。材料获得导电性的渗透阈值在质量分数为 70% ~ 85% 之间（体积分数为 20% ~ 30% 之

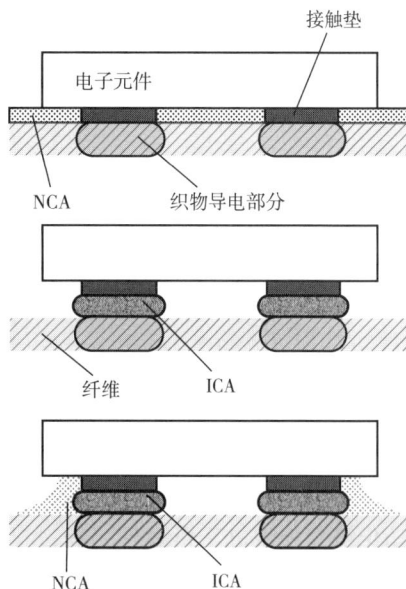

图 7-12　不同类型的导电接头

间），该阈值高度取决于所集成的特定粒子系统，为了区分 ICA 和各向异性导电黏合剂。在智能纺织品领域，大多数案例都集成了基于 ICA 的技术（图 7-13）。此类黏合剂的电导率在 $0.001 ~ 1\Omega \cdot cm$ 之间，并且通常高度依赖于固化过程。要求固化温度在 $100 ~ 150℃$ 之间，固化时间通常在 2 ~ 15min 之间。由于黏合剂体系中导电颗粒的质量分数较高，导电黏合剂接头的机械强度相对较低，这些导电颗粒通常会削弱黏合剂的作用。

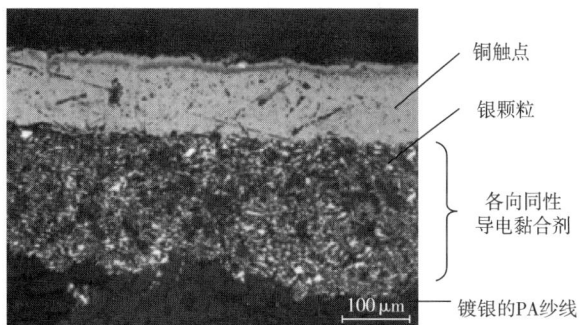

图 7-13　铜触点和导电织物通过 ICA 连接（含银颗粒质量分数为 80%）

利用导电性和非导电性物质结合的胶黏剂，对其黏结力的探索还不够充分。通过研究所需的功能，包括导电性和机械强度，可以选择黏合剂以限制不需要的功能，优化所需功能，同时还存在黏合剂集成的其他问题，包括黏合剂的应用过程以及适当固化的问题。

ICA 的固化条件特别重要，因为这些固化温度会降低组合黏合剂的机械强度。这种组合胶黏剂的一个例子是黏结磁铁与智能纺织品的可逆接触（Scheulen et al.，2013）。对此研究了三种不同的技术方法（图 7-14）。此外，还研究了如何利用钕磁铁（NCA）和 ICA

结合的黏附剂将钕磁铁牢固地黏接到导电纺织品上。NCA 可以在 ICA 工艺之后，通过间隙或从纺织基材的后部施加，这样就不会暴露在有害的固化温度下。另一种方法是并行应用 NCA 与 ICA，以减少负面影响。

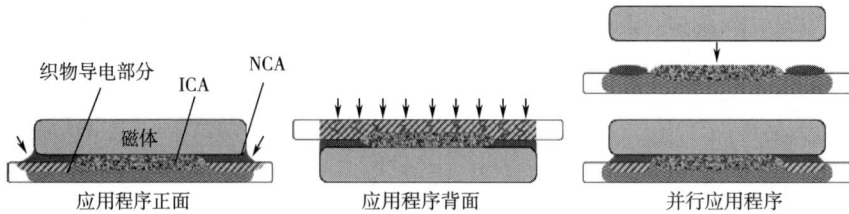

图 7-14　将 NCA 与 ICA 联合应用的三种不同方式

每种应用都决定了结合区域的大小，以及机械强度和高电导率之间的最佳比例。由于自动化极大地提高了重现性，通过自动化系统中的工艺评估，可以改善机械强度和电导率之间的选择。在自动化系统中，纺织品基材必须正确处理。

在进行基于智能纺织品技术的设计和集成时，要注意：纺织基材的处理，以防止初期损坏；纺织品的结构，包括电子纺织品的连接技术，导电线路的位置和数量，黏合剂的选择和应用。

目前，最常用的是基板的手动处理。像真空抓取器这样的自动抓取系统是可行的，但价格昂贵。精密对位卷绕进样是可行的，但由于行业需求低，因此尚不可用。德国格里兹 TITV e. V. 的研究小组已对该自动化系统技术进行了首次试验。自动化系统通常会应用其他感应元件（如微电子或黏合剂分配器传感器）来确定接触点的确切位置，因此，处理过程必须准确严格，否则，将使用计算机控制的摄像头系统来检测相关生产参数的变化，目前正对这一领域进行深入研究。使用黏合剂时，通常用空气或挤出机进料的分配器单元，由于颗粒的尺寸，导电黏合剂的处理常受到限制。另一种技术是用不定型的胶膜，通过压力和热量，可将不定型薄膜用于非导电黏合。

使用胶黏剂有很多优点，也有一些限制。主要限制包括导电黏合剂由于其高含量的导电颗粒而价格昂贵，例如，由银组成；高电导率但具有较低的机械强度；黏合剂的储存通常在寒冷和干燥的条件下，这会导致更高的成本；与黏合剂接触的非一次性部件必须清洗；非膜胶黏剂的整个应用过程，需要额外的设备；大多数导电黏合剂需要通过温度或紫外线进行额外的固化过程。

通过胶黏剂进行连接带来了一些其他技术无法实现的优势，尤其是可控制的柔韧性可用于多种应用和需求；电阻率适用范围很广，最高可达 $0.001\Omega \cdot cm$ 以上；黏合剂彼此之间或与其他连接技术可以很好地结合在一起；几乎不用处理，因此使用率非常高；尤其是在动态条件下机械强度良好。使用胶黏剂的自动化过程是可行的，并且可以与以下过程结合使用：预处理或其他步骤，如通过取放机器施加电子零件。

黏接是一种可靠的连接技术，可以实现机械和导电功能的连接，许多胶黏剂及其对应的应用工艺是可用的，应根据纺织品的功能要求进行选择。因此，有必要了解使用黏合剂可能会带来的整体加工链。总的来说，使用这种连接技术有很多优点，但也有一些步骤可以适当地自动化。

7.4　未来趋势

　　智能纺织品发展的一个主要趋势涉及各种精密对位卷绕生产方案。深化纺织品一体化水平可以大大提高纺织品的附加值，另外，嵌入式智能纺织品的系统化开始成为新产品开发理念的焦点。纺织品附加值的增加与纺织品结构中功能的实现紧密相关。在生产中，单个织物层通常具有特殊的特性，但是许多功能是通过将几个不同的层（织物层或非织物层，组合来实现的。多层结构可以很好地满足智能纺织品对纺织品特性和新功能的要求。链锯防护裤（Beringer et al.，2012）是这种多层结构的简单示例：可穿戴系统所需的传感器是通过织物传感器层实现的，该层位于外层织物的下方和常规保护性增强嵌体的顶部（图 7-15）。织物传感器可以作为精密对位卷绕商品交付，并按系统规范进行制作。

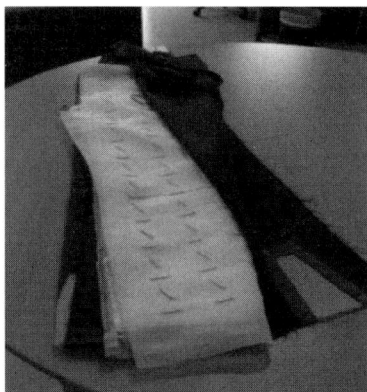

图 7-15　链锯防护裤的多层结构

　　多层结构的另一个示例是消防员防护手套中温度传感器结构的设计和布置。（Breckenfelder et al.，2010）。具有不同材料特性的若干层纺织品组合，有助于达到嵌入式传感器的特定功能。覆盖在传感器上的特定材料层能够优化热传导和热阻。因此，所需的传感器反应时间可调，纺织品多层结构的使用可达到使用要求。

　　裁剪过程，包括切割和强制连接技术，在自动装配场景中起关键作用。纺织半成品的使用参数，如更换刀具、切割计划、尺寸效应和进给基准，都是至关重要的问题，在装配过程中必须始终如一地处理。构建电气开关的矩阵结构（Gries et al.，2002）显示了所讨论方法的主要的相关性。开关矩阵的制作，由不同的织物层实现，需要特定的裁剪参数。矩阵由带有电触点的网格组成。导电栅极可以任意的形状和大小来生产。对于三维预成型，可采用经编片层织物导电。开关矩阵最终由具有垂直导电线的底部和具有水平导电线的顶部织物层定制。单个按钮的可见字符被缝合在顶层的表面上。为了获取进一步的功能，必须裁剪所需的纺织面料并将其定位在适当的位置。标记或其他定位技术是实现最终的多层结构所必要的。

　　在精密对位卷绕生产的情况下，通常存在冗余结构或后续模式。这些模式可用于建立连接技术，从而桥接不可避免的接缝，通过精确的定位模式来实现织物的功能。在前面的章节中介绍了几种常用的连接工艺。特定的连接方式取决于特定的功能。所涉及的连接技术有一些共同的问题需要解决，包括最佳切割范围、可扩展性和定位。纺织面料的连接问题包括对柔软和可拉伸材料的处理、无皱褶工件和工具管理。这些要求不仅适用于服装，而且适用于纤维增强聚合物（FRP）等织物增强复合材料，有减少边线和轮廓相关结构元素的需求。下例显示了对多层连接日益增长的要求，碳纤维天线结构模型如图 7-16（a）所示，天线由两层碳纤维增强塑料（CFRP）层（顶部和底部）和一层由玻璃纤维增强塑料（GFRP）制成的中间介电层组成，这些层是用环氧树脂粘在一起的。天线使用同轴连接器馈电，如图 7-16（b）所示。ICA 用于将上层和下层电连接到连接器各自的内外导体。天线的性能在很大程度上取决于天线本身的能力，不同电极层对中，并能在生产过程中精确配合。即使是很小的偏差也会大大降低天线的质量。

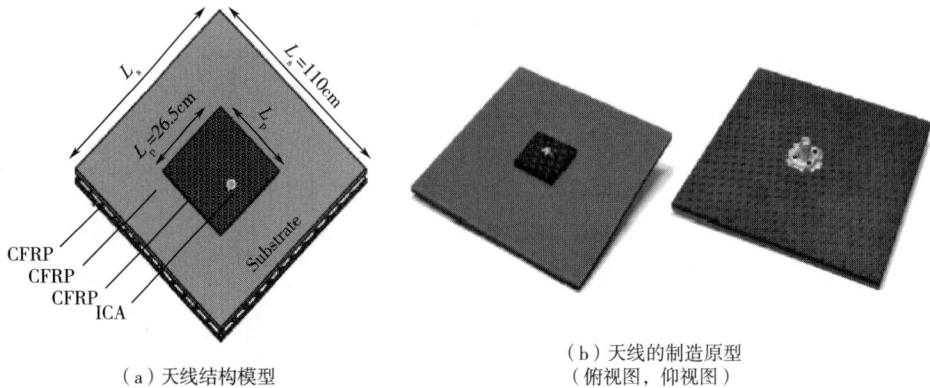

（a）天线结构模型   （b）天线的制造原型
（俯视图，仰视图）

图 7-16　碳纤维天线的多层结构（Shakhtour et al. 2013）

这些挑战的技术问题可以在工业 4.0 场景讨论的复杂问题中找到答案。为了支持纺织面料制造过程中的精密对位卷绕生产，必须在半成品纺织品上附上工艺信息。工艺信息可以通过微型应答器技术来解决，应答器标签目前可用于纺织品，E-Thread®技术非常适合将来的应用（Vicard，2014）。应答器包含指定功能层的位置数据、切割轨迹和传感器可扩展性。如果为了确定目标的位置，则织物必须有适当的结构，这种结构应允许随后的组装机械分配和执行连接程序（图 7-17）。通常应用复合材料组件和安装接口混合组件，插入件用于连接元件，连接元件在层压板的制造过程中内置在纤维结构中，并且还会作为起始部分应用于表面。织物增强复合材料的树脂被用作黏合剂，来实现进行力传递的正向物质接合。

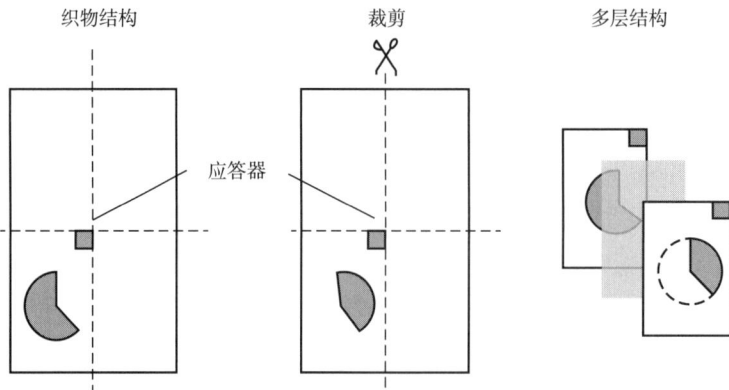

图 7-17　多层结构和定位应答器原理示意图

电子纺织品的连接技术是典型的拟合功能。材料的特定组合决定了适当的连接技术。对于智能纺织品的生产，必须建立一个统一且紧密联系在一起的价值链，这个价值链可以灵活地调整和移交流程参数，制造和连接技术应组织为一个直接或联合的过程，以实现合理且具有成本效益的解决方案，必须解决自动装配纺织品的工具处理、切割、进料和拆卸。该方法应首先记录客户技术商品的规格。第一步，生产半成品纺织品，信息系统收集相关产品和工艺参数，然后给出产品标识符。电子组装的芯片封装过程可以访问数据，并可以通过产品标识和可追溯性算法自动调整剪裁和安装。产品交付与产品数据集绑定，产品射频识别（RFID）和评估能够在生产计划和控制系统中使用。对于进一步的处理步骤，此信息是可重复使用的。即使是对于指定的功能，此智能纺织品的信息数据也可以满足后期的配置要求。同时，此数据采集使以前的单一流程步骤能够实现网络化战略，并使供应商更加灵活地组织，智能纺织品制造商可以在任何时候向顾客提供可检索的产品数据及制造过程。

参考文献

Beringer, J. , Hoffmann, P. , 2012. Sensorische Schutzbekleidung für die Forstarbeit mit Motor‐sägen. Hohenstein Innovationsbörse 2012. Hohenstein Institut für Textilinnovation gGmbH, Bönnigheim(21. 06. 12).

Breckenfelder, C. , Mrugala, D. , An, C. , Timm‐Giel, A. , Görg, C. , Herzog, O. , Lang, W. , 2010. A cognitive glove sensor network for fire fighters. In: López‐Cózar, R. , Aghajan, H. , Augusto, J. C. , Cook, D. J. , O'Donoghue, J. , Callaghan, V. et al. , (Eds.) , Workshop Proceedings of the 6th International Conference on Intelligent Environments. Ambient Intelligence and Smart Environments, vol. 8. IOS Press, Washington, DC, pp. S. 158‐S. 169.

Gries, T. , Klopp, K. , 2007. Füge‐und Oberflächentechnologien für Textilien. Verfahren und Anwendungen. Springer, Berlin.

Gries, T. , Ramakers, R. , Besen, A. , 2002. Textile Schaltmatrix und Herstellungsverfahren dafür am 04. 01. 2002. Veröffentlichungsnr: DE 102 00 146 A1.

Horter, H. , 2011. Entwicklung von kostengünstigen Aufbau‐und Verbindungstechnologien für textilintegrierte Steckverbinder und Mikrosysteme. DITF, Denkendorf, pp. 3‐9.

Krshiwoblozki, M. , Torsten, L. , Neudeck, C. , Kallmayer, C. , 2013. Electronics in Textiles Adhesive Bonding Technology for Reliably Embedding Electronic Modules into Textile Circuits. In: Advances in Science and Technology Vol. 85. pp. 1‐10.

Linz, T. , 2012. Analysis of Failure Mechanisms of Machine Embroidered Electrical Contacts and Solutions for Improved Reliability. University of Ghent, Belgium.

Linz, T. , Kallmayer, C. , Aschenbrenner, R. , Reichl, H. (Eds.) , 2006. Fully integrated EKG shirt based on embroidered electrical interconnections with conductive yarn and miniaturized flexible electronics. In: International Workshop on Wearable and Implantable Body Sensor Networks, 2006(BSN 2006).

Linz, T. , Simon, E. P. , Walter, H. , 2011. Modeling embroidered contacts for electronics in textiles. J. Text. Inst. 103(6) ,644‐653.

Scheulen, K. , Schwarz, A. , Jockenhoevel, S. , 2013. Reversible contacting of smart textiles with adhesive bonded magnets. In：Proceedings of the 2013 International Symposium on Wearable Computers（ISWC'13）. ACM，New York，NY，USA，pp. 131−132.

Shakhtour，H. ，Heberling，D. ，Breckenfelder，C. ，2013. Fiber−reinforced polymer based patch antenna for automotive and avionic applications. In：35th ESA Antenna Workshop on Antenna and Free Space RF Measurements，10−13 September 2013. ESTC，Noordwijk，The Netherlands.

Vicard，D. ，2014. The E−Thread® Technology. Electronic in a yarn. Vorträge des 2. Anwenderforums "SMART TEXTILES". Zeulenroda（27. 02. 14）.

Zesset，C. ，Kindekledei，T. W. ，Münzenrieder，N. ，et al. ，2012. Integration method for electronics in woven textiles. IEEE Trans. Compon. Packag. Manuf. Technol. 2，1107−1117.

Zhang，H. ，Tao，X. − M. ，2012. A single − layer stitched electrotextile as flexible pressure mapping. J. Text. Inst. 103，1151−1159.

Zimmerman，J. ，2013. Technische Stickerei für die Produktion innovativer Textilien. Forster Rohner Textile Innovations，Intelligente Textilien，Bayern Innovativ，Lindau.

第8章 光伏纺织品

J. I. B. Wilson，R. R. Mather

Power Textiles Limited，Selkirk，Scotland

8.1 简介

大规模纺织制品与半导体技术的结合可以减轻常规太阳能电池板的重量，改变光伏（PV）太阳能市场。新的柔性太阳能电池不一定适用于现有应用，但会将太阳能的收集范围扩大到当前不可实现的地方。事实上，将电子功能融入电子纺织品或智能纺织品中需要的电源可能会辅以蓄电池，这是从周围环境中收集能量的需求之一。潜在能源包括运动（如压电转换器）和热量（如热电转换器），但太阳能是最集中和最丰富的。在讨论太阳能发电技术之前，本章将解释光伏电池如何将光能转换转化为电能。用纺织品作为太阳能电池基材的应用相当可观，技术障碍正在消除，而且以织物为基材具备一定的优势。

8.2 光伏（PV）材料和能量收集

8.2.1 光伏电池的工作方式

光伏效应的关键特征是光能直接转换为电能，而无须移动、加热或化学反应等中间步骤。尽管材料电导率的探索可以追溯到 19 世纪中期，但传统的太阳能电池直至 20 世纪 50 年代中期才被制造出来。1954 年，美国贝尔实验室的研究人员报道了由硅制成的太阳能电池功率转换效率很快，达到了百分之几。在过去的 60 年中，PV 材料的范围已从无机半导体扩展到有机物，从几乎无缺陷的晶体晶片到非晶体和纳米晶体结构。液基电池也已被证实，但其操作有时伴有电化学反应。所有这些不同的 PV 电池吸收光子，在活性介质中产生正负电荷对。为避免仅因电荷重组将释放的热能浪费，将电场引入电池中以分离这些电荷。电池表面的电触点提取电荷并将其传递给外部负载，从而可以做有用的工作。

产生如此多种电池类型的驱动因素之一是对高功率转换效率电池的需求。目前对于硅电池的功率转换效率起始值已达到 25%，在现在的技术中，多层复合电池在强烈的阳光下工作，效率已达到 44% 以上。要达到这种性能水平，就必须引入了更复杂的功能组，这就增加了成本，因此替代驱动因素可减少电池成本，尽管会使性能有所降低。通常，这些便宜的电池使用薄膜材料代替用于高效电池的单晶晶片。如热力学原理所示，当能量从一种形式转换为另一种形式时，总是会发生不可避免的损失。实际上，根据热力学原理，简单的硅光伏电池，其损失上限大约为30%，这并不比上面引用的当前最佳值高多少。实际上，损耗是由光的不完全吸收以及电荷的不完全收集引起的。PV电池具有阈值能量，低于此阈值，光不能激发材料中的自由电荷，对于硅来说，该阈值位于近红外区域，这与收集太阳辐射的最佳波长非常接近。此外，每个被吸收的光子只能产生一对电子，即使其能量实际等于阈值能量的两倍，也不会产生电荷，这导致光谱的短波长部分不可避免地损耗。

如果材料具有更高的吸收阈值，则进一步趋向可见区域，那么其最大转换效率就会降低。但是，这样的值确实会使每个电池产生更高的电压。该电压与PV电池结构中的电场有关，该电场是在电池中两个组成略有不同部分之间建立的。我们注意到，如果是以电子伏特为单位给定，PV电池产生的最大电压数值约为用于产生电荷的阈值能量（称为带隙能量，相当于组成原子的化学结合能）的一半。硅在1.2eV处的带隙能量相当于波长1033nm处的阈值能量，硅PV电池的最大电压为0.6V，视具体结构而定。

好的技术设计可能会减轻一些损失，但通常需付出代价。可以对光照射电池的表面进行粗糙处理，从而减少反射损失，薄膜电池的背面也可以进行粗糙处理，以将未吸收的光再次散射回电池。此表面可能也有一个额外的电场来排斥电荷向错误的方向移动，这是当今硅电池的实际改进，电子触点的设计用于在不增加电子消耗的情况下尽可能少地遮挡照明，而不会因为太薄而增加电阻，这是通过将顶部的网格放置在狭窄但相对较深的狭缝中实现的，这些狭缝是由激光切割到表面上形成的。

尽管来自任何类型PV电池的电压都受到限制且非常低，但可以通过串联连接电池增加电量，此电池与电化学电池的效果非常相似。多数电池的电流相对较高，这取决于两种情况，即照明和电池面积，通过并联连接许多电池可进一步增大电流。最后，应该注意的是，大多数电池在加热时会有轻微的性能降低，因为可流回电池的小股泄漏电流会随着温度的升高而增大。

8.2.2 光伏电池的类型

上面已经提到了建立PV电池的最佳类型，晶体硅PV电池，或其他晶体无机PV吸收材料最明显的限制因素是加工温度，高熔点材料不易通过溶液沉积的方法沉积，尽管电化学电镀已经在一些半导体上取得了有限的成功。硅可以薄膜形式获得，在已经加热的基材上由气体前体（通常是硅烷，SiH_4）放电合成，但实际上是硅和氢的化合物，称为非晶硅a-Si：H。光伏电池可以使用这种材料获得，并且具有约10%的太阳能转换效率。通过向气体混合物中添加更多的氢气并增加垂直放电功率，产生了微晶或纳米晶形式，具有更好的电性能和与a-Si：H相似的光吸收性能。通过使用较高频率驱动的放电而不是普通的射频，沉积温度会降低到100℃（Rath et al.，2010）。

用Ⅲ-Ⅴ或Ⅱ-Ⅵ元素的化合物为半导体提供了一系列能吸收太阳光谱不同部分的材料。CdTe、CuInSe（CIS）和$CuIn_xGa_{1-x}Se_2$（CIGS）等非金属化合物已经达到薄膜光伏组件的商业可用性。有人担心镉、碲和其他一些元素构成的电池的使用会出现环境问题，应回收利用。尽管如此，薄膜CIGS和CdTe电池都显示出了20%左右的效率，尽管电池面积很小。它们的主要缺点是在使用纺织品基材的过程中，需要进行高温退火才能形成半导体吸收层中必不可少的中间层，尽管半导体材料本身的沉积可能会使用诸如溅射之类的低温路线或电沉积。

有机半导体具有一组类似的复杂材料，其中另一个问题是，在有氧气或水蒸气存在的情况下，许多材料性质不稳定，因此需要非常有效的气密密封。迄今为止塑料太阳能电池的最佳效率接近 10%。为了促进高光吸收，不需厚电池（电荷只会很差地传输到电池触点）通常会使用两种聚合物的混合物，例如，聚 3-己基噻吩（P3HT）和苯基-C_{61}-丁酸甲酯（PCBM）可以通过从溶液中旋涂或通过其他基于液体的技术沉积在基材上。P3HT 和 PCBM 的化学结构如图 8-1 所示，聚对成有序的形状可增强电荷的收集作用，因此能提高能量转换效率。

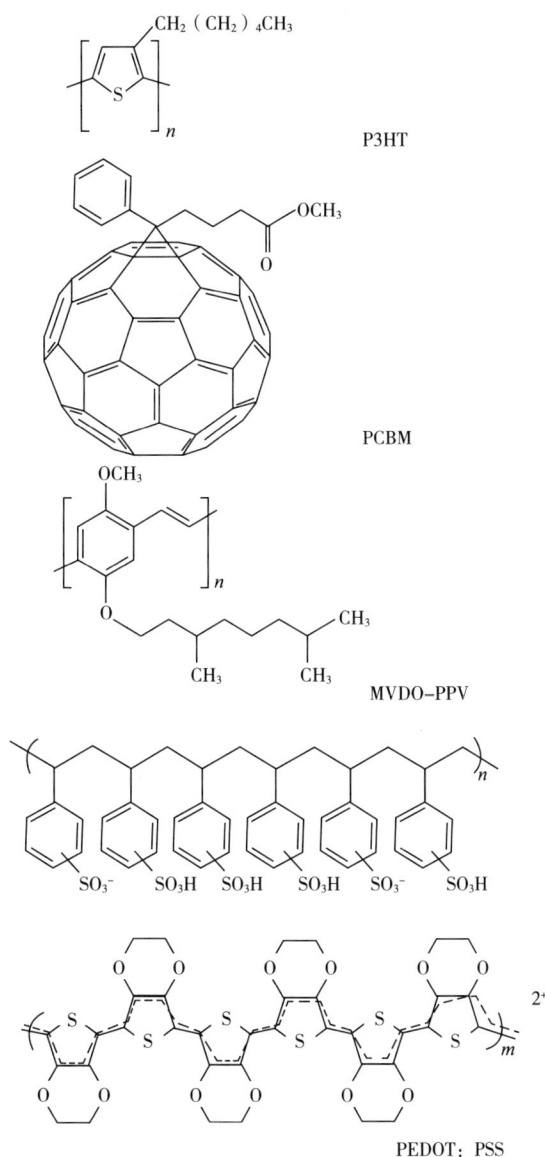

图 8-1　P3HT，PCBM，MVDO-PPV 和 PEDOT：PSS 的结构

用于光伏能量收集的智能纺织品，会提供聚合物 PV 电池的最高性能，还需要高温才能生产模板。同时，在低于 100℃ 的纸质基材上使用液体工艺可生产聚合物太阳能电池，太阳能效率为 0.40%（Kim et al.，2012），这表明，只要低功率输出可行，就可以使用非电子级材料作为基材。

其他光伏电池有使用基于液体处理的，如基于 TiO$_2$ 的染料敏化太阳能电池（DSSC），设备的效率适中（约 10%），但与大多数晶体电池相比，它在漫反射的阳光下效果良好。此电池通常包括一个透明的正电极，该电极被一层多孔的 TiO$_2$ 涂覆，在另一表面具有吸光染料。阳光使电子从染料中逸出进入下面的电极，电子被电解质代替，从而重新激活染料，留下正电荷，该正电荷在第二电极上，被另一种电子中和。因此，与其他光伏电池一样，这些电池都是三明治结构但内部通常带有液体或凝胶电解质。早期染料在强阳光下容易降解，现在正在测试更好的有机染料。DSSC 的制造工艺比纺织工业所用的制造工艺更接近于常规太阳能电池所需要的。但是，DSSC 为了获得最有效的 TiO$_2$ 结构，需要高温烧结。牛津大学曾报道，这种染料可能会被一种具有钙钛矿结构的有机金属卤化物吸收剂（如 CH$_3$NH$_3$PbI$_3$）替代，能使 DSSC 的效率达到 15%。钙钛矿成分的进一步微调可产生更高的效率，并且用蒸汽和溶液的处理都是可行的。固态 DSSC 现在是柔性太阳能电池的竞争者，前提是其工作性能不会降低（Liu et al.，2013）。

8.2.3 柔性基材的优点和要求

尽管常规太阳能电池作为提供能源的载体具有许多吸引力，但其构造方式在应用中存在许多问题。通常，太阳能电池夹在硬质玻璃或聚碳酸酯板之间，或者被玻璃或聚碳酸酯覆盖。因此，电池只能固定在平坦的表面上，而玻璃和聚碳酸酯片材很重，玻璃又很脆弱。电池的结构必须足够坚固才能承受其重量，并且必须小心存储和运输。此外，还应保护电池免受大气污染和恶劣天气等的影响。

因此，越来越多的研究转向了更轻、更灵活的电池结构，这种电池可以经受不利环境，同时仍保持所需的耐用性。现在有大量的柔性塑料或金属膜太阳能电池应用实例，这些薄膜比玻璃或聚碳酸酯板轻得多。不过，电池的轻薄性质会导致它们很容易断裂，所以当电池附着在底层结构上时，要相当小心。

但是，日常使用最广泛的柔性材料是纺织品。因此，将塑料和金属膜成功与太阳能电池融为一体，标志着太阳能电池技术的重要发展，纺织品是具有广泛的应用，可以通过各种制造工艺来生产，可以提供具有多种用途、可定制形状和性能的面料。如今可以生产的机织、针织和非织造布结构几乎是无限的，还有刺绣结构，甚至还可用于医学和技术用途（Ellis，2000；Karamuk et al.，2001）。

8.2.4 太阳能纺织品的构造方法

构造太阳能纺织品的方法之一是将传统的太阳能电池板连接到纺织品上，此类产品并未真正包含太阳能纺织品，只是将纺织面料和太阳能电池板相组合。另一种简单相似的方法是将一系列小的单个电池（如亮片）附着到织物上。

有关 PV 纤维生产的一些报道和专利已经出现，PV 纤维本身被织造成织物或作为传统织物的一部分被用于太阳能电池板。已经对有机 PV 纤维进行了很多研究，PV 纤维的结构如图 8-2 所示（Bedeloglu et al.，2010）。

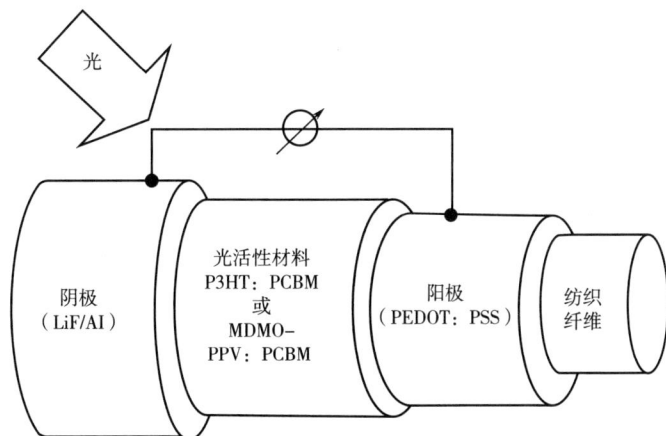

图 8-2　PV 纤维的结构示意图（Bedeloglu et al.，2010）

Liu 等（2007）报道了一种类似的其他类型的纤维。O'Connor 等（2008）通过真空热法构造了光伏纤维，将同心有机 PV 薄膜蒸发到聚酰亚胺涂层的 SiO_2 纤维上，尽管使用此类纤维与常用纺织品结构没有太大关系，但该方法能够用于各种纺织纤维。

已经报道了基于 DSSC 的光纤示例（Toivola et al.，2009；Ramier et al.，2008）。最近，基于压电材料的纤维（如聚偏二氟乙烯）已被开发出来，可以将机械能和光能进行转化（Siores et al.，2010），该专利的作者声称，这些商业化纤维具有柔韧性，可以掺入纺织品中。

PV 纤维制成的本身就是 PV 织物，但是，纤维或纱线的生产在纺织面料制造链之前，因此每种面料都是经过特殊设计的，而不是现成的，纤维上的 PV 层在织物织造过程中会磨损，纱线交叉处的电导率可能也很难实现。

生产太阳能纺织品的一种普遍方法，是在织物上附着太阳能薄膜，这样可以有效地利用已经开发的 PV 薄膜生产技术，当前的许多太阳能纺织产品都采用这种方法。此外，薄膜在织物上的附着方法，如缝纫、焊接或层压都可采用，但是，在贴合过程中要注意不能使膜破裂或以其他方式损坏。此外，由于太阳能织物可弯曲，织物的力学性能会因为不均匀的拉伸和压缩受到损害。

图 8-3 为直接由中间材料制成的太阳能织物，无机太阳能电池的沉积对织物的热性能具有明显的挑战，即要能够承受所需的温度，添加有机光伏化合物可提供替代方案（如通过印刷），如第 8.3.2 节中所介绍的那样，许多化合物在氧气或水蒸气的存在下不稳定，如果消除这些影响，则直接沉积有机PV 化合物会成为商业上有吸引力的选择。将来，DSSC 在纺织面料上的直接应用也可能成

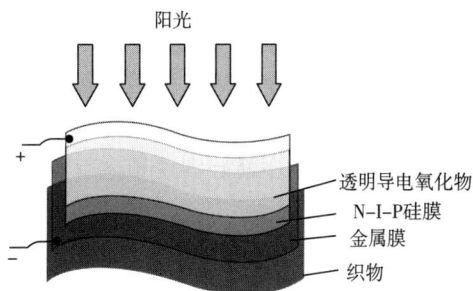

阳光

透明导电氧化物
N-I-P硅膜
金属膜
织物

图 8-3　通过直接沉积硅层构成的
太阳能织物

为现实。

在精密对位卷绕涂布机中连续生产可以将涂层的混合物集成到一个连续的工艺中，该方法适用于不同环境，但由于每种技术均具有不同的涂覆率，至少要求工序中有一个闲置的腔室或蛇形滚子组。最常见的安排是一组串联的腔室，每个腔室专用一种涂覆方法，并通过互连狭缝阀以使基材通过。

8.3 纺织品作为光伏能量收集基材的要求

为了使纺织品成为光伏能量收集合适的基材，必须考虑纤维的化学性质、物理形态和纺织加工方法。纤维类型的选择受其承受长时间紫外线的能力的强烈影响，也受沉积薄膜所需温度的限制。对于许多类型的 PV 电池，如晶体硅、CIGS 和 CdTe 电池，它们的沉积要求纺织品能承受较高的温度。只有具有高热稳定性的纤维，如玻璃，聚苯并咪唑，聚酰亚胺，聚醚醚酮和超高分子量聚乙烯纤维，才有可能是合适的。但是，这些纤维较昂贵。

纳米晶和非晶硅电池的混合物可以在低至 200℃ 有效地沉积（Koch et al.，2001；Lind et al.，2011），即使在硅上外延也需要适当的条件，包括耐紫外线和温度这两个因素，甚至晶体硅图标晶圆（Ji 和 Shen，2004 年）。因此，沉积物的使用限制了某些纤维的使用，包括硅电池的直接沉积。商用聚烯烃纤维在 200℃ 以下熔融，在此温度，棉、羊毛、丝和丙烯酸纤维开始分解。在聚酰胺纤维中，尼龙 66 纤维在 255~260℃ 开始熔融，可以承受的沉积温度为 200℃，但纤维需要包含光稳定剂以避免被紫外线辐射降解。对位芳纶在实际使用中承受的温度最高约 400℃，但它们对紫外线辐射没有足够的稳定性。

聚对苯二甲酸乙二醇酯（PET）纤维是可用的基材，PET 纤维在 260~265℃ 熔融，对紫外线辐射表现出比其他大多数合成纤维更好的稳定性（Moncrieff，1975），PET 纤维具有良好的机械性能，并能抵抗大多数化学侵蚀，但不耐强碱，因此通常不会在强碱性环境中使用太阳能电池。玻璃纤维也是可用的（Jones，2001），特别是在织物结构中。明显的优点是其透明性，就像传统太阳能电池中的平板玻璃一样。但是，玻璃纤维容易弯曲断裂，并且对极端 pH 环境的抵抗力较差。其他一些在极端 pH 下更稳定的玻璃纤维，如 R 玻璃纤维和 S 玻璃纤维的价格则要贵得多（Jones，2001）。

织物结构也很重要，它会影响组成纤维的力学性能及其作为电导体的有效性。无论使用哪种织物结构，重要的是构成织物的纱线交织足够紧密。如果织物中有太多孔，则包含太阳能电池的薄层无法成功地沉积到其上。

通常在机织物中最好实现导电（Abdelfattah，2003；Bonderover et al.，2003），因为机织的具有良好的尺寸稳定性，并具有所需的柔韧性和结构。此外，纱线排列整齐，可设计复杂的织物电路（Bonderover et al.，2003）。另外，针织结构很容易变形，纱线断裂会引起织物脱散。非织造布通常不具有尺寸稳定性，在其中构造电路相当困难，因为其中纤维的分布高度不定向，刺绣结构可以为电路设计提供机会。

8.4　电子纺织品的导电方法

从图 8-3 可以清楚地看到，与任何类型的太阳能电池一样，纺织品太阳能电池的顶部和底部必须能够导电。顶部为透明的导电氧化物，如氧化铟锡或氧化锌。然而，除非底部织物层本身具有导电性，否则需要另外的导电材料，这种材料应尽可能地减少对织物的柔韧性和可成形性的影响。

一种方法是在编织织物的同时织入细金属丝，已经开发了几种这种类型的织物，为了不使织物的硬度增加，金属丝必须很细。然而，在织物结构严格的条件下，金属丝很容易断裂。此外，金属能否与后续沉积在织物上的整个半导体薄膜充分接触还不确定。

另一种方法是用导电聚合物如聚吡咯、聚噻吩和聚苯胺生产导电纤维，但是这些纤维的机械性能通常不足（Malinauskas，2001），并且柔韧性有限（Akbarov et al.，2005）。

为了提高织物的机械性能，已经生产了常规聚合物纤维的共混物，目的是充分利用两种聚合物组分的理想性能，使导电聚合物纤维能够承受常规聚合物的加工条件，这种方法取得了一定程度的成功（Akbarov et al.，2005）。有人提出了另一种替代方法，其中在常规聚合物新挤出的长丝凝固之前（Anon，2001），将导电聚合物添加到长丝中。

金属或导电聚合物的沉积提供了在生产织物之前或在单根纱线上实现导电的另一种途径。例如，金属涂层可以通过真空沉积或溅射镀膜完成（Sen，2008）。导电聚合物可以从悬浮液或通过本体沉积，在纺织品存在下进行聚合（Malinauskas，2001）。如果聚合实际发生在纺织纤维的表面，则单层单体首先被吸附。当暴露在合适的氧化剂中时，吸附是单聚合的（Malinauskas，2001）。这种方法的成功依赖于单体的吸附程度和纤维对氧化剂的抵抗力。

无论选择哪种方法，金属或聚合物涂层都必须承受纤维要经历的后续过程，不仅包括太阳能电池的沉积，还包括将纤维织造为织物，将织物转化为产品，显然，涂层和纺织品之间的附着力必须足够牢固，并且像纺织品一样，用于沉积在太阳能电池的涂层必须在高温下保持稳定。

炭黑着色的合成纤维也具有一定的导电性，人们对掺入碳纳米管的合成纤维表现出了浓厚的兴趣。尽管主要驱动因素是纤维增强，但纤维在正确的加工条件下也可以导电。毫无疑问，这种使纤维具有导电性的方法将在未来的几年中被彻底采用。

8.5　光伏材料的技术要求

将 PV 材料应用于纺织品的要求是：在考虑到经济可行性和能源回收期时，材料和加工成本必须有效；材料应足够丰富，而不存在大面积应用时供应短缺；并且低温处理步骤是强制的。此外，所有材料都应具有相似的机械性能及热性能，以避免在常规 PV 操作条件下发生变形。所需的能量转换效率取决于用途，但 3% 以下效率的经济吸引力不太大，因为产生任何的大电流都需要很大的面积。无论需要什么电压，都可以通过串联多个电池来提供，优先作为制造过程的组成部分。

8.6 光伏纺织品的制备

薄膜硅电池是所有薄膜材料中应用最广泛的。但是薄膜化合物半导体也包括在内，因为它们实现了更高的效率。这些电池都是通过电子行业熟悉的过程生产的，但纺织业对此较为陌生。第 8.3.2 节中简要介绍了薄膜硅的首选合成路线，使用气态硅源（以及 P-N 结形成所需的基本添加剂），但通过放电（等离子体）而不是加热在低压下将其解离，然后将基板加热到 200℃ 以控制薄膜质量。CIGS 和 CIS 薄膜通过在真空室内加热固体成分直至其蒸发升华，并在加热的基材上收集混合蒸汽，以控制薄膜成分和质量。作为半导体预期的最终支撑材料，该层将布置在不同的基材上，然后通过蚀刻或溶解薄的中间层去除基材。对于薄膜太阳能电池，可以通过牺牲金属箔或聚酰亚胺片以获得相对较高的沉积温度，然后将聚酰亚胺片层压到较低熔点的塑料上，并通过湿法刻蚀去除临时基材（Helianthos 方法，Rath et al.，2010）。

纺织品制造商更习惯使用液体涂层，这是一种用于有机聚合物电池的工艺，尽管电池通常使用旋转涂层，而不是喷涂、油漆或浸渍涂层来控制薄膜厚度。DSSC 使用的其他材料可能是由特别配制的墨水印刷，一些导电聚合物也是如此。用于塑料网或金属带上的太阳能电池已大规模生产，通常是通过在为各层提供来源和严格条件的室内进行旋转涂层。

8.7 光伏纺织品的应用

PV 纺织品最常应用于服装，包括服饰配件、概念夹克、手袋和背包等（例如，德国的 SunLoad、英国的 Eleksen、美国的 Scotte Vest、欧盟的 Zegna 和 solarc）。材料大多采用传统的晶体太阳能电池、金属或聚合物箔上的非晶硅薄膜，然后将它们结合到织物基底上。时装设计师 Elena Scorcher 和 Sheila Kennedy 考虑在纺织品上使用有机光伏电池。其他时尚理念也曾考虑过需要电源的 LED 照明服装和窗帘，将薄膜电池与光伏充电结合起来（如光照灯、室内软装设计、飞利浦的光照充电）。卫生和体育部门提出了很多新颖的想法。植入衣服中的传感器可以监测受试者的状况，植入在软装备中的传感器可以探测入侵者或火灾，这些传感器需要电源，但也只需要低电流的电源。

更大面积的光伏阵列也可以通过纺织方法制造，同时使用了刚性结构和抗张膜，对光伏遮阳篷和雨棚进行了试验，这些电池大多使用了层压在织物上的低效率 a-Si∶H 电池（5%~7%）。据称，非晶硅电池一年中的表现要好于晶体电池，因为它们在一天的早晚时段更有效，此时阳光以较浅的角度照射到电池表面，而在玻璃面的电池表面具有高反射性。

军事需求促进了太阳能帐篷的发展，为步兵用来为无线电、GPS、激光测距仪和其他便携式电子设备的电池充电（例如，美国 PowerFilm Solar 公司目前也使用 a-Si∶H 电池）。

传统的刚性光伏阵列重量很大，在整合到建筑结构中时，很难适应非平面表面。传统的方法是在柔性基底上使用 a-Si：H 电池，这种用于覆盖薄膜的方法仍然是最广泛使用的技术。

8.8　发展趋势

现在光伏电池进一步发展的主要动力是降低单位电力成本，这可以通过提高能量转换效率或降低生产成本来解决。这两种方法都曾用于薄膜和晶体晶片设备，但只有薄膜可用于纺织品上，有机材料生产成本更低，潜力更大，可以使用液体而不需要昂贵的真空工具（第 8.3.2 节）。如果目前正在测试的材料有可靠的气密密封方法，那么聚合物电池的工作寿命应该是可以接受的，但长期使用除外。许多类型电池的制造趋势是降低处理温度，包括最新使用的钙钛矿材料的染料敏化电池，以达到满意的效率（第 8.3.2 节），这些新型太阳能电池可以用在纺织品上。

还有什么新的发展可以打破现有的光伏设备？科学家们从化学和物理的角度提出了改进电池结构的建议。这些方法可能提供改进的性能，但是否采用通常取决于复杂且昂贵的制造方法。先进的概念旨在打破对转换效率的限制，同时又不违反热力学定义的最终性能。利用量子阱将光产生的相反符号的电荷限制在不同的区域，以防止它们重新组合浪费能量，但需要对薄层的厚度进行精确的控制，就像现在对激光二极管所做的那样。这种特殊技术目前还不能应用于织物基材。通过在化合物半导体材料中加入元素，理论上可以把光谱范围扩大到更长的波长，使其具有"分裂"的带隙，从而降低能量吸收阈值。这还需要通过相同的路径减少光生载流子的损耗，而目前低成本薄膜材料无法做到这一点。这意味着选择性地使光滑的基质粗糙化，或者设计或选择织物基材的编织图案和纤维，使其将光线散射到光敏层，从而增强薄半导体层的光吸收。

参考文献

Abdelfattah, M. S., 2003. Formation of textile structures for giant – area applications. In: Shur, M. S., Wilson, P. M., Urban, D. (Eds.), Electronics on Unconventional Substrates—Electrotextiles and Giant-Area Flexible Circuits. MRS Symposium Proceedings, vol. 736. Materials Processing Society, Warrendale, PA, USA, pp. 25–36.

Akbarov, D., Baymuratov, B., Akbarov, R., Westbroek, P., de Clerck, K., Kiekens, P., 2005. Optimising process parameters in polyacrylonitrile production for metallization with nickel. Text. Res. J. 75, 197–202.

Alsema, E., etal., 2009. Methodology guidelines on life cycle assessment of photovoltaic electricity. IEP PVPS Task 12, Subtask 20, LCA Report IEA-PVPS T12-01. p. 16.

Anon., 2001. Electrically conductive PP from polyaniline-polypropyleneblends. Chem. Fibers Int. 51, 361.

Bedeloglu, A., Demir, A., Bozkurt, Y., Sariciftci, N. S., 2010. A photovoltaic fiber design for smart textiles. Text. Res. J. 80, 1065–1074.

Bonderover, E. , Wagner, S. , Suo, Z. , 2003. Amorphous silicon thin transistors on kapton fibers. In: Shur, M. S. , Wilson, P. M. , Urban, D. (Eds.), Electronics on Unconventional Substrates—Electrotextiles and Giant – Area Flexible Circuits. MRS Symposium Proceedings, vol. 736. Materials Processing Society, Warrendale, PA, USA, pp. 109–114.

Ellis, J. G. , 2000. Embroidery for engineering and surgery. In: Proceedings of the Textile Institute World Conference, Manchester.

Ji, J. -Y. , Shen, T. -C. , 2004. Low–temperature silicon epitaxy onhydrogen–terminated Si(001) surfaces. Phys. Rev. B 70, 115309 (6 pp).

Jones, F. R. , 2001. Glass fibre. In: Hearle, J. W. S. (Ed.), High–Performance Fibres. Woodhead Publishing Limited, Cambridge, pp. 191–238.

Karamuk, E. , Mayer, J. , Düring, M. , Wagner, B. , Bischoff, B. , Ferrario, R. , Billia, M. , Seidl, R. , Panizzon, R. , Wintermantel, E. , 2001. Embroidery technology for medical textiles. In: Anand, S. (Ed.), Medical Textiles. Woodhead Publishing Limited, Cambridge, pp. 201–206.

Kim, T. -S. , Na, S. -I. , Kim, S. S. , Yu, B. -K. , Yeo, J. -S. , Kim, D. -Y. , 2012. Solutionprocessible polymer solar cells fabricated on a papery substrate. Phys. Status Solidi 6, 13–15.

Koch, C. , Ito, M. , Schubert, M. , 2001. Low temperature deposition of amorphous silicon solar cells. Sol. Energy Mater. Sol. Cells 68, 227–236.

Lind, A. H. N. , Wilson, J. I. B. , Mather, R. R. , 2011. Raman spectroscopy of thin–film silicon on woven polyester. Phys. Status Solidi 208, 2765–2771.

Lind, A. H. N. , Mather, R. R. , Wilson, J. I. B. , 2015. Input energy analysis of flexible solar cells on textile. IET Renew. Power Gen.

Liu, J. , Namboothiry, M. A. G. , Carroll, D. L. , 2007. Fiber–based architectures for organic photovoltaics. Appl. Phys. Lett. 90, 063501 (3 pp).

Liu, M. , Johnston, M. B. , Snaith, H. J. , 2013. Efficient planar heterojunction perovskite solar cells by vapour deposition. Nature 501, 395–398.

Malinauskas, A. , 2001. Chemical deposition of conducting polymers. Polymer 42, 3957–3972.

Mather, R. R. , Wilson, J. I. B. , 2006. Solar textiles: production and distribution of electricity coming from solar radiation applications. In: Mattila, H. R. (Ed.), Intelligent Textiles and Clothing. Woodhead Publishing Limited, Cambridge, UK, pp. 206–216.

Moncrieff, R. W. , 1975. Man–Made Fibres, sixth ed. Newnes–Butterworths, London/Boston.

O'Connor, B. , Pipe, K. P. , Shtein, M. , 2008. Fiber based organic photovoltaic devices. Appl. Phys. Lett. 92, 193306(3 pp).

Ramier, J. , Plummer, C. J. G. , Leterrier, Y. , Månson, J. – A. E. , Eckert, B. , Gaudiana, R. , 2008. Mechanical integrity of dye–sensitized photovoltaic fibers. Renew. Energy 33, 314–319.

Rath, J. K. , Brinza, M. , Liu, Y. , Borreman, A. , Schropp, R. E. I. , 2010. Fabrication of thin film solar cells on plastic substrate by very high frequency PECVD. Sol. Energy Mater. Sol. Cells 94, 1534–1541.

Schubert, M. B. , Merz, R. , 2009. Flexible solar cells andmodules. Philos. Mag. 89, 2623–2644.

Sen, A. K. , 2008. Coated Textiles: Principles and Applications. CRC Press, Boca Raton, FL, USA.

Siores, E., Hadimani, R. L., Vatansever, D., 2010. Hybrid energy conversion device. GB Patent No. 1016193. 3.

Toivola, M., Ferenets, M., Lund, P., Harlin, A., 2009. Photovoltaic fiber. Thin Solid Films 517, 2799-2802.

第9章 压电纺织品

S. Waqar, L. Wang, S. John
RMIT University, Melbourne, VIC, Australia

9.1 简介

智能纺织品能够检测周围环境变化并做出反应（Zhang et al.，2001），是一种能对周围环境的刺激做出反应并产生实际结果的纺织品。诱导刺激和随后的反应可能是化学的、电学的、热学的，也可能是自然界中的其他类型（Van Langenhove et al.，2004）。智慧纺织品也可以称为智能纺织品。

本章深入讨论了各类能源收集纺织品及其作为可行能源的测试方法和应用，还介绍了压电、热、铁和介电材料在智能纺织品中的应用，解释了各种压电材料及其结构和偶极子的形成特征，生产各种机织、针织和复合结构的压电织物的方法，提出了压电织物的测试方法，最后，探索了智能纺织品的能源收集的应用领域。

9.2 压电材料

压电现象被描述为19世纪的重大发现之一。压电（piezo）一词来源于希腊语 piezein，意思是压力（Kholkin et al.，2008）。压电是由于施加在压电材料上的压力而产生的电。

压电材料、热电材料和铁电材料经常被同时讨论，是由于它们在晶体结构水平上的相互关系。对于表现压电性的晶体结构来说，点群的转位中心不应存在对称性（Tilley，2006）。压电材料既能表现出热电性（通过温度变化在晶体上产生电荷），也可以表现出铁电性（某些材料的一种性质，具有自发性电极化），不同材料之间的关系如图9-1所示。众所周知，铁电材料比非铁电材料具有优越的压电性。

基于不同的晶体特性有不同的压电材料，这些材料可以根据它们的来源进行分类，如天然的或合成的。天然材料，如石英、骨骼、肌腱、牙釉质、牙本质等都表现出压电特性。一般来说，

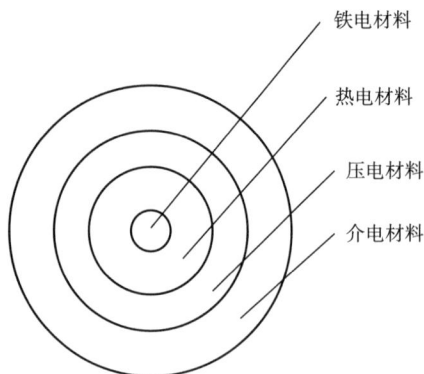

图9-1 铁电、介电、压电和热电材料之间的关系（Kong et al.，2014）

晶体结构可以按七种基本晶系分类：三斜晶系、单斜晶系、斜方晶系，四方晶系，菱面晶系（三角晶系），六方晶系和立方晶系，构成了 32 种不同的点群，其中 21 种是非中心对称的，其中 20 种是压式的，10 种是热释电晶体，可以在一定温度范围内永久极化（Kong，2014）。热释电晶体不同于热电晶体的是，整个晶体（不只是设备的一部分）在经历温度变化，从而产生临时电压。在这 10 种热释电晶体中，有铁电晶体，如 $BaTiO_3$、$PbTiO_3$，其特点是由于离子平衡位置的不对称移动而形成电偶极了。

9.3　压电历史

在一篇关于压电的综述中，Ballato（1996）揭示了库仑首先提出可以通过对材料施加压力来实现发电。卡齐尔（Katzir，2006）指出，雅克·居里和皮埃尔·居里是在 1880 年首次发现了压电现象。值得注意的是，在 1881 年，不是居里兄弟而是李普曼（Lippmann，1881）宣布了逆向压电效应的存在。基本上，这种反向效应是施加电场的影响而导致的压电变形材料。Lippman（1881）通过将基本热力学原理应用于可逆过程的数学推测，假设了这种效应的存在。Curie 等（1881）不久后通过实验方法验证并建立了逆压电效应。这一发现的早期，关于逆压电效应的理论形成并修改了。第一次世界大战，压电效应的最早应用是以声呐设备的形式来探测水下的金属物体（Katzir，2006）。正如 Sharapov（2011）所指出的，在声呐设备建成后，其他设备如压电麦克风、录音和接收设备，以及力、加速度和振动测量仪器，都是基于压电原理制造的。从那以后，人们对压电材料的应用进行了大量研究，特别是在能源生产方面。

最新技术是利用纳米结构的压电设备，即纳米发电机，该设备可以使用不同类型的材料将动能转化为电能，如 ZnO、ZnS、GaN、CdS、PVDF（聚偏二氟乙烯）和 $BaTiO_3$（Chang et al.，2012）。

9.4　压电基本原理

9.4.1　电荷形成和极化

压电材料是铁电家族的一部分，其中的分子结构取向由于局部电荷分离而导致电偶极子的形成，如图 9-2 所示。平行取向的一组偶极子称为维斯（Weiss）域。这些维斯域在原始压电材料中是随机取向的 [图 9-2（a）]，因此该材料不显示任何压电响应。然而，当材料在强电场的存在下加热超过其居里温度（T_c），这些偶极子会在施加电场的方向上自行调整方向，如图 9-2（b）所示。冷却时，材料倾向于保持在加热过程中达到的偶极取向，如图 9-2（c）所示。

表 9-1 为各种压电材料及其性能之间的比较。陶瓷中的压电系数比聚合物中的要高。因此，在施加压力时，压电陶瓷材料的电输出往往更高。陶瓷的机电耦合常数（k_{31}）如 PZT [$Pb（Zr_xTi_{1-x}）O_3$，$0 \leq x \leq 1$] 比聚偏二氟乙烯（PVDF）[$-(C_2H_2F_2)_n-$] 高 2.5 倍，

表明陶瓷将应力转化为卡尔电输出的能力增强。但 PVDF 的压电系数比陶瓷高（是 PZT 的 21 倍）。

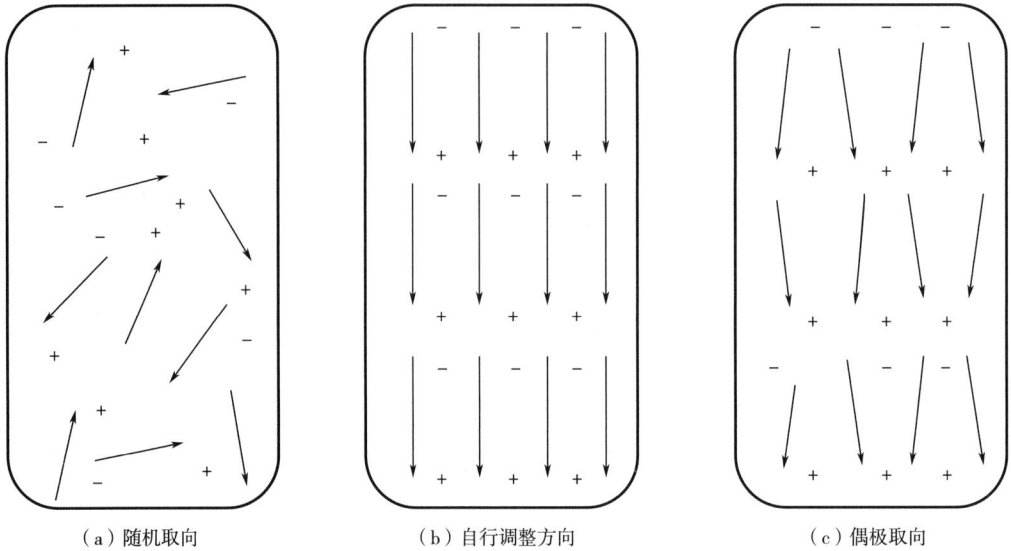

（a）随机取向　　　　　　　　（b）自行调整方向　　　　　　　　（c）偶极取向

图 9-2　电场作用下的偶极子重新定向（Shah，2011）

表 9-1　各种商用压电材料的性能

性能	单位	$BaTiO_3$	PZT	PVDF
密度	$10^3 kg/m^3$	5.7	7.5	1.78
声阻抗	$10^6 kg \cdot s/m^2$	30	30	2.7
相对介电常数	$\varepsilon/\varepsilon_0$	1700	1200	12
压电应变系数（d_3）	$10^{-12} C/N$	78	110	23
压电电压系数（g_{31}）	$10^{-3} V \cdot (m/N)$	5	10	216
热电电压系数（Pv）	（$V/\mu m$）$\cdot K$	0.05	0.03	0.47
机电耦合常数（k_{31}）	1kHz	21	30	12

9.4.2　直接效应和逆向效应

对材料施加压力以产生电输出称为"直接"压电效应。直接效应中产生的电输出是由于施加在材料上的机械应力而在晶体表面产生的电荷。产生的电荷的极性可以通过改变应力的方向来反转。这种效应也可以逆转，产生"逆向"压电效应。电场在晶体上的应用会产生机械变形，表现为晶体尺寸的变化（Haertling，1999；Kong et al.，2001，2008；Vatansever et al.，2012a，b；Damjanovic，1998）。图 9-3 为对压电材料进行拉伸和压缩处理的效果（直接效应）。

（a）直接

（b）逆向

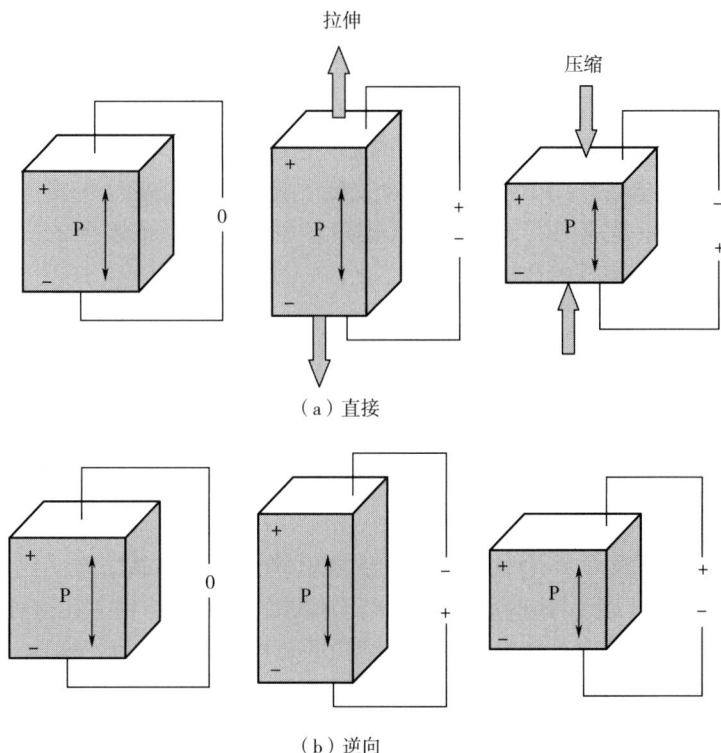

图 9-3　直接和逆向压电效应（Vatansever et al.，2012b）

9.5　机械能转换的一般理论

　　压电材料工作的基本现象是结构振动转化为电输出。当施加压力时，压电材料往往会产生电，这种压力导致偶极子的极性发生变化，从而导致两端极化的两个表面之间的不平衡。造成这种不平衡的变形类型可以是弯曲、机械压缩应力、机械应变、拉伸应力和应变。压电发电机能够产生相对高的电压输出但相对低的电流。压电材料的输出阻抗也往往很高（>100kΩ）（Beeby et al.，2010）。Lee 等（2012）已经证明某些噬菌体的 M13 可以用来收集压电能量。

　　压电耦合系数（如 k_{33}、k_{31}、k_p）是指机电效应的整体强度，这些是电能输出与机械能输入比率的平方根。k 的值总是小于整数，因为电能不能完全转化为机械能，反之亦然。耦合因子 k_{xy} 用来测量压电材料的有效性，并且可以在一个材料内不同的方向上变化。压电电荷系数，也称为压电模量，符号为 d，描述了施加电场时体积的变化。d 值的数量级约为 10^{12}C/N（直接效应）。在逆向效应下则可变为 10^{-12}m/V。许多压电系数（即 d_{xy}），其中 x 与垂直于垂直方向的电极中极化方向的产生有关，y 为横向方向上施加的机械应力。例如，d_{31} 意味着该压电系数与垂直于垂直方向的电极中的极化的产生有关（直接效应），其中应力被机械地在横向方向上施加，而 d_{33} 表明当在相同方向上施加应力时，在垂直方向上产生的极化。因此，d 是压电材料的一个重要指标。

压电电压常数，也称为 g 因子，表示每施加单位机械应力由材料产生的电场。与压电电荷常数相同，这些值也可以按方向分类（即 g_{xy}）。介电常数 ε 量化了施加的每单位电场所获得的介电位移。ε^T 和 ε^S 分别表示恒定应力和应变下的介电常数，如 ε_{11}^T，ε_{11}^S，ε_{33}^T，ε_{33}^S。弹性顺应性 s 是杨氏模量的倒数，产生的应变是施加机械应力的结果。s^D 和 s^E 分别表示在恒定电位移和电场作用下的两种弹性柔度。施加应力或应变的方向用 s_{xy} 表示，其中 x 是应变的方向，y 是应力的方向。杨氏模量是材料的弹性或刚度的度量，用 Y 表示，是施加的应力与产生的应变的比值。

9.6 压电材料的类型

9.6.1 压电陶瓷

压电陶瓷是一类重要的压电材料，属于铁电材料，具有多晶结构（钙钛矿、四方/菱形晶体）。在居里温度以上，这些晶体表现出简单的立方对称结构。在这种状态下不存在偶极子，因为正电荷和负电荷在中心对称的结构下是重合的。然而，这种对称性在居里温度以下是不存在的，电荷位置不再重合。这导致了内置的电偶极子是可逆的，邻近的偶极子局部重新排列形成维斯域。

锆钛酸铅（PZT）、钛酸钡（$BaTiO_3$）、钛酸铅（$PbTiO_3$）、铌酸钾（$KNbO_3$）、铌酸锂（$LiNbO_3$）、钛酸锂（$LiTiO_3$）、钨酸钠（Na_2WO_3）和氧化锌（ZnO）是最典型的压电陶瓷。其中，PZT 由于其优越的性能而得到了广泛应用。然而，铅的毒性引起了人们对 PZT 的关注。目前含铅量已被严格限制，并致力于最终消除其使用。尽管如此，PZT 目前还没有竞争对手。

9.6.2 压电聚合物

压电聚合物是一种压电材料，具有良好的压电性能和比压电陶瓷更高的柔韧性。天然聚合物包括多糖、蛋白质和多核苷酸，已经显示出一些压电性质（Fukada，2000）。与其他材料相比，聚合物具有能形成纱线和织物的优点。聚偏二氟乙烯（PVDF）是一种具有显著压电性能的聚合物，是一种非常适合应用于纺织品的材料。

9.6.3 压电复合材料

有些材料可能具有优良的压电性能，但由于其特性并不适合某些应用。压电陶瓷就是一个典型的例子，材料的脆性限制了其优点。在这种情况下，可以形成由压电陶瓷组成的压电复合材料。这些结构可以按一般形状和几何形状排列，如杆、切块、蜂窝和壳体结构（Tressler et al.，1999）。另外，某些材料的压电性能可以通过附加物质来增强。

9.6.3.1 纳米线

纳米线可以描述为直径小于或等于纳米（$1nm = 10^{-9}m$）数量级的微小结构，且长度可不指定。这些纳米线可以增强压电材料的压电效应。Li 等（2013）使用了 Ag 纳米线掺杂的 PVDF，发现使用这些纳米线富集了 β 相含量。Zeng 等（2013）在静电纺纱非织造布中使用过与 PVDF 混合的 NaNbO₃ 纳米线。Yang 等（2012a）已经证明了氧化锌纳米线的使用，产生了一个开放峰相应的最大功率密度为 0.78W/cm。一些其他材料，如 InN，GaN，CdS 和 KNbO₃ 也可以用于类似的方式（Huang et al.，2010；Lin et al.，2008，2011；Yang et al.，2012b）。

9.6.3.2 碳纳米管

碳纳米管是一种具有优异机械、热学和电学性能的纳米结构材料，可归类为单壁纳米管（SWNT）或多壁纳米管（MWNT）。SWNT 可以看作是一个单原子厚的石墨层，而 MWNT 为多个碳原子的同心轧制层，它们对促进纳米结构的性能方面有很大的贡献度。Levi 等（2004）研究了 PVDF-CNT 基体的性质，同时使用了 SWNT 和 MWNT，并声称与母体聚合物相比，其压电和热释电性能显著增强。

9.6.3.3 共聚物

PVDF 共聚物的压电性能及其在工业中的各种应用，如传感器，已经得到了研究。PVDF 共聚物的一个例子是聚偏二氟乙烯—三氟乙烯（PVDF-TrFE），是一种铁电结晶极性聚合物，表现出低声阻抗的固有压电和热释电响应，这样的特性，使这些聚合物可应用于各种领域。Higashihata 等（1981）在相同的极化条件下，比较了 PVDF 和 PVDF-TrFE 的压电常数，发现 PVDF-TrFE 的值更大。Furukawa 等（1981）认为 PVDF-TrFE 共聚物可以退火到100%结晶度，而 PVDF 中结晶度为50%，其他共聚物也被用来确定其增强压电效应（Poulsen et al.，2010）。

9.7 压电纺织品的制备

压电纺织品可用于许多压电装置，如传感器、致动器、频率控制器、换能器等（Uchino，2010）。压电纺织品可以使用下述各种类型的压电纤维来开发。

9.7.1 压电纤维的制备

根据用于织造压电织物的技术，需要使用压电纤维或纱线。压电纤维可以是长径比高的短纤维或连续长丝。生产这种纤维的最合适材料是柔性材料，如聚合物，它们有弯曲并形成纤维的优势。纤维也可以直接从压电材料如压电陶瓷中制备。除了能量收集，压电陶瓷纤维还有其他的好处，如更好的压电活性和较高的工作温度。然而，由于明显的原因，陶瓷纤维不太适用于服装。另一个广泛的领域是复合压电纤维的开发，Pinet（2008）认为这种高长径比的纤维可用于人体血管内和不透明器官内的声学显微镜成像。

9.7.1.1 包芯纱

包芯纱是一种利用强力和弹力都较好的长丝为芯丝，外包短纤维一起加捻而成的纱，纱线具有较高的强度，其性能结合了芯材和外包材料的性能。芯材可完全也可部分包裹。在电子纺织品中，这种技术有助于形成导电纱线。Zeng 等（2013）利用包芯导电纱制作针织电极。芯材是分段聚氨酯，外包镀银的聚酰胺纱线，以传递产生的电流。黄等（2008）制造了一种包芯纱线用于压阻式传感器。

9.7.1.2　纳米纱

纳米纱是由粉末或溶液聚合物纺成的，由于比表面积大，具有优越的功能特性。Lepro 等（2010）从生长在金属基板上的碳纳米管丛中开发了碳纳米管纳米纱，这些纱线具有电子和机械性能，而且可用于电子设备的各种结构（Bourzac，2011）。

9.7.1.3　静电纺丝

双组分静电纺丝技术可以产生芯壳结构。一种材料形成芯，另一种形成外壳。其形状变化多样，其中有并排的材料，或同一种材料具有不同的形状，如星形、扇形、楔形、海岛形，甚至是嵌在外壳横截面上的定制设计。

9.7.1.4　熔融纺丝

熔融纺丝是形成具有固定截面纤维的过程。这个过程要求材料通过模子或模具，形成特定的截面形状。模具可以重塑，以适应形状不同的芯材。这种双组分纤维有利于在一些纺织结构中产生卷曲。这种材料的另一个重要用途是制造需要热黏接的非织造布。因此，当加热后，外层的材料熔融成液体，从而将纤维黏合在一起。这种结构可以用来提供特殊的芯材性能，如强度、导电性、弹性和舒适性。Glauß 等（2013）制作了一种具有导电聚丙烯芯的 PVDF 纤维，用于能量收集。

9.7.2　压电陶瓷纤维

压电陶瓷材料具有化学惰性和物理强度，它们以纤维的形式存在各向异性结构。陶瓷纤维是由有机或矿物前体纤维进行纺丝，然后热处理和热解来生产的（Hearle，2001）。由锆酸铅/钛酸铅组成的压电陶瓷纤维在压电活性和升高的操作温度方面表现出很好的灵敏度（Swallow et al.，2008）。PZT 纤维可以通过多种工艺生产，如作为溶胶—凝胶、黏性悬浮纺丝、挤压和黏性塑性加工等工艺，其中一些已经上市（Strock et al.，1999；Meyer et al.，1998；French et al.，1998；Meister et al.，2003；Bowen et al.，2006）。

一般来说，陶瓷纤维具有较高的强度和刚度，因此被认为是最适合用于增强复合材料的。然而，由于优越的电性能，如高介电常数和高电荷系数，如 PZT 材料，也可用于织物的能量收集，但是，它们的刚性和脆性以及在某些情况下对环境的不友好性，抑制了它们在纺织品中的使用。

French 等（1997）报道了一种采用黏性悬浮纺丝工艺（VSSP）生产连续精细 PZT 长丝的方法。然后，这些连续的细丝可以被机织、缠绕或编织，并且能够从小体积产生大的产量。这些 PZT 纤维可以形成二维和三维纺织结构，用于复合材料和其他领域，如振动产生，传感器和其他领域。由于 PZT 的大伸长比（每线性英寸 20μm），这些长丝还能从小体积产生大输出冲程。

Chen 等（2010）报道了在交叉排列铂丝电极中的 PZT 纳米纤维的生产。该结构被封装在软聚合物聚二甲基硅氧烷（PDMS）中。当应力作用于聚合物时，由于 PZT 纳米纤维中的弯曲和拉伸应力，两电极之间产生电荷。产生的输出电压为 1.63V，输出功率为 0.03μW。

9.7.3　压电聚合物纤维

聚合纤维如 PVDF 具有高弹性，可以很容易地融入柔性结构中，如用于能源收集的纺织品。PVDF 是一种轻质、坚韧的聚合物，有多种厚度可供选择。虽然其热稳定性和电化学耦合系数都小于陶瓷，但它仍然是工程集能织物研究最广泛的材料之一。PVDF 的工作温度在 100℃ 以下，然而，新的共聚物，如聚偏二氟乙烯—三氟乙烯（PVDF-TrFE）已研制成功，可将工作温度提高到 135℃（Swallow et al.，2008）。

9.7.4 压电复合纤维

压电复合纤维可以嵌入聚合物基体中，形成具有导电芯的压电纤维，或由许多涂层组成的复合纤维，用于能量收集应用。

Qin 等（2008）已经通过使用低温方法在凯夫拉尔 129（Kevlar 129）纤维周围径向生长 ZnO 纳米线（NW）制备了一种基于纺织纤维的纳米发电机。该装置的工作原理是双纤维纳米发电机，其中一根纤维被 ZnO 纳米线覆盖，另一根纤维缠绕着镀金纳米线。一根纤维被固定，另一根纤维则可以在此纤维上滑动。短路电流和断路电压是由两根纤维间的梳刷运动产生的。作者声称生长有 ZnO 纳米颗粒的纤维可以用来生产能量收集服装。而且，纤维捆绑后产生的功率密度比报道的 $20\sim80mW \cdot m^{-2}$ 高得多。据称该仪器的工作频率非常低，因此使其成为一种可从低频率的人体活动、心跳等方面获得能量的可行设备。

Egusa 等（2010）开发了一种多材料压电纤维，该纤维由 700mm 厚的 PVDF-TrFE 层和 250mm 厚的碳负载聚碳酸酯（CPC）层的外壳组成，这些外壳由铟丝和聚碳酸酯包层组装而成。这种纤维既可用于通信，也可用于能量收集。

Siores 等（2010）已经开发出一种纤维结构，可用来将机械能和光能转换成电能。这种混合能量转换装置由涂有光伏阵列的压电聚合物结构组成。据称，这种纤维具有足够的柔韧性，可以生产为纺织品用于收集能量。

Glauß 等（2013）报道了一种具有导电芯的 PVDF 纤维。熔纺双组分纤维由包覆 PVDF 外壳的导电聚丙烯芯 [含 10% 的碳纳米管和 2% 的硬脂酸钠（NaSt）] 组成。压电效应是通过牵引绕组实现的，这有利于全反式 β 相的形成。

Liu 等（2013）研究了利用近场开发的 PVDF/MWNT 纳米纤维的机械强度和压电特性。报道称，由静电纺丝技术形成的纤维具有优异的结构稳定性，强柔韧性和高压电应变系数（$d_{33}=57.6pm/V$）。

9.7.5 压电织物

可以采用多种纺织结构来设计嵌入式可穿戴服装。可采用机织、针织、编织、非织造布和其他纺织结构的织物结构，这取决于系统的要求。每种类型的系统都有其独特的属性，这些属性在系统的功能中发挥重要作用。这些类型的纺织结构大多用于电子纺织品，在今天使用的许多智能纺织品中都存在用途。

与其他结构相比，机织结构具有高强度和稳定性，可以是单层、双层或多层织物。因此，机织物可以被设计来达到所需的特性，如拉伸强度、撕裂强度、剪切强度、透气性、悬垂性、吸水透气性、抗皱性和其他特性（McCann et al.，2009）。

针织结构由相互串套的线圈组成，可以根据需要的特性改变线圈的尺寸来生产织物。一些针织结构具有坚固性，适合许多技术应用。针织结构主要分为纬编和经编。纬编织物具有很高的伸缩性，对于内衣和运动服装的生产非常有用。经编织物不像纬编织物那样容易散开，具有明显的绝缘性能。对于压电收集纺织品，针织结构可为其提供延伸性，这有利于可穿戴压电纺织品，使其穿着舒适。

非织造布可用于生产智能纺织品。非织造布生产的三个主要工序是成网、固结和后整理。非织造结构具有高吸收性，这是其在医疗行业中大量使用的原因。对于压电纺织品，这种结构可以提供更高的表面积，从而增加功率密度。

也可以采用编织、簇绒、毡、薄膜、泡沫、层压、黏合、缝合、网、刺绣、衍缝和花边结构等。纺织复合材料和纤维增强复合材料是另一种形式的纺织结构，部分由纺织材料组成（Corbman，1983）。

复合材料可以由多种结构生成，如非织造结构和针织结构，结合了这两种结构的优势以满足特定的应用需求，如增强性能、更高的功率输出、设备功能、佩戴舒适性等。压电纤维在可穿戴织物的最佳集成、最大能源输出仍有待确定。到目前为止，许多针织、机织、非织造布和复合材料结构已被用于生产能量收集织物。Vatansever 等（2011）认为机织是智能纺织品最好的生产方法。使用压电、导电和常规纺织纤维，经纱和纬纱的不同排列可生产合适的机织物。导电纤维必须与同极压电纤维交织，以避免短路。Vatansever 等（2011）提出的机织物可利用机械应力和应变收集能量。

Magniez 等（2013）开发了一种由熔纺 PVDF 纤维制成的压电机织物，该纤维使用 Busschaert 双组分挤出机进行纺丝，将 PVDF 纤维与导电材料进行组合，并采用各种编织结构，如平纹组织和 2×2 斜纹组织。中间用不导电的尼龙丝作绝缘材料防止两个电极短路。经纱为 PVDF 纤维，纬纱是镀银的尼龙。在 1Hz 频率下使用 70N 的冲击力对织物进行了电输出测试，最大输出电压为 6V。

Bai 等（2013）演示了由 ZnO 纳米线作经纱，Pd 涂层的 ZnO 纳米线作纬纱制成的机织纳米发电机。涂 Pd 的导线连接在滑块上，而其他导线保持固定。当滑块移动时，固定在导线上的纳米线会因摩擦而变形，从而产生约 17pA 的峰值输出电流。

Soin 等（2014）生产了一种 3D 针织间隔压电织物。熔纺 PVDF 作为间隔纱线被结合在两层由镀银聚酰胺纱线制成的针织物之间，他们声称，在 0.02~0.10MPa 的冲击压力范围内，压电织物可以产生的功率输出密度为 1.10~5.10μW/cm²。

Fang 等（2011）展示了一种通过静电纺丝工艺生产压电织物的简单、高效、低成本且灵活的装置。将聚偏二氟乙烯（PVDF）颗粒溶在 N,N-二甲基甲酰胺（DMF）中制成 PVDF 溶液，在 15kV 下用静电纺丝制成纳米网。将纳米网夹在两个铝电极之间以获得输出电压。在 1Hz 的压缩冲击频率下，平均峰值电压输出为 0.43V。当冲击频率增加到 5Hz 时，电压输出为 2.21V。进一步增加到 10Hz 可产生 6.3V 的更高输出电压。

除了通过上述纺织工艺制造压电织物外，还可以将各种材料和结构结合起来生产复合结构组件。这种结构可以是三明治结构，其中一层是能量收集组件，其他层则是集电、加固或绝缘组件。由 Williams 等（2002）开发的压电纤维复合材料由压电纤维组成，如 Cass 等（2003）生产的浸渍在聚合物基体中的压电纤维。由于增加了表面积，这种复合材料性能优越，效率更高。

曾等（2013）演示了一种由 PVDF-NaNbO₃ 纳米纤维非织造布制成的纤维纳米发电机，在循环压缩测试中能够产生 3.4V 的峰值开路电压，4.4μA 的峰值电流。非织造布夹在由分段聚氨酯纱线制成的弹性导电针织物之间，该纱线由镀银聚酰胺复丝纱线包裹。整个装置被封装在聚二甲基硅氧烷层之间以增强其机械坚固性。

Swallow 等（2008）报道了基于压电纤维复合材料的能量收集装置的形成，该装置被用作防振手套制备。他们研究了 PVDF 和 PZT 在纤维复合材料中用于电力输出的应用。含 PZT 的压电纤维复合材料产生的功率输出约是 $11\mu W$，而单独的 PVDF 材料的输出功率为 $0.3\mu W$。

9.7.6　可穿戴能源收集设备的制造优化

设计一款可穿戴电子设备是一项复杂的工作。根据其预期的用途和要纳入的技术，有几个因素需要考虑。为了满足终端用户的需求，应将纺织专业知识、现代科技和电子产品、服装和时装设计师的技能以及制造商的能力结合起来，以便发挥其最大潜力（McCann et al.，2009）。

自 20 世纪 90 年代以来，可穿戴技术已取得了长足的进步。随着计算机技术的进步，不同技术领域之间似乎跨越了界限。从健康监测设备，如基于服装的心电图（心电图仪）（Gopalsamy et al.，1999）、呼吸和温度监测器，以及其他可穿戴电子设备，如 MP3 播放器夹克、纺织品键盘、电子滑雪服、智能衬衫和其他许多产品都是将纺织品与电子产品结合在一起的应用（Meoli et al.，2002）。

电子纺织品、智能纺织品、可穿戴电子产品和 Textronics 是用来描述这类设备的一些术语。可穿戴的智能纺织品利用了许多最近发展的技术，使得将电子技术应用到纺织品中成为可能。导电纺织材料是广泛应用于这些领域的新技术的例子。导电纺织材料，包括导电纤维、纱线和织物，通常用于柔性传感器、电磁干扰屏蔽、无尘无菌服装、服装中的数据传输，以及军事应用的伪装和隐形技术。纺织品的导电性是通过添加碳、钢、镍或银，以金属丝、纤维或微、纳米颗粒来实现的。导电聚合物是通过溶剂纺丝、溶剂浇铸或与传统聚合物共混纺丝的方法开发的。它们可以用作涂层材料，也可以用作纤维中的嵌入颗粒。目前的重点是导电油墨的使用，导电油墨可以将导电性负载于衣服的特定区域。导电粒子，如镍、银、金、碳和铜可以添加到传统的油墨，然后可以使用各种印刷技术来形成图案。

在可穿戴电子产品中使用柔性传感器减少了穿着服装时的不适感。传感器的尺寸正逐渐减小，特别是随着微技术和纳米技术的出现。当接触面积是首要考虑因素时，柔性传感器用于可穿戴电子产品就非常合适了。嵌入织物内的光纤或导电纤维可用于纺织品中的无线技术集成，从而进行数据传输，因为它们不受电磁辐射影响，也不产生热量。由于传统电池体积庞大，因此有必要为这些设备开发一些替代的能源。现在已开发出利用纺织材料作为基板的太阳能电池，最近利用压电材料获取能量的研究也在进行中（Tang et al.，2006）。

随着新技术的出现，与可穿戴电子设备设计相关的问题也在不断演变。在设计可穿戴电子产品时，出现的主要问题如：当产品必须经受机械应力、洗涤、熨烫和其他作用（如湿度、汗水、温度、光线、化学物质、尺寸变化和褶皱）时，应在设备中加入电连接。设备的电力供应也是一个主要问题，因为传统的电池又大又重。另外，环境能源，如光伏、热发电机和压电设备的容量较小。因此，有必要开发能够克服这些问题的技术，以生产符合设备舒适性和功能性的理想智能纺织品（Gniotek et al.，2004）。纺织品集成电路中的连接也需要改进，以克服上述问题。

在设计可穿戴设备时，有几个因素要考虑。重点是设备不会妨碍穿戴者的行动，因素还包括服务寿命、可重用使用性、设计元素、舒适度和功能性等。服装的舒适度和外观很大程度上受零部件放置位置的影响。表 9-2 为可穿戴设备设计指南。

表 9-2　可穿戴设备设计指南

放置位置	说明应在人体上放置额外部件的位置
形式语言	定义附加零部件的形状
运动	考虑人体结构和动态运动
空间关系	人脑对空间的感知
尺寸	应该能够容纳多个用户
附件	可以舒适地固定在身体上的额外部件
控制	考虑表单中的内容
重量	人体平衡，不应妨碍人体运动
易接近性	额外的部件应该易于接近
感官交互	用户和部件之间的主动或被动交互
热学	穿着者的热舒适性
美学	外观或感知的适当性
长期使用	长期使用对身心的影响

当一件产品是为不同的穿着者设计的时候，需要了解不同的尺寸和形状。在人体的一些区域放置额外的部件是可行的，如具有大表面积的非移动部件。额外的部件应该确保没有锋利的边缘，并贴合身体轮廓。组件的重量也应尽可能轻，以减少穿着不适感。同时，这种设计必须允许四肢和身体其他部位可以不受限制地运动。在设计这样的产品时，任何特殊的需求都必须牢记，如用户必须与极端环境交互的情况（Hannika inen，2006）。利用身体上的一些部位，如手腕上放置心跳传感器也是可行的（Martin，2002）。Lymberis 等提出了一种新型的智能纺织品，可以利用神经网络进行"事件预测"，通过集成通信可穿戴设备产生警报信号（Lymberis et al.，2008）。

9.7.7　压电织物能量收集测试

自从压电薄膜、纤维、织物和其他材料被发现以来，人们通过不同的方法对其输出进行了研究。测试方法根据预期的最终用途、受力类型和制造方法有所不同。

通常来说，脚跟对于鞋垫的撞击力可以模拟作用在物体上的力。因此，冲击试验是最适合能量收集元件的测试方法之一，此试验也被用来测试施加在压电织物上的力对输出功率的影响（Magniez et al.，2013）。Vatansever 等（2012a）在不同高度使用落重1.02kg 的英斯特朗（Instron）电子拉力机，来测试压电纤维复合材料的电压输出。

在脉冲压力和一定频率范围内产生的动态冲击力脉冲可用于研究可能的功率输出（Zeng et al.，2013）。Soin 等（2014）通过将压缩板连接到测压元件上，使用 Instron 系统进行压缩测试。冲击压力在 0.02~0.10MPa 范围内，产生 1.1~5.1μW/cm² 的输出功率密度。

除了这些测试方法，Yun 等（2013）使用了一种拉伸 PVDF 机织物的方法。织物一端固定，另一端装在一个定制的线性驱动系统上，采用步进电动机控制执行器系统的运动距离和工作频率，用示波器记录输出电压。结果显示，在 8Hz（约 0.63mW/cm²）下使用 20% 的拉伸，峰值输出功率可达 1.1mW。

Fang 等（2011）对其电纺 PVDF 织物进行了 5Hz 重复压缩冲击和释放循环。随着冲击频率的增加，输出电压也增加。Yang 等（2012）利用 PVDF 在织物中制造出了一种柔韧、可穿戴的外壳结构。因为这种设备是为肘部和手指设计的，所以他们通过定制的线性驱动系统对结构施加了弯曲力。其弯曲角度恒定为 80°，折叠和展开频率为 2Hz。

9.8　压电纺织品的应用

9.8.1　能源需求

近年来，个人设备供电需求显著增加。随着设备尺寸的缩小，对能源的需求也随之减少。这种微型化也促进了嵌入式可穿戴应用技术的出现。因此，设备尺寸和功率需求的不断减小为利用多种能源收集能量提供了可行方案。表 9-3 为几种便携式设备的能源需求。值得一提的是能源需求会因制造商、型号和用途的不同而异，有些设备只需要几微瓦。

表 9-3　便携式设备的能源需求（Vullers et al.，2009；Kintner，2012）

便携式设备	功耗	能源使用寿命
石英表	5μW	5 年
心脏起搏器	50μW	7 年
无线传感器节点	100μW	终身
助听器	1mW	5 天
MP3 播放器	50mW	15h
智能手机	1W	5h
平板电脑（ipad）	1~2W	24~48h
笔记本电脑	50~80W	3~6h

9.8.2　可穿戴设备的可行性

人们对绿色能源的需求日益增长，使得开发利用可再生能源成为必要需求。电子设备小型化的迅速发展，意味着在未来电源需求将下降。重要的是，功率需求可能降至几微瓦。因此，从基于微瓦的发电机中收集，能量可能极具吸引力。更重要的是，能源不仅是可再生的，而且可以随时使用，特别是对于手持设备来说。这可以被称为"流动中的能源"，在极度困难的环境下也能获得。

第一个利用人体运动收集能量的装置是 18 世纪发明的自动上弦手表。从那时起，能量收集多年来一直用于手表。Starner（1996）描述了通过人体运动获取压电能量的可能性。报道称，简单的行走运动产生约 67W 的能量。这种损失的能量，具有约 12.5% 的压电材料转换效率，可以转化为 10W 的功率，足以为基于微瓦的可穿戴设备供电。从那以后，人们进行了许多研究，试图将这种"损失的"能量转换为可用的电能。在人类运动中，能量也可以通过其他连续的和间断的活动获得，如呼吸和心跳（Gonzalez et al.，2002）。呼吸能够通过呼气和胸围变化收集能量。血压和心跳的变化是心脏起搏器等植入设备能量收集的重要来源（Karami et al.，2012）。在所有不连续的运动中，与身体其他部位相比，步行提供了最大的能量输出，这一领域已被广泛探索研究。

Kymissis 等（1998）将 PZT 单晶片（由一个压电层和一个非压电层组成）、PVDF 冷却壁和旋转磁场发电机集成到鞋后跟中来收集冲击能量。据报道，使用 PZT 单晶片可获得 80mW 的输出。Shenck 等（2001）也探讨了使用压电鞋垫来产生能量。据说上肢运动可以获取高达 60W 的电源（Gonzalez et al.，2002）。Yang 等（2012）展示了一种基于纺织品的柔性能源采集器，该采集器可以戴在手指和肘关节上。Waqar 等（2013）前期对织物上压电条的有限元模拟进行了参数研究，这种织物可以仅仅从振动中获取能量。打字是另一种可能的能量收集来源，冲击能量可以转换为可用的电能（Berridge，2011）。Bhaskaran 等（2011）演示了一种能收集能量的键盘的生产方法，并致力于采用压电薄膜技术将其集成到笔记本电脑中。一些研究人员也在探索使用柔性 PVDF 片从耳道等特殊来源收集能量的方法。Delnavaz 等（2013）制作了一种放置在耳道中的耳机设备。该装置会在口腔运动时变形，产生电输出。

Allameh 等（2007）提出了给药物递送系统提供能量，该系统将药物递送到局部患病细胞。该系统可以由身体中液体或固体的运动提供动力。能量收集瓷砖现在可以在市场上买到，并将其安装在车站及其他主要交通枢纽等公共场所。安装在西汉姆（West Ham）伦敦地铁站的能量收集瓷砖，产生的电能足以照亮车站。一些俱乐部已经在舞池中安装了能量收集地板，如伦敦的苏里亚（Surya）俱乐部，自称是一个生态俱乐部（Henderson，2009）。

9.8.3 医疗和军事无线用能量收集元件

通过柔性纺织材料收集能量有多种用途。Edmison 等（2002）描述了一种用于用户输入的手套的原型，该手套使用压电元件来感知手的运动，以说明压电体使用中的设计问题。Swallow 等（2008）开发了一种用于手套的以微型复合材料为基础的能量收集装置。这种非侵入性系统可以用来收集浪费的机械能，然后利用逆向压电效应来抑制振动。如果振动不够大，不需要抑制时，产生的能量可以直接储存在存储设备中。Zieba et al.（2010）也使用了类似的原理来测量呼吸频率，并开发了一种能量收集背心。Wang（2012）还提出利用压电聚合物薄膜收集呼吸能量。

战场上的士兵需要能量来为他们携带的许多配件供电。蜂窝无线电和卫星通信等无线网络需要电源。而电池的重量和有限的使用寿命都是影响电池性能的重要因素。对于一个士兵来说，可能需要依靠电池进行通信、照明，甚至极端情况下需要依靠电池生存。夜视镜、GPS 系统、无线电等军事设备都需要电池。因此，一个士兵可能需要携带大约 7.26~

9.07kg 装备，通常情况下他们携带了很多这样的设备（Johnson，2012）。

在这种情况下，能量收集纺织品可能会是一个重大突破。太阳能收集元件的进步已被证明是有益的，因为许多公司现在正试图将柔性太阳能电池板编织成士兵的制服（Daileda，2013；He et al.，2013）。然而，由于士兵在战场上的阴暗地区进行活动，因此白天的功率输出可能会有所不同。相反，士兵可以从夜晚的黑暗中获取能量。在所有时间里保持连续运动可以持续地收集周围的能量。此外，电池是一种有限的电源，在最需要的时候可能会耗尽。在偏远地区发生此类事件，或者在某种情况下，如发生战争和灾难，意外长时间停留可能会危及生命。收集能量的纺织品可以单独使用，也可以与柔性太阳能电池板一起使用，从而增加能源的数量和可用性。还可以提供用于能量收集的膝盖支架和鞋垫。

Granstrom 等（2007）开发了一种能量收集背包，能够产生 45.6mW 的功率输出。该背包有柔性 PVDF 薄膜作肩带，用于将机械应变转换为电力输出。天线可以集成到衣服中（Massey，2001）。这样的系统可以用来获取士兵在行动中的位置，也非常适用于在偏远地区工作或度假的人士。该天线需要很少的能量，并且其中的压电织物可以通过人体运动来供电，因此在任何时候都可以提供位置信号。

在医学领域，许多以压电材料为传感器和执行器的纺织器件得到了应用。医用心电图内衣、睡眠监测器、病人护理震颤抑制器和乳腺癌检测内衣是众多使用压电材料的设备中的一部分。几种便携式健康监视器用来观察病人的情况，这样的设备需要电源持续供应。在某些情况下，电池的重量和有限的使用寿命可能会危及生命。另一个重要的问题是这些电池具有毒性（Bernardes et al.，2004）。电池系统含有电解质，尤其是锂电池，其电解质大多是有毒和易燃的。正如 Bernardes 等（2004）的建议，虽然回收这些电池具有好处，但是对于上述的军事人员和医疗应用来说，这是不可行的。在这种情况下，通过人体运动收集能量既可以降低对电池系统的需求，也可以提供一个有效和可靠的电源。

9.9 发展趋势

人体可穿戴设备的能量收集是必要的。近期压电纤维、织物结构、压电性能和其他方面的发展为电子产品的供电提供了光明前景。金属粉末、纳米线、纳米管和共聚物已经被用于增强压电性能。同时仍然可以探索其他有机和无机材料来生产混合压电结构以改善压电性能。另外的重点是减少这些织物的毒性，如含铅材料（如 PZT），这使得 PVDF 等材料成为重要的替代选择。已经针对压电纤维的生产进行了一些研究，包括使用各种能量收集工艺，如熔融纺丝、电纺丝和其他工艺等。当前的重点是研发出更快、更便宜、更可靠的方法生产压电纤维和相应的压电面料。

进一步的工作将继续提高用于制造压电织物的材料的介电常数。织物结构的改进和压电纤维与其他柔性导体以及传感和驱动纤维的简单集成，这些发展带来了新一代的智能面料，从而减少了携带电池的需求，尤其是对于随身携带的低功耗设备而言。

压电织物在耐久性、耐洗涤性和稳定性方面仍然存在问题。Zeng 等（2013）声称通过在聚二甲基硅氧烷中封装整个结构来提高压电织物的耐久性。如果可以使压电织物在不损坏的情况下进行洗涤，那么这种方式可能会在压电织物能量收集及其与智能纺织品集成方面带来下一个突破。

另一个需要进一步探索的重要研究领域是这些织物测试的标准化。到目前为止，大多数研究人员都在使用不同的测试方法来研究电输出。压电织物在人身上的位置以及在不同的身体部位施加压力的大小是决定电输出结果的一些因素。

由于用户对可穿戴电子设备的需求不断增加，同时对这些设备的能耗要求也在下降，因此纺织技术人员迫切需要与电子制造商密切合作，以实现两个目标的兼顾。由设计师和工程师组成的多学科团队可以提供生产性的结果，从而改变纺织品的功能。与终端用户（如军事人员、同龄人、家人、老年人和患者）密切合作并了解他们的需求，也将有助于研发提供商通过设计来实现功能性的面料，从而改变人们的生活方式。

最终的目标是使织物的适应性和用户友好性达到形式和功能的统一。此外，还要实现尺寸、形状、比例、舒适性和合身性，与面料的整体审美风格相结合。

9.10　结论

自从 19 世纪发现压电效应以来，在将压电效应应用于可行的能源生产方面已经取得了很大进展。其中之一就是用于能量收集的压电纺织品的开发。从压电纤维的发展，如压电聚合物、压电陶瓷和复合纤维，到包含电极和压电、绝缘及导电纤维的混合压电织物，纺织品作为覆盖人体的柔性材料的概念已被重新定义。

本章详细讨论了压电能量收集织物作为替代能源在各个方面的性能，尤其适用于低能源需求的设备。综述了能量收集织物领域在纤维生产和织物结构两方面的进展。对可用于压电织物现有的和潜在的材料，以及织物结构和服装生产的设计参数进行了总结。人们已经探索了通过人体运动来为设备供电的可行性，预计随着生活方式的改变，这种可行性将变得更加突出。

为个人可穿戴设备提供动力的需求可以通过纺织品解决，纺织品也有可能为军事和医疗部门生存和监视战术的数据通信、健康监测及应急电源提供能源。此外，移动电话、记事本、GPS 等便携式设备都需要可靠、稳定且可持续的电源，特别是在灾难发生的情况下作为备用电源。在这种情况下，能源收集织物可以作为一个独立的系统，或作为包含光伏电力系统和存储介质的集成混合动力系统的一部分，在一天的任何时候提供充足的电源（光伏发电仅在白天有效）。压电织物旨在增强电力依赖世界中终端用户的自主性。

参考文献

Allameh, S., Akogwu, O., Collinson, M., Thomas, J., Soboyejo, W., 2007. Piezoelectric generators for biomedical and dental applications: effects of cyclic loading. J. Mater. Sci. Mater. Med. 18 (1), 39-45.

Bai, S., Zhang, L., Xu, Q., Zheng, Y., Qin, Y., Wang, Z. L., 2013. Two dimensional woven nanogenerator. Nano Energy 2(5), 749-753.

Ballato, A., 1996. Piezoelectricity: history and new thrusts. In: Paper Presented to 1996 IEEE Ultrasonics Symposium, 3-6 November 1996.

Beeby, S. , White, N. M. , 2010. Energy Harvesting for Autonomous Systems. Artech House, Boston, MA.

Bernardes, A. M. , Espinosa, D. C. R. , Tenório, J. A. S. , 2004. Recycling of batteries: a review of current processes and technologies. J. Power Sources 130(1-2), 291-298.

Berridge, E. , 2011. Piezoelectric Keyboard Could Power Your Computer.

Bhaskaran, M. , Sriram, S. , Ruffell, S. , Mitchell, A. , 2011. Nanoscale characterization of energy generation from piezoelectric thin films. Adv. Funct. Mater. 21(12), 2251-2257.

Bourzac, K. , 2011. Spinning Nano Yarns.

Bowen, C. , Stevens, R. , Nelson, L. , Dent, A. , Dolman, G. , Su, B. , Button, T. , Cain, M. , Stewart, M. , 2006. Manufacture and characterization of high activity piezoelectric fibres. Smart Mater. Struct. 15(2), 295.

Cass, R. B. , Khan, A. , Mohammadi, F. , 2003. Innovative ceramic-fiber technology energizes advanced cerametrics. Am. Ceram. Soc. Bull. 82(11), 14-15.

Chang, J. , Dommer, M. , Chang, C. , Lin, L. , 2012. Piezoelectric nanofibers for energy scavenging applications. Nano Energy 1(3), 356-371.

Chen, X. , Xu, S. , Yao, N. , Shi, Y. , 2010. 1. 6V nanogenerator for mechanical energy harvesting using pzt nanofibers. Nano Lett. 10(6), 2133-2137.

Corbman, B. P. , 1983. Textiles. Fiber to Fabric. Gregg/McGraw-Hill Marketing Series. McGraw-Hill, Gregg Division, New York.

Curie, P. , Curie, J. , 1881. Contractions et dilatations produites par des tensions' electriques dans les cristaux h'emi'edres'a faces inclin'ees'. Comptes Rendus 93, 1137-1140.

Daileda, C. , 2013. The Army Wants Soldiers to Wear Solar Panels and Bionic Knee Braces.

Damjanovic, D. , 1998. Ferroelectric, dielectric and piezoelectric properties of ferroelectric thin films and ceramics. Rep. Prog. Phys. 61(9), 1267.

Delnavaz, A. , Voix, J. , 2013. Energy harvesting for in-ear devices using earcanal dynamic motion. IEEE Trans. Ind. Electron. 61(1), 583-590.

Edmison, J. , Jones, M. , Nakad, Z. , Martin, T. , 2002. Using piezoelectric materials for wearable electronic textiles. In: Paper Presented to Wearable Computers, 2002(ISWC 2002). Proceedings. Sixth International Symposium on Wearable Computing. ISWC.

Egusa, S. , Wang, Z. , Chocat, N. , Ruff, Z. , Stolyarov, A. , Shemuly, D. , Sorin, F. , Rakich, P. , Joannopoulos, J. , Fink, Y. , 2010. Multimaterial piezoelectric fibres. Nat. Mater. 9(8), 643-648.

Fang, J. , Wang, X. , Lin, T. , 2011. Electrical power generator from randomly oriented electrospun poly(vinylidene fluoride) nanofibre membranes. J. Mater. Chem. 21(30), 11088-11091.

French, J. D. , Weitz, G. E. , Luke, J. E. , Cass, R. B. , Jadidian, B. , Bhargava, P. , Safari, A. , 1997. Production of continuous piezoelectric ceramic fibers for smart materials and active control devices. In: Paper Presented to the Proceedings of the SPIE 3044, Smart Structures and Materials 1997: Industrial and Commercial Applications of Smart Structures Technolo-gies, May 23, 1997.

French, J. D. , Cass, R. B. , 1998. Developing innovative ceramic fibers. Am. Ceram. Soc. Bull. 77 (5) ,61−65.

Fukada, E. , 2000. History and recent progress in piezoelectric polymers. IEEE Trans. Ultrason. Ferroelectr. Freq. Control 47(6) ,1277−1290.

Furukawa, T. , Johnson, G. , Bair, H. , Tajitsu, Y. , Chiba, A. , Fukada, E. , 1981. Ferroelectric phase transition in a copolymer of vinylidene fluoride and trifluoroethylene. Ferroelectrics 32 (1) ,61−67.

Gemperle, F. , Kasabach, C. , Stivoric, J. , Bauer, M. , Martin, R. , 1998. Design for wearability. In: Paper Presented to Wearable Computers. Second International Symposium on Digest of Papers.

Glauß, B. , Steinmann, W. , Walter, S. , Beckers, M. , Seide, G. , Gries, T. , Roth, G. , 2013. Spinnability and characteristics of polyvinylidene fluoride(PVDF) −based bicomponent fibers with a carbon nanotube(CNT) modified polypropylene core for piezoelectric applications. Materials 6 (7) ,2642−2661.

Gniotek, K. , Krucinska, I. , 2004. The basic problems of textronics. Fibres Text. East. Eur. 12(1) , 13−16.

Gonzalez, J. L. , Rubio, A. , Moll, F. , 2002. Human powered piezoelectric batteries to supply power to wearable electronic devices. Int. J. Soc. Mater. Eng. Resour. 10(1) ,34−40.

Gopalsamy, C. , Park, S. , Rajamanickam, R. , Jayaraman, S. , 1999. The Wearable Motherboard™: the first generation of adaptive and responsive textile structures(ARTS) for medical applications. J. Virtual Real. 4(3) ,152−168.

Granstrom, J. , Feenstra, J. , Sodano, H. A. , Farinholt, K. , 2007. Energy harvesting from a backpack instrumented with piezoelectric shoulder straps. Smart Mater. Struct. 16(5) ,1810.

Haertling, G. H. , 1999. Ferroelectric ceramics: history and technology. J. Am. Ceram. Soc. 82(4) , 797−818.

Hännikäinen, J. , 2006. Electronic Intelligence Development for Wearable Applications. Tampere University of Technology.

He, R. , Day, T. D. , Krishnamurthi, M. , Sparks, J. R. , Sazio, P. J. A. , Gopalan, V. , Badding, J. V. ,2013. Silicon p−i−n junction fibers. Adv. Mater. 25(10) ,1461−1467.

Hearle, J. W. , 2001. High −Performance Fibres, vol. 15. Woodhead Publishing, Cambridge, England.

Henderson, T. ,2009. Energy Harvesting Dance Floors.

Higashihata, Y. , Sako, J. , Yagi, T. , 1981. Piezoelectricity of vinylidene fluoride−trifluoroethylene copolymers. Ferroelectrics 32(1−4) ,85−92.

Huang, C. −T. , Shen, C. −L. , Tang, C. −F. , Chang, S. −H. , 2008. A wearable yarn−based piezoresistive sensor. Sens. Actuators A: Phys. 141(2) ,396−403.

Huang, C. −T. , Song, J. , Tsai, C. −M. , Lee, W. −F. , Lien, D. −H. , Gao, Z. , Hao, Y. , Chen, L. − J. , Wang, Z. L. , 2010. Single − InN − nanowire nanogenerator with upto 1V output voltage. Adv. Mater. 22(36) ,4008−4013.

Johnson, K. ,2012. Fighting Form: Military Takes On Battery Fatigue.

Karami,M. A. ,Inman,D. J. ,2012. Powering pacemakers from heartbeat vibrations using linear and nonlinear energy harvesters. Appl. Phys. Lett. 100(4),042901-042904.

Katzir,S. ,2006. The discovery of the piezoelectric effect. In:Katzir,S. (Ed.),The Beginnings of Piezoelectricity. Springer,Netherlands,pp. 15-64.

Kholkin,A. L. ,Pertsev,N. A. ,Goltsev,A. V. ,2008. Piezoelectricity and crystal symmetry. In:Safari,A. ,Akdogan,E. K. (Eds.),Piezoelectric and Acoustic Materials for Transducer Applications. Springer,USA,pp. 17-38.

Kintner,D. ,2012. iPad Electricity Consumption in Relation to Other Energy Consuming Devices— Executive Summary. EPRI,Palo Alto,CA.

Kong,L. ,Li,T. ,Hng,H. ,Boey,F. ,Zhang,T. ,Li,S. ,2014. Waste mechanical energy harvesting (I):piezoelectric effect. In:Kong, L. B. , Li, T. , Hng, H. H. , Boey, F. , Zhang, T. , Li, S. (Eds.),In:Waste Energy Harvesting,vol. 24. Springer. Berlin/Heidelberg,pp. 19-133.

Kong,L. B. ,Zhang,T. ,Ma,J. ,Boey,F. ,2008. Progress in synthesis of ferroelectric ceramic materials via high-energy mechanochemical technique. Prog. Mater. Sci. 53(2),207-322.

Kong,L. ,Ma,J. ,Huang,H. ,Zhu,W. ,Tan,O. ,2001. Lead zirconate titanate ceramics derived from oxide mixture treated by a high-energy ball milling process. Mater. Lett. 50(2),129-133.

Kymissis,J. ,Kendall,C. J. ,Paradiso,J. ,Gershenfeld,N. ,1998. Parasitic power harvesting in shoes. In:Second International Symposium on Wearable Computers, Pittsburgh, PA, USA, pp. 132-139.

Lee,B. Y. ,Zhang,J. ,Zueger,C. ,Chung,W. -J. ,Yoo,S. Y. ,Wang,E. ,Meyer,J. ,Ramesh,R. , Lee,S. - W. , 2012. Virus - based piezoelectric energy generation. Nat. Nanotechnol. 7 (6), 351-356.

Li,B. ,Zheng,J. ,Xu,C. ,2013. Silver nanowire dopant enhancing piezoelectricity of electrospun PVDF nanofiber web. In:Paper Presented to Fourth International Conference on Smart Materials and Nanotechnology in Engineering.

Lin,L. ,Lai,C. -H. ,Hu,Y. ,Zhang,Y. ,Wang,X. ,Xu,C. ,Snyder,R. L. ,Chen,L. -J. ,Wang, Z. L. ,2011. High output nanogenerator based on assembly of GaN nanowires. Nanotechnology 22 (47),475401.

Lin,Y. -F. ,Song,J. ,Ding,Y. ,Lu,S. -Y. ,Wang,Z. L. ,2008. Piezoelectric nanogenerator using CdS nanowires. Appl. Phys. Lett. 92(2),022105.

Liu,Z. H. ,Pan,C. T. ,Lin,L. W. ,Lai,H. W. ,2013. Piezoelectric properties of PVDF/MWCNT nanofiber using near-field electrospinning. Sens. Actuators A:Phys. 193,13-24.

Lippmann,G. ,1881. Principe de la conservation de l'électricité,ou second principe de la théorie des phénomènes électriques. J. Phys. Theor. Appl. 10(1),381-394.

Lepró,X. , Lima, M. D. , Baughman, R. H. , 2010. Spinnable carbon nanotube forests grown on thin,flexible metallic substrates. Carbon 48(12),3621-3627.

Levi,N. ,Czerw,R. ,Xing,S. ,Iyer,P. ,Carroll,D. L. ,2004. Properties of polyvinylidene difluoride-carbon nanotube blends. Nano Lett. 4(7),1267-1271.

Lymberis,A. ,Paradiso,R. ,2008. Smart fabrics and interactive textile enabling wearable personal applications：R&D state of the art and future challenges. In：Paper Presented to Engi-neering in Medicine and Biology Society,2008. EMBS 2008. 30th Annual International Conference of the IEEE.

Magniez,K. ,Krajewski,A. ,Neuenhofer,M. ,Helmer,R. ,2013. Effect of drawing on the molecular orientation and polymorphism of melt-spun polyvinylidene fluoride fibers：toward the develop-ment of piezoelectric for ce sensors. J. Appl. Polym. Sci. 129(5),2699-2706.

Massey,P. J. ,2001. GSM fabric antenna for mobile phones integrated within clothing. In：Paper Presented to Antennas and Propagation Society International Symposium,2001. IEEE,8-13 July 2001.

Martin,T. L. ,2002. Time and time again：parallels in the development of the watch and the weara-ble computer. In：Paper Presented to Sixth International Symposium on Wearable Computers (ISWC 2002),10 October 2002.

McCann,J. ,Bryson,D. ,2009. Smart Clothes and Wearable Technology. Elsevier,Burlington.

Meister,F. ,Vorbach,D. ,Niemz,F. ,Schulze,T. ,Taeger,E. ,2003. Functional hightech-cellulose materials by the ALCER((R))process. Materialwiss. Werkst. 34(3),262-266.

Meoli,D. ,May-Plumlee,T. ,2002. Interactive electronic textile development：a review of tech-nologies. J. Text. App. Technol. Manage. 2(2),1-12.

Meyer,R. ,Shrout,T. ,Yoshikawa,S. ,1998. Lead zirconate titanate fine fibers derived from alkox-ide-based sol-gel technology. J. Am. Ceram. Soc. 81(4),861-868.

Pinet,É. ,2008. Medical applications：saving lives. Nat. Photon. 2(3),150-152.

Poulsen, M. , Ducharme, S. , 2010. Why ferroelectric polyvinylidene fluoride is special. IEEE Trans. Dielect. Electr. Insul. 17(4),1028-1035.

Qin,Y. ,Wang,X. ,Wang,Z. L. ,2008. Microfibre-nanowire hybrid structure for energy scaven-ging. Nature 451(7180),809-813.

Shah,A. A. ,2011. A FEM-BEM interactive coupling for modeling the piezoelectric health monito-ring system. Latin Am. J. Solids Struct. 8(3),305-334.

Sharapov,V. ,2011. Piezoceramic Sensors. Springer,Berlin/Heidelberg.

Shenck,N. S. ,Paradiso,J. A. ,2001. Energy scavenging with shoe-mounted piezoelectrics. IEEE Micro 21,30-42.

Siores, E. , Hadimani, R. L. , Vatansever, D. , 2010. Hybrid energy conversion device. GB Patent No. 1016193. 3.

Soin,N. ,Shah,T. H. ,Anand,S. C. ,Geng,J. ,Pornwannachai,W. ,Mandal,P. ,Reid,D. ,Shar-ma,S. ,Hadimani,R. L. ,Bayramol,D. V. ,Siores,E. ,2014. Novel"3-Dspacer"all fibre piezo-lectric textiles for energy harvesting applications. Energy Environ. Sci. 7(5),1670-1679.

Starner,T. ,1996. Human-powered wearable computing. IBM Syst. J. 35(3. 4),618-629.

Strock,H. B. ,Pascucci,M. R. ,Parish, M. V. ,Bent, A. A. ,Shrout, T. R. ,1999. Active PZT fi-bers：a commercial production process. In：Paper Presented to Proceedings of the SPIE, vol. 3675. Smart Structures and Materials 1999：Smart Materials Technologies,July 12,1999.

Swallow,L. ,Luo,J. ,Siores,E. ,Patel,I. ,Dodds,D. ,2008. A piezoelectric fibre composite based energy harvesting device for potential wearable applications. Smart Mater. Struct. 17(2),025017.

Tang,S. L. P. ,Stylios,G. ,2006. Ano verview of smart technologies for clothing design and engineering. Int. J. Cloth. Sci. Technol. 18(2),108-128.

Tilley,R. J. ,2006. Crystals and Crystal Structures. John Wiley & Sons,Hoboken,NJ.

Tressler,J. ,Alkoy,S. ,Dogan,A. ,Newnham,R. ,1999. Functional composites for sensors,actuators and transducers. Compos. A:Appl. Sci. Manuf. 30(4),477-482.

Uchino,K. ,2010. Advanced Piezoelectric Materials:Science and Technology. Elsevier,Burlington.

Van Langenhove,L. ,Hertleer,C. ,2004. Smart clothing:a new life. Int. J. Cloth. Sci. Technol. 16 (1/2),63-72.

Vatansever,D. ,Hadimani,R. ,Shah,T. ,Siores,E. ,2012a. Piezoelectric mono-filament extrusion for green energy applications from textiles. J. Text. Eng. 19(85),1-5.

Vatansever,D. ,Siores,E. ,Shah,T. ,2012b. Alternative resources for renewable energy:piezoelectric and photovoltaic smart structures. In:Global Warming—Impacts and Future Perspective. InTech—Open Access Publisher,Croatia,pp. 263-290.

Vatansever,D. ,Siores,E. ,Hadimani,R. L. ,Shah,T. ,2011. Smart woven fabrics in renewable energy generation. In:Advances in Modern Woven Fabrics Technology. In Tech Publication,Croatia,pp. 23-38.

Vullers,R. ,van Schaijk,R. ,Doms,I. ,Van Hoof,C. ,Mertens,R. ,2009. Micropower energy harvesting. Solid State Electron. 53(7),684-693.

Wang,X. ,2012. Piezoelectric nanogenerators—harvesting ambient mechanical energy at the nanometer scale. Nano Energy 1(1),13-24.

Waqar,S. ,McCarthy,J. M. ,Deivasigamani,A. ,Wang,C. H. ,Wang,L. ,Coman,F. ,John,S. , 2013. Dual field finite element simulations of piezo-patches on fabrics:a parametric study. In: Paper Presented to Proceedings of the SPIE,vol. 8793. Fourth International Conference on Smart Materials and Nanotechnology in Engineering.

Williams,R. B. ,Park,G. ,Inman,D. J. ,Wilkie,W. K. ,2002. An overview of composite actuators with piezoceramic fibers. In:Proceedings of the IMAC XX,pp. 4-7.

Yang,B. ,Yun,K. -S. ,2012. Piezoelectric shell structures as wearable energy harvesters for effective power generation at low-frequency movement. Sens. Actuators A:Phys. 188,427-433.

Yang,Y. ,Guo,W. ,Pradel,K. C. ,Zhu,G. ,Zhou,Y. ,Zhang,Y. ,Hu,Y. ,Lin,L. ,Wang,Z. L. , 2012a. Pyroelectric nanogenerators for harvesting thermoelectric energy. Nano Lett. 12(6), 2833-2838.

Yang,Y. ,Jung,J. H. ,Yun,B. K. ,Zhang,F. ,Pradel,K. C. ,Guo,W. ,Wang,Z. L. ,2012b. Flexible pyroelectric nanogenerators using a composite structure of lead-free $KNbO_3$ nanowires. Adv. Mater. 24(39),5357-5362(a).

Yun,D. ,Yun,K. S. ,2013. Woven piezoelectric structure for stretchable energy harvester. Electron. Lett. 49(1),65-66.

Zeng,W. ,Tao,X. -M. ,Chen,S. ,Shang,S. ,Chan,H. L. W. ,Choy,S. H. ,2013. Highly durable allfiber nanogenerator for mechanical energy harvesting. Energy Environ. Sci. 6(9),2631-2638.

Zhang,X. ,Tao,X. ,2001. Smart textiles:passive smart. Text. Asia 32(6) ,45-49.

Zięba,J. ,Frydrysiak,M. ,2010. The method of human frequency breathing measurement by tex-tronic sensors. In:Paper Presented to 7th International Conference – TEXSCI, September 6 – 8. TUL,Liberec,Czech Republic,pp. 1-6.

第 10 章　刺绣天线通信系统

Z. Wang，J. L. Volakis，A. Kiourti

Ohio State University，Columbus，OH，USA

10.1　简介

　　未来的个人无线通信设备将需要高数据速率和优质的服务质量（QoS）。新颖、灵活、轻便且可穿戴的射频（RF）电子设备能够提供高速可靠的通信，因为它们可以安装在服装中的多个位置（图 10-1）。因此，它们可以克服手机、掌上电脑（PDA）和其他手持设备的尺寸限制（Volakis et al.，2012；Zhang et al.，2012）。同时，此类可穿戴射频电子设备可为一组穿戴式和多种模式传感器提供可靠的无线连接，从而实现低成本且高效的日常健康监测（Salman et al.，2014）。这是开发虚拟护理医疗中心的关键，以增加对医疗保健提供者的远程访问力度。

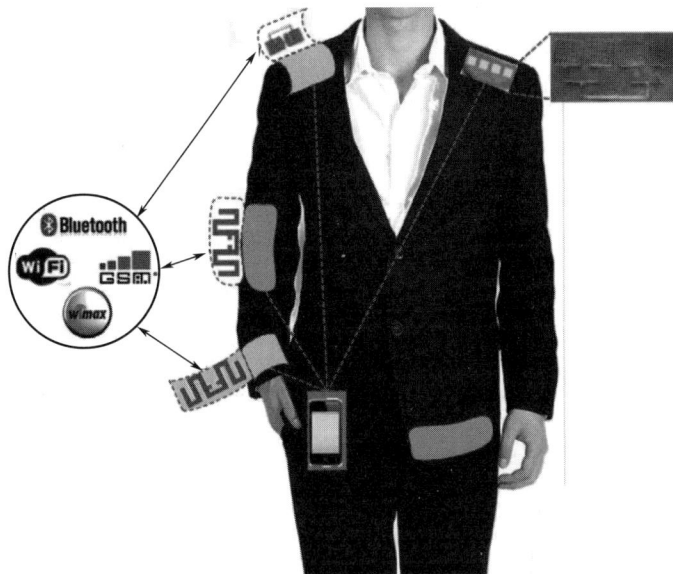

图 10-1　用于高速通信的可穿戴射频电子设备

　　为了在不影响舒适度的前提下实现高效的可穿戴射频功能，需要高度灵活的天线和射频电路，为不间断的通信提供可靠的射频性能和完整的结构性（Zhang et al.，2012）。在此背景下，刺绣导电纺织品（Zhang et al.，2012；Wang et al.，2012a，b）具有很大的市

143

场潜力。具体来说，刺绣导电纺织品克服了与机械应变导致的开裂和变形相关的困难。此类纺织品也可以印刷在低损耗和柔性聚合物基材上，从而实现可穿戴射频电子设备的附加结构完整性和射频性能。

本章介绍了刺绣织物天线的研究背景和设计规则，研究了刺绣纺织品在射频下的特性，展示了几种纺织品设计示例，并测试了与可穿戴射频电子设备、医疗监控和射频识别（RFID）相关的应用。

10.2　织物天线的研究背景

多年来，可穿戴电子设备一直是人们关注的焦点（Hamedi et al.，2007；Ouyang et al.，2008；Wang et al.，2012b；Locher et al.，2008；Kim et al.，2008）。设计可穿戴式射频电子产品的主要挑战是达到优异的射频性能，同时服装既舒适又美观（Zhang et al.，2012）。为了满足此要求，刺绣柔性材料需要高导电性和机械强度的结合（Ouyang et al.，2008；Wang et al.，2012b；Locher et al.，2008；Morris et al.，2011）。据报道，导电纺织品为射频设计应用提供了保形性、隐蔽性和高导电性（图10-2）。如 Lilja 等（2012）所述，导电天线是由商用机织物在非导电基材上制成的。

- 嵌入纱线中的细金属线
- 结构完整性
- 金属线疲劳，金属覆盖率低

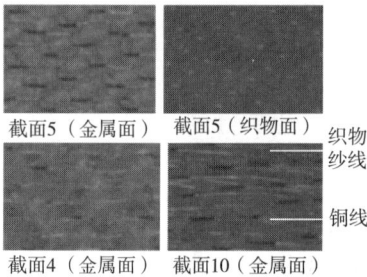

截面5（金属面）　截面5（织物面）
截面4（金属面）　截面10（金属面）

（a）嵌入式金属线

- 织物上的直接镀金属或织物上黏附铜箔
- 刻蚀图案化
- 金属织物附着力；织物弯曲过程中可能出现分层

（b）金属复合纺织品/织物

- 类似于刺绣E纤维（ESL），但导电层和复合纤维的损耗更高[电阻率是(e)中纤维的10~100倍]
- 单层低密度缝合，尺寸不准确

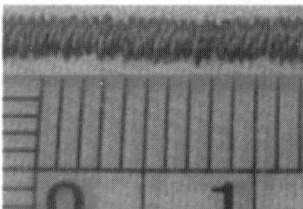

（c）导电线

- 带热熔黏合剂的镀镍/镀铜织物
- 由于使用外部黏合剂与基材组装，因此抗张性更高

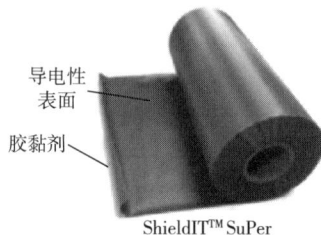

ShieldIT™ SuPer

（d）商用导电纺织品

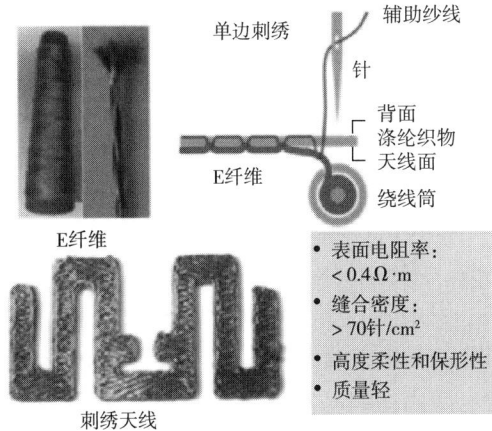

- 金属涂层的高强度纤维
- 金属涂层具有高导电性，纤维芯具有结构完整性
- 通过高密度缝合制造

单边刺绣

辅助纱线

针

背面
涤纶织物
天线面

E纤维

绕线筒

E纤维

刺绣天线

- 表面电阻率：< 0.4Ω·m
- 缝合密度：> 70针/cm²
- 高度柔性和保形性
- 质量轻

（e）刺绣E纤维（ESL, OSU）

图 10-2 不同导电纺织品

导电纺织品可以分为四类（表 10-1），包括金属复合纺织品、导电纱线纺织品、刺绣导电纺织品和喷墨印花导电纺织品。如表 10-1 所示，导电纺织品在反复弯曲后会导致金属疲劳，这使其可穿戴性降低。同时，喷墨印花导电纺织品的机械强度较低。表 10-1 中的（3）、（4）和（5）表现出良好的机械柔韧性和保形性。但是，它们在射频下会导致高导体损耗。在表 10-1 中列出的刺绣导电纺织品中，（6）表现出射频性能、机械强度和负载能力的最佳组合（Wang et al.，2012b；Toyobo Co.，Ltd，2005）。本章评估了刺绣 E 纤维的射频特性及其在天线设计中的应用。重要的是，用于刺绣纺织品的介电基材必须保留结构的灵活性、完整性和射频性能。本章使用了聚二甲基硅氧烷（PDMS）及其陶瓷复合材料，因为其具有介电常数可调、介电损耗低及可室温制备等优点（Koulouridis et al.，2006；Wang et al.，2012b）。

表 10-1 天线和射频应用中的导电纺织品

序号	导电纺织品类别	导电介质	特征	参考文献
（1）	金属复合纺织品	嵌入式金属线	金属疲劳，高接触电阻	Ouyang et al.，2008
（2）		镀金属纺织品	弯曲条件下镀金层断裂	Bashir et al.，2009
（3）		商用导电纺织品	薄膜电阻高，黏合剂造成额外损失	Vallozzi et al.，2009
（4）	导电纱线纺织品	导电碳纤维机织物	高电阻率和高损耗	Mehdipour et al.，2010
（5）	刺绣导电纺织品	导电线	低质量金属化导致的高导体损耗	Locher et al.，2008；Kim et al.，2008
（6）		金属涂层聚合物纤维（E 纤维）	导体损耗低，力学强度高	Toyobo Co.，Ltd，2005
（7）	喷墨印花导电纺织品	喷墨印花纺织品	力学强度低，油墨表面在弯曲和拉伸作用下破裂	Li et al.，2012；Zhou et al.，2010

10.3 刺绣天线的设计规则

10.3.1 导电纺织品用纤维

镀银的 Amberstrand® 纤维用于射频导电纺织品表面。电子纤维（E 纤维）如图 10-3 所示，其直径约为 15μm，由 10μm 的高强度聚对亚苯基苯并二噁唑（PBO）芯（Toyobo Co., Ltd, 2005）和 2~3μm 厚的金属涂层（Wang et al., 2012b）组成。E 纤维的低直流（DC）电阻率为 0.8Ω·m，并具有优异的机械强度和柔韧性。在 RF（0.1~20GHz）下测量纤维电导率表明，E 纤维表面的有效电导率 $\sigma = 3.5 \times 10^6$ S/m（Chung et al., 2012），与铜相当，这种高电导性对于使用纺织品实现无源射频设备至关重要。

10.3.2 导电纺织品表面的刺绣工艺

图 10-3 所示展示了一种独特的刺绣工艺，使用电脑缝纫机将天线和电路设计转化为刺绣图案，然后将缝合位置数字化。辅助纱线用于将 E 纤维精确而牢固地固定在织物表面的一侧（Wang et al., 2012b）。因此，避免了金属纤维涂层可能的磨损损伤。E 纤维天线（图 10-4）具有良好的机械柔韧性，可以对其表面进行三维调整。为了探索 E 纤维在构建多层射频电路中的可行性，开发了一种新工艺，该工艺利用 E 纤维制造了通路的多层微带电路结构（Wang et al., 2012b）。

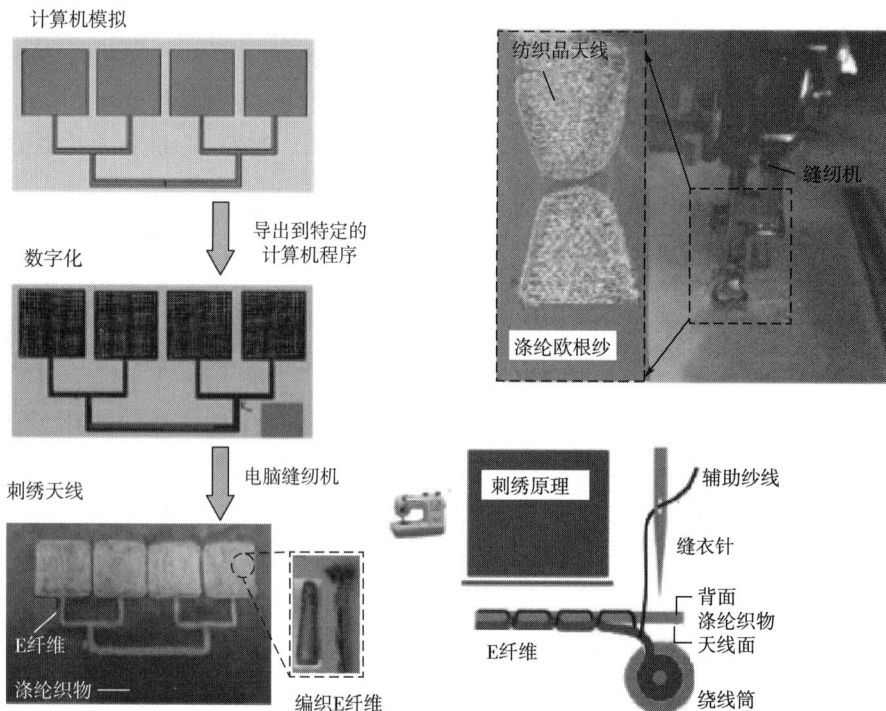

图 10-3　刺绣纺织品表面的制造

（a）Amberstrand®Ag-332纤维

（b）导电纺织品表面

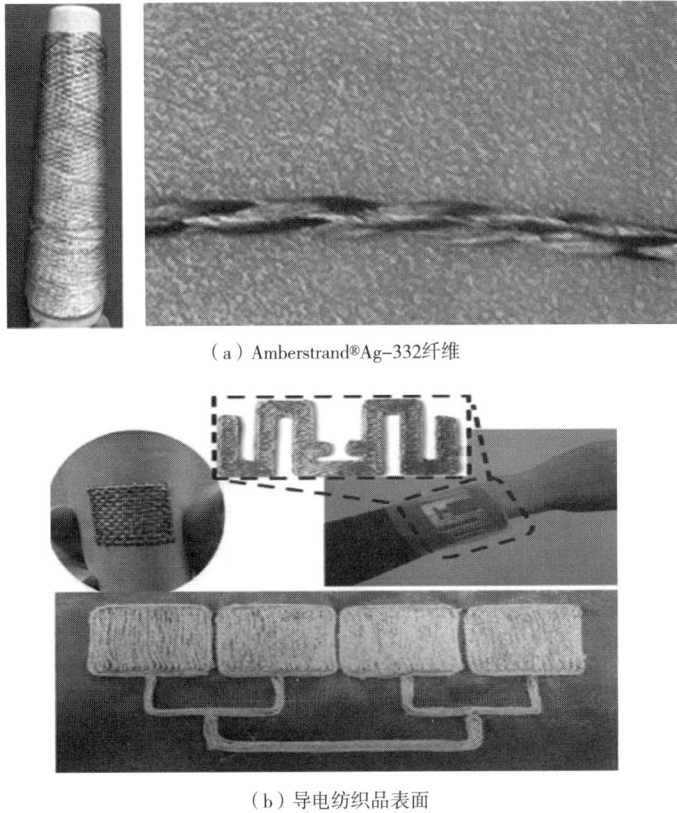

图 10-4　多股导电纤维及其相关导电纺织品表面

为了确保纺织品表面具有最大导电性，电脑缝纫机刺绣工艺通过量身定做以形成双层织物层，即第二层绣在第一层之上。通过这种方式，可以最大限度地减小物理不连续性和纱线间隙。发现后者总是小于 $\lambda/20$，其中 λ 是操作频率下的自由空间波长。这种精确性是实现高性能天线和射频电路目标的关键。

10.3.3　刺绣纺织品表面的集成

将上述刺绣纺织品集成在低损耗、高柔性的聚合物基底上。由于 PDMS 具有机械柔韧性和延展性、固有的化学稳定性和耐水性（Koulouridis et al.，2006），因此采用 PDMS 作为基板。如 Wang 等（2012b）所述，PDMS 复合材料的介电常数 $\varepsilon_r = 3.0$，低损耗正切值 $\tan\delta < 0.02$。PDMS 的另一个优点是将陶瓷粉末分散到 PDMS 基质中，其介电常数 ε_r 可以从 3.0 增加到 13.0（Koulouridis et al.，2006）。

将纺织品表面集成到聚合物基底上的过程如图 10-5 所示，显示了微带传输线（TL）的结构（Zhang et al.，2012）。刺绣 TL 和地线层（GP）首先用 PDMS 层压。然后，用一层超薄未固化的 PDMS 将其两侧连接起来（Wang et al.，2012b）。

使用上述工艺制作了几个射频设备（图 10-6），包括 50Ω 微带 TL、贴片天线、带馈电网络的 4×1 天线阵以及螺旋天线。值得注意的是，所有结构在重复的弯曲和拉伸后仍然保持完好。

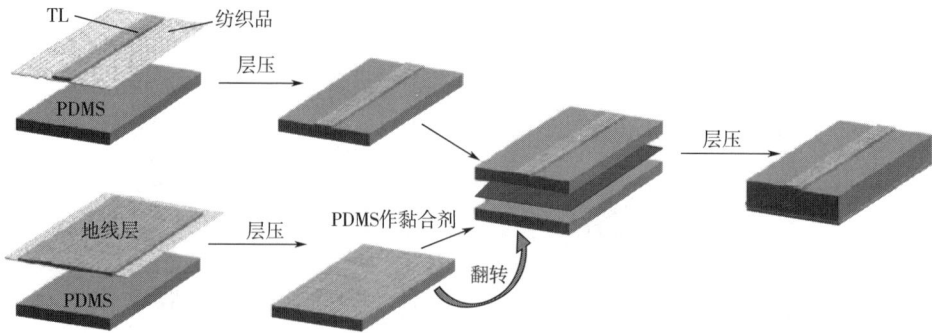

图 10-5　在聚合物基底上制造纺织品表面（Zhang et al.，2012）

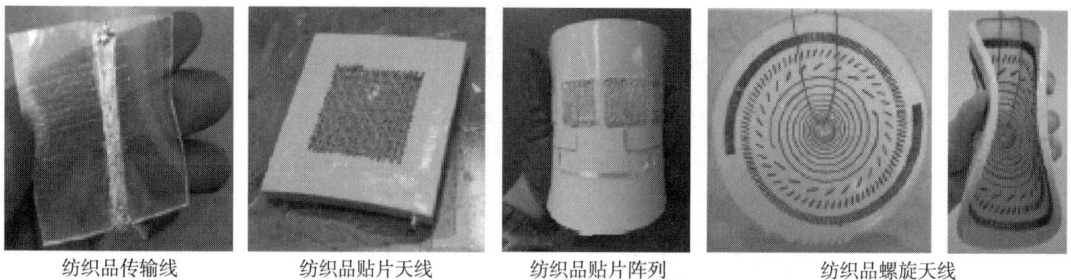

纺织品传输线　　　纺织品贴片天线　　　纺织品贴片阵列　　　纺织品螺旋天线

图 10-6　在 PDMS 基底上使用纺织品制造各种射频图案

　　制备多层纺织品射频电路示例如图 10-7 所示，该设计由两个 PDMS 层组成，每层的表面都有一个刺绣 TL。为了制备双层结构，两个 TL 通过 PDMS 的超薄层连接起来。然后，通过注射器或针头将 E 纤维穿过聚合物来形成通路。同时注意到这种双层刺绣射频电路具有非常高的柔韧性，并且在重复弯曲后射频性能不会降低。

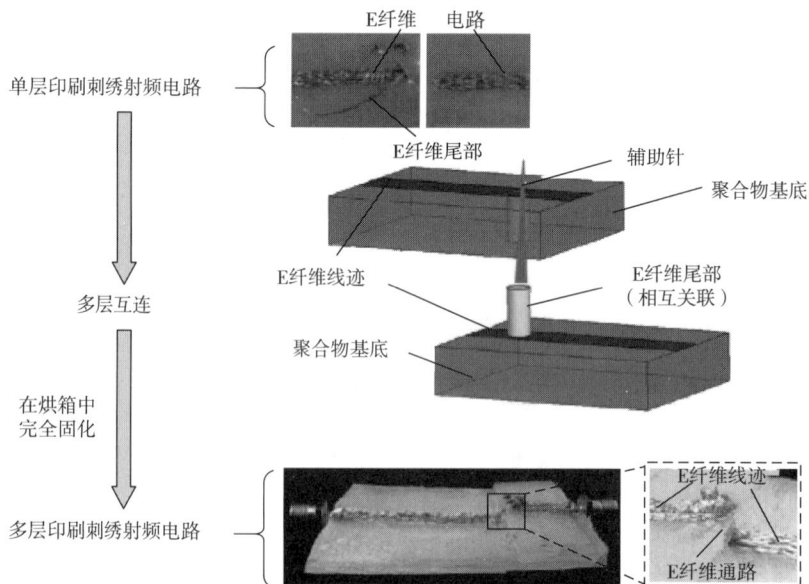

图 10-7　制造多层纺织品射频电路（Wang et al.，2012b）

10.4 射频下刺绣导电纺织品的特性

10.4.1 射频下导电纺织品的损耗

10.4.1.1 刺绣纺织品微带线

使用 5cm 长的 50Ω 微带 TL 对 E 纤维表面的射频性能进行了测试（Wang et al.，2012b）。如图 10-8 所示，在 PDMS 基底上制作了三个样品。纺织品的电损耗通过使用 2 端口安捷伦 N5230A 网络分析仪测量 S 参数进行评估分析。如图 10-9 所示，E 纤维 TL 与 E 纤维地线层在 4GHz 时的插入损耗（S21）为 0.2dBi/cm，仅比全铜 TL 结构高 0.07dBi/cm，在 5GHz 时的阻抗匹配性能也十分良好。

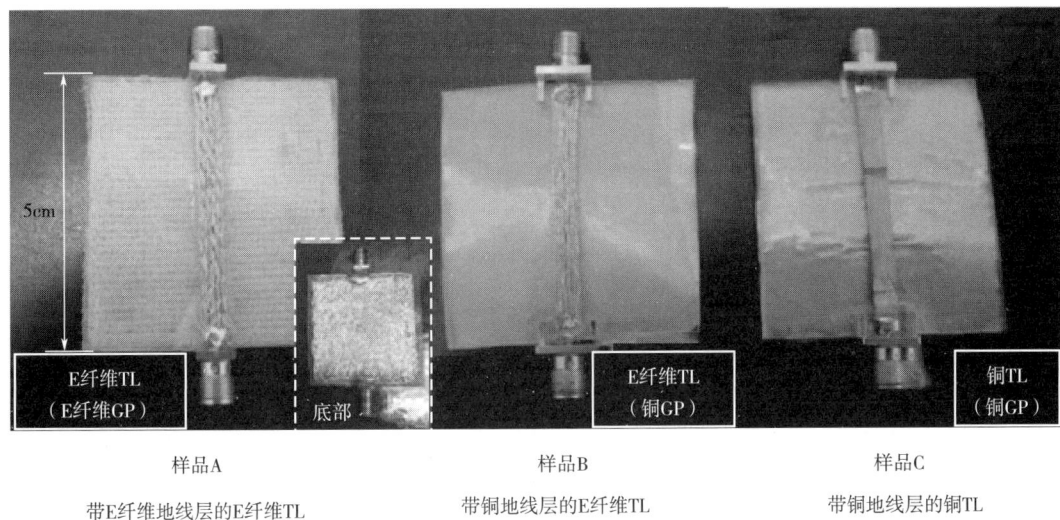

图 10-8　三个单层微带线样品（Wang et al.，2012b）

以上结果表明，柔性刺绣纺织品具有显著高导电性以及柔性 PDMS 基底在射频下的低损耗。正如所料，损耗会随频率的增加而增加，但更重要的是，E 纤维的整体损耗很低。同时注意到刺绣 E 纤维纺织品在重复弯曲后仍保持其射频性能和结构完整性（Wang et al.，2012b），这些特性对于可穿戴射频应用非常重要。

为了更好地展示 E 纤维在聚合物上的柔韧性，将一对印刷在不同的 PDMS 层上的 TL 通过通路连接起来。图 10-10 展示的是双层 PDMS 在平面状态和弯曲状态下的形式。为了方便比较，双层铜 TL 制作在相同的 PDMS 层上。图 10-11 显示了双层 TL 样品的 S 参数测量值，表明在 4GHz 以下，S21 的值小于 0.34dBi/cm，只比铜样品高 0.2dBi/cm。因此，单层和双层刺绣 E 纤维 TL 具有优异的射频性能和力学性能（结构的灵活性和完整性）。

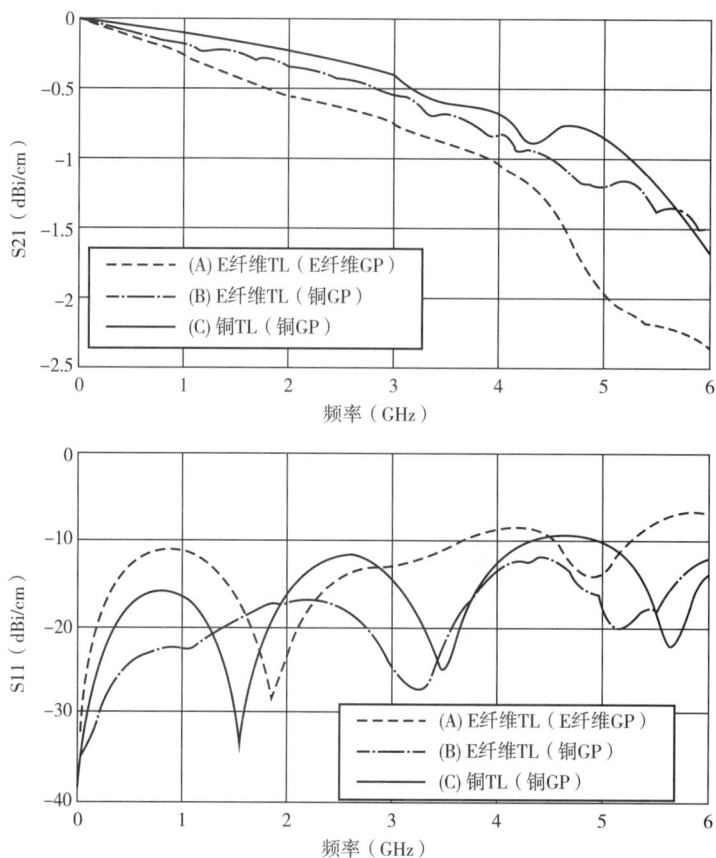

图 10-9 三种单层 TL 样品的 S 参数测量值（Wang et al.，2012b）

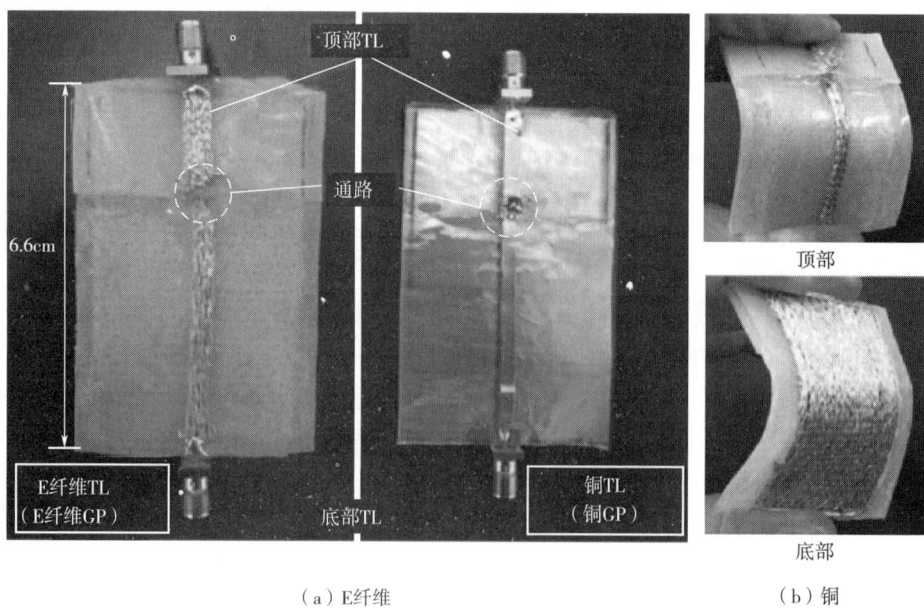

（a）E 纤维 　　　　　　　　　　　　　　（b）铜

图 10-10 由 E 纤维和铜制成的双层微带传输线（Wang et al.，2012b）

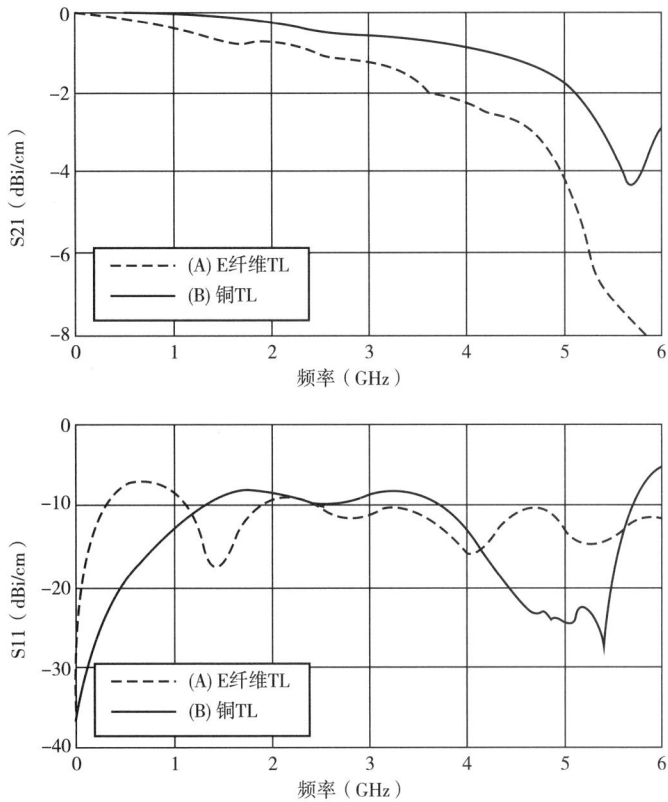

图 10-11　双层 TL 样品的 S 参数测量值（Wang et al.，2012b）

10.4.1.2　导电纺织品的损耗

为了提取沿 TL 传输的显式常数，制作并测量了三条 E 纤维微带 TL（图 10-12；Zhang et al.，2012）。如 Wang 等（2012b）所述，首先对纤维进行刺绣以形成织物 TL，然后将其整合到聚合物基底上（$\varepsilon_r=3$，$\tan\delta<0.01$）。E 纤维 TL 及其铜对应物在 30MHz~6GHz 范围内进行测量。反射系数（S11）和插入损耗（S21）如图 10-13 所示。从图 10-13（d）中可以看出，E 纤维 TL 的测量值 S11<-10dBi/cm，表明整个频率范围内其阻抗匹配良好。

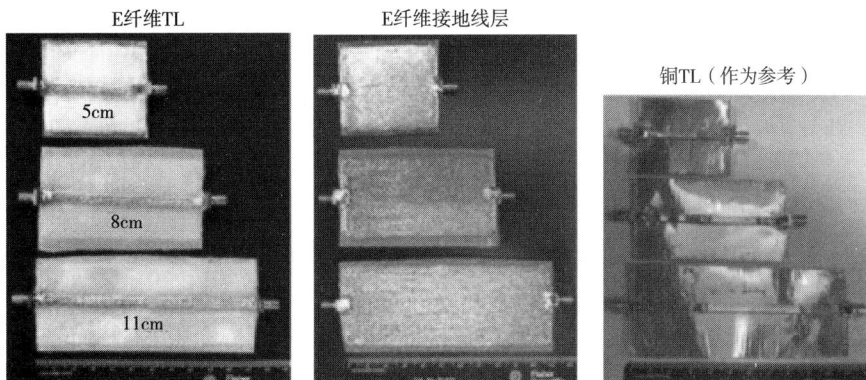

图 10-12　制造的纺织品 TL 和参照物铜 TL

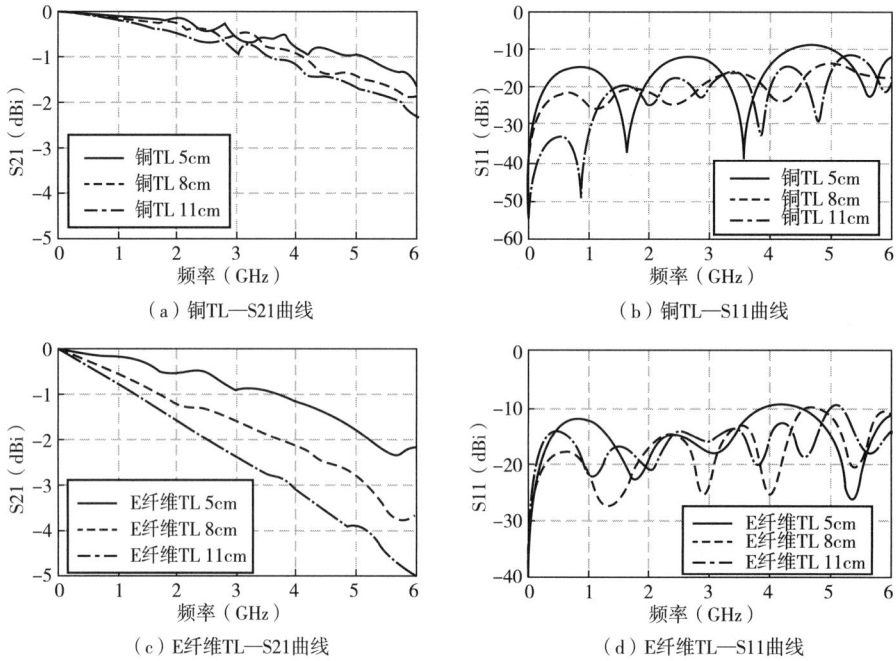

（a）铜TL—S21曲线

（b）铜TL—S11曲线

（c）E纤维TL—S21曲线

（d）E纤维TL—S11曲线

图 10-13　E 纤维 TL 和铜 TL 的 S 参数测量值

通过测量 S21 来计算单位长度的损耗，从而提取 E 纤维的衰减损耗。制作了三个不同长度的 E 纤维 TL（l1、l2、l3），从而精确地去嵌入测量结果（Mangan et al.，2006）并提取实际衰减常数 α（Pozar，2004）。众所周知，TL 去嵌入技术是一种经济有效的提取 TL 的射频特性的方法。同时，三个相同长度的铜 TL 也用作参考对照。

E 纤维 TL 和铜 TL 的提取衰减常数如图 10-14 所示，$\alpha_{E纤维}$ 在 30MHz~4GHz 范围内略高于 $\alpha_{铜}$。在 1GHz 时，$\alpha_{E纤维}$ = 0.14dBi/cm，仅比 $\alpha_{铜}$ 高 0.1dBi/cm。随着频率的升高，$\alpha_{E纤维}$ 在 3GHz 时增加到 $\alpha_{E纤维}$ = 0.19dBi/cm，在 4GHz 时增加为 $\alpha_{E纤维}$ = 0.27dBi/cm，分别为 0.15dBi/cm 和 0.17dBi/cm。观察到在更高的频率下，由于 E 纤维的表面粗糙度和不完全金属化引起的导体损耗，织物 TL 中的衰减增加；然而，E 纤维单位长度的损耗很小，使其成为射频设计的有效导体。

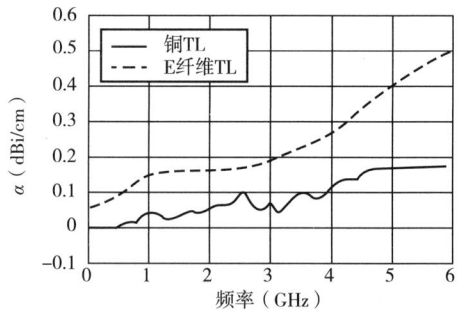

图 10-14　使用去嵌入技术提取的 E 纤维 TL 和铜 TL 的衰减常数

10.4.2　刺绣密度对织物插入损耗的影响

E 纤维的宏观结构和上述刺绣工艺导致 E 纤维线之间气隙的产生。因此，织物表面的导电性降低。降低损耗的一个有效方法是增大导电材料的密度（Pozar，2004），这可以通过增大刺绣密度或者使用更高密度的纤维来实现。本节研究了纤维和缝合密度对插入损耗（S21）的影响。如图 10-15 所示，5cm 的刺绣微带 TL，通过改变用于刺绣表面的密度，形成几种不同类型的编织 E 纤维（表 10-2）。

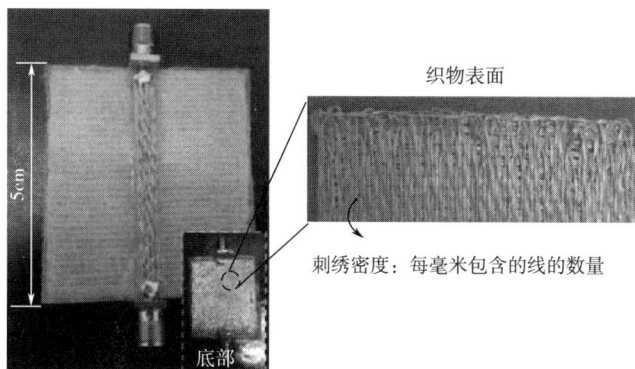

图 10-15　刺绣 E 纤维 TL 样品

表 10-2　刺绣参数的影响

样品	导电材料		刺绣密度 （股/mm）	5cm TL 在 3GHz 时的损耗 （dBi/cm）
	传输线路	地线层		
A	166 股 E 纤维	铜	4.0	0.15
B	166 股 E 纤维	166 股 E 纤维	4.0	0.28
C	332 股 E 纤维	332 股 E 纤维	3.0	0.20
D	664 股 E 纤维	664 股 E 纤维	1.6	0.23
E	664 股 E 纤维	664 股 E 纤维	2.0	0.20
F	644 股 E 纤维	664 股 E 纤维	2.7	0.19
参照物	铜	铜		0.08

10.4.2.1　刺绣密度

一般来说，更密集的刺绣是首选，因为它减少了织物表面潜在的物理不连续性，同时增加其电导率。然而，在实践中，密集的刺绣制作起来更具难度，并可能导致缝纫针断裂。因此，对刺绣密度进行了优化，在高质量刺绣和制作可行性之间进行折中以达到最佳效果。如表 10-2 所示，当刺绣密度从 1.6 股/mm 增加到 2.0 股/mm 时，664 线 E 纤维 TL（样品 E）在 3GHz 下观察到插入损耗为 0.2dBi 的低损耗。但是，当刺绣密度进一步增加到 2.7 股/mm 时，并不会使损耗大幅减少，这表明有效导电率在 2.0 股/mm 左右达到了稳定。

10.4.2.2　纤维密度

此外，我们还测试了使用不同线密度的 E 纤维刺绣的 TL 样品的性能。如表 10-2 所示，由密度更高的 E 纤维制成的 E 纤维 TL 明显表现出较低的损耗，也就是说，对于具有相同刺绣密度的 TL，较重的纤维其表面覆盖更密集（类似较厚的地毯），导电性更高。可以观察到，由 332 线和 664 线 E 纤维制成的 TL 样品的损耗大致相同，尽管 664 线 E 纤维的重量增加了一倍。这表明导电纤维的密度在这个频率范围内，接近当前可达到的电导率极限。664 股以上形成的 E 纤维由于缝纫针断裂而很难处理。同时，它们也可能导致几何误差。因此，664 线 E 纤维是最适合刺绣工艺的材料。

10.4.2.3　E 纤维纺织品表面的保护

导电纤维的镀银层厚度约为 $2\mu m$，可能会受到腐蚀和风化的影响，反过来又会降低其表面导电性。如图 10-16（b）所示，在没有任何保护的情况下，5cm 长的 E 纤维 TL 的损耗在一年后增加到 0.3dBi，这主要是由于银腐蚀。因此，为了保持 E 纤维结构的射频性能，在 E 纤维表面封装低损耗的聚合物薄膜至关重要。如图 10-16 所示，使用了两种聚合物薄膜，即聚氨酯（PU）（$\varepsilon_r = 3.20$，$\tan\delta = 0.02$）和 PDMS（$\varepsilon_r = 3.0$，$\tan\delta = 0.01$）。可以看到两种聚合物薄膜都可以与柔性和保形的 E 纤维表面机械兼容。在此研究中，制作了 PDMS 和 PU 薄膜并将其紧紧地层压在 5cm 的 E 纤维 TL 周围，如图 10-16（a）所示。图 10-16（c）中显示了三个 E 纤维 TL 样本中的透射系数（S21）。经验证保护薄膜几乎不会引起任何损失。在未来的应用中，由于其较高的力学强度和较低的透水性，PU 将是首选的保护薄膜材料。

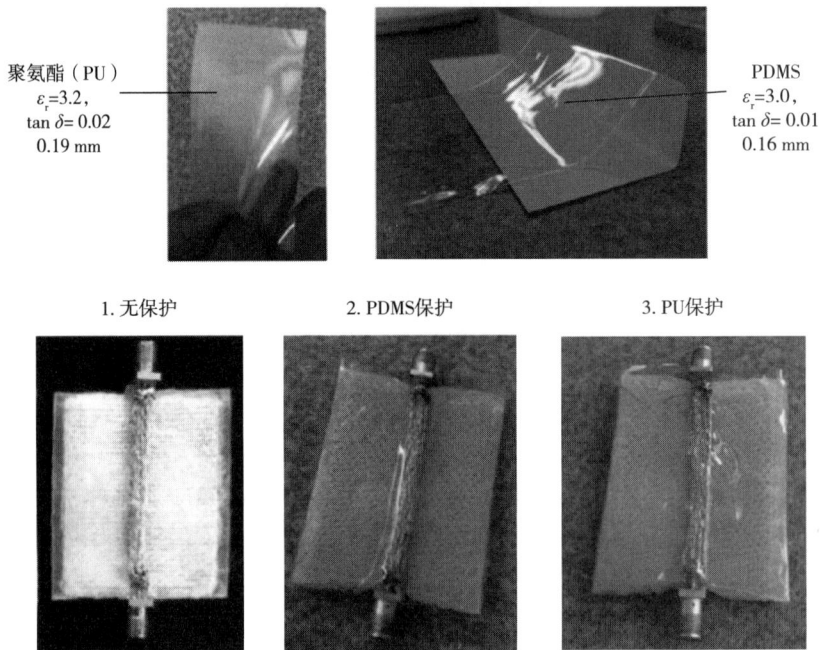

聚氨酯（PU）
$\varepsilon_r = 3.2$,
$\tan\delta = 0.02$
0.19 mm

PDMS
$\varepsilon_r = 3.0$,
$\tan\delta = 0.01$
0.16 mm

1. 无保护　　　　2. PDMS保护　　　　3. PU保护

（a）E纤维TL用聚合物封装，防止导电织物表面风化和腐蚀

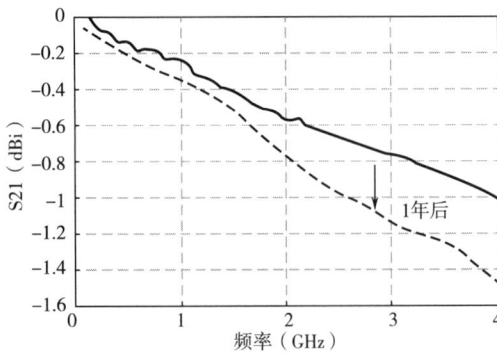

（b）在没有纺织品表面保护的情况下，
5cm E纤维TL在1年后的损耗增加

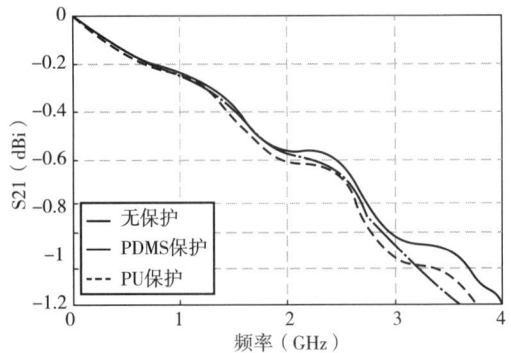

（c）无保护和聚合物封装的
5cm E纤维TL的S21比较

图 10-16　E 纤维纺织品表面的保护

10.4.3　刺绣织物天线的射频性能

为了测试织物天线的射频性能，制作了样品贴片天线，用于在平面和曲面上进行实验验证（Wang et al.，2012b）。实验表明，聚合物基板上的 E 纤维贴片天线的射频性能与铜基板上的贴片天线一样好。

10.4.3.1　刺绣纺织品贴片天线

首先，在聚合物基板上制作刺绣纺织品贴片天线（$\varepsilon_r = 4.2$，$\tan\delta = 0.01$）。接下来，在平面和圆柱上测量天线表面的射频性能（图 10-17）。如图 10-17（a）所示，平面纺织品贴片天线测得的共振频率为 2.2GHz，与模拟的铜贴片天线的共振频率一致。测得的实际增益为 5.6dBi，仅比铜贴片天线的增益低 0.3dBi。测得的辐射方向图也与模拟一致。可进一步验证，纺织品天线的优异的射频性能在反复弯曲（超过 20 次）后不会降低。

为了进一步评估 E 纤维天线的射频性能，将其安装在金属圆柱体上（直径为 80mm）进行测试。如图 10-17（b）所示，纺织品贴片天线的实测反射系数和辐射方向图与等效铜贴片天线的模拟结果非常吻合，实现的增益仅比模拟低 1.0dBi。此外，与平面测试相比，织物天线的共振频率较低，为 2.06GHz，并降低了 3.0dBi 的增益。频率失谐是由于 H 平面上的贴片尺寸延伸了 13% 引起的（Wang et al.，2012b）。但是，增益降低主要是因为纺织品表面的曲率变化和抵抗力变高，后者是由于 E 纤维线的拉伸所致。尽管如此，这些结果清楚地展示了 E 纤维天线出色的射频和力学性能。

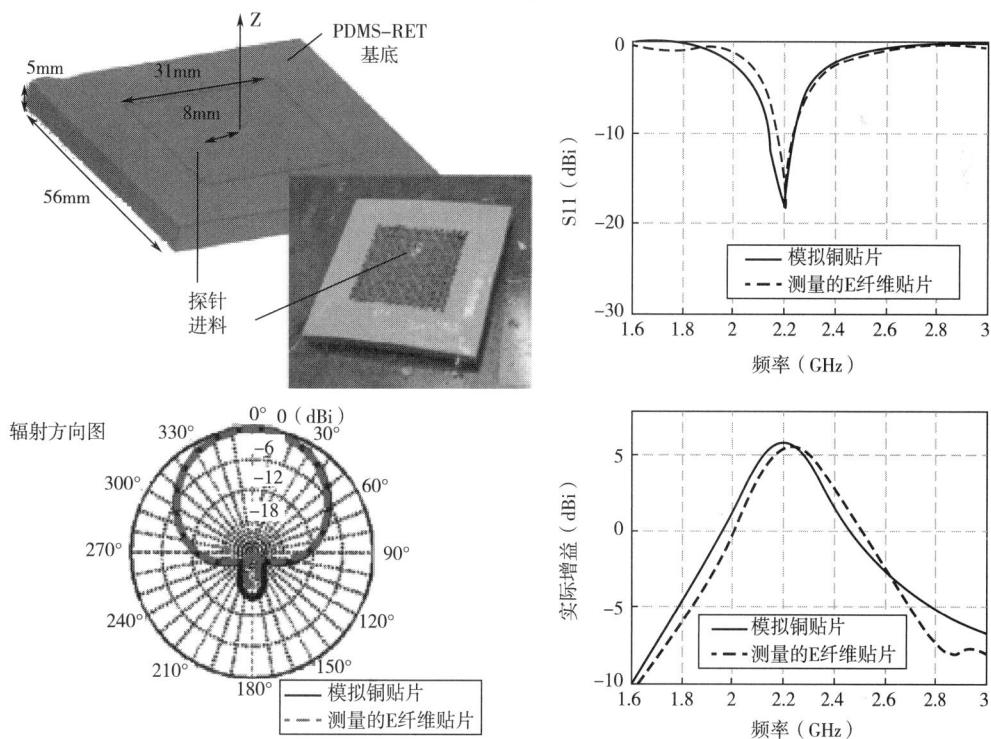

（a）平面上

图 10-17

155

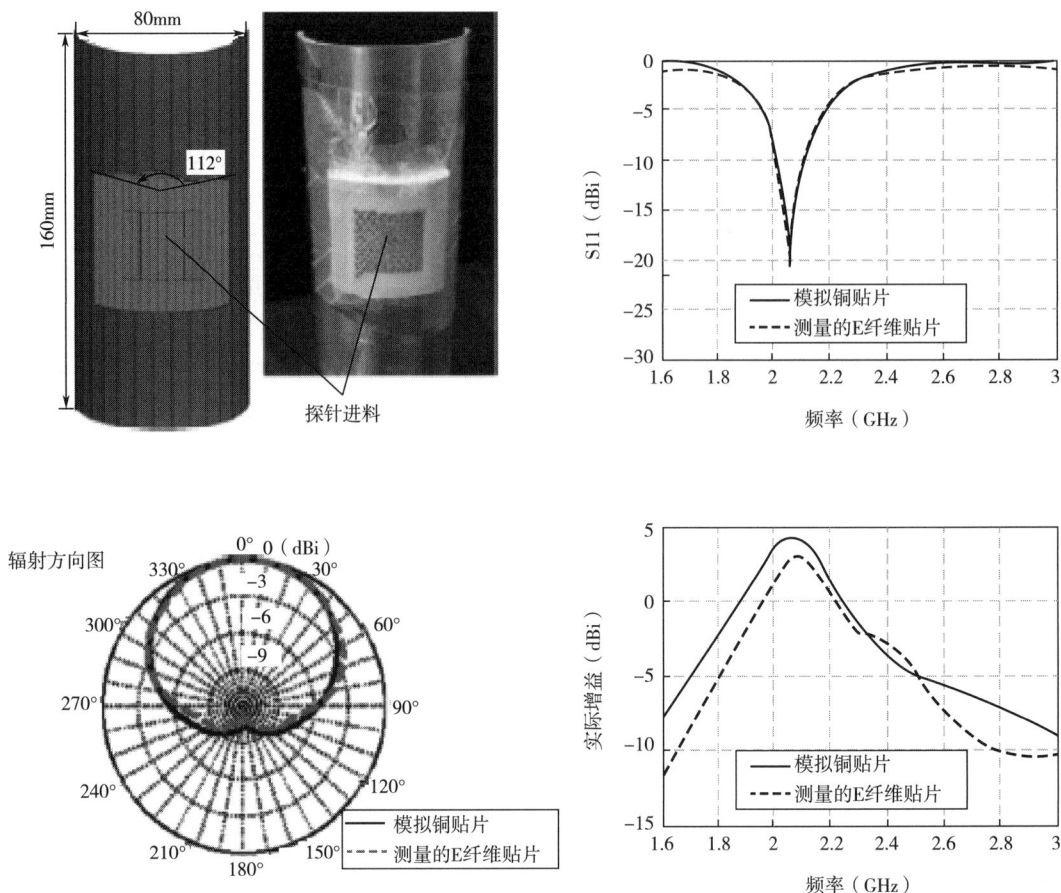

（b）圆柱面上

图 10-17　纺织品贴片天线及其射频性能（Wang et al.，2012b）

10.4.3.2　刺绣织物天线阵列

制造并测试了 4×1 织物天线阵列的性能。如图 10-18（a）所示，织物天线阵列的共振频率为 2.31GHz，实际增益为 7.0dBi，共振频率与其模拟的铜对应物的测量结果一致。另外，纺织品阵列的实际增益仅比铜阵列模拟和测量的增益低 0.6dBi。图 10-18（a）中的三个阵列样本之间的共振频率略有差异，很可能是由于制造纺织品阵列的几何误差所致。

同时测量了安装在曲面上的纺织品阵列的性能。为了进行比较，还制作了等效的铜阵列［图 10-18（b）］。测试结果表明，纺织品贴片阵列性能良好，与铜阵列的模拟结果一致。并且，E 纤维阵列实现了 4.6dBi 的增益，比铜阵列低 1.0dBi。可以注意到，在弯曲过程中，贴片元件之间的间距增加导致了平面和曲面测试的辐射模式的差异。表 10-3 总结了天线阵列和单个贴片天线的测量结果。总而言之，可以看出，刺绣织物天线的确没有降低其天线性能和效率，这是对其机械柔韧性的补充。这种刺绣天线也很容易缝合到聚合物基板，以便进一步集成到任何形状的平台上，例如衣服（Wang et al.，2013a，2014）和车架（Wang et al.，2012b）。

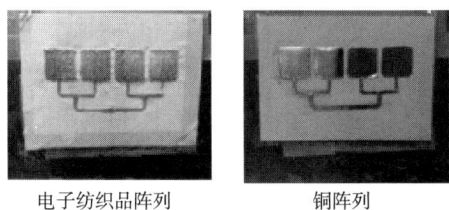

电子纺织品阵列　　　　铜阵列

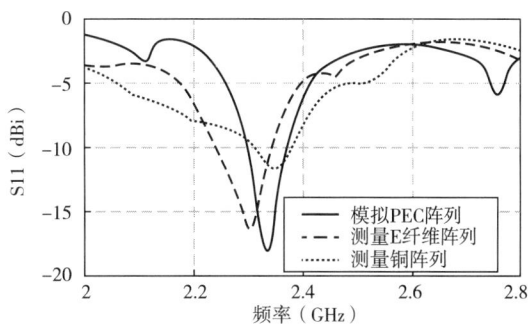

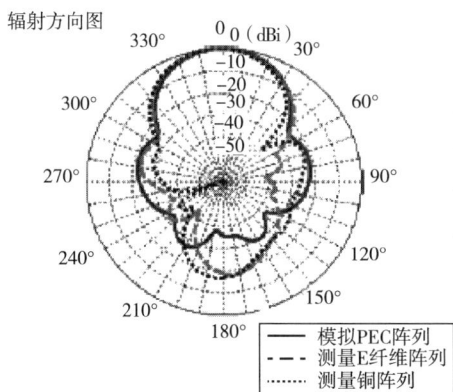

辐射方向图

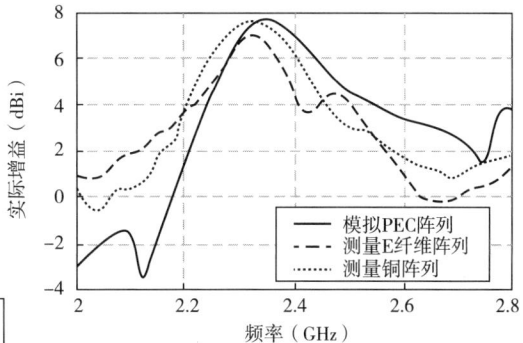

（a）平面上

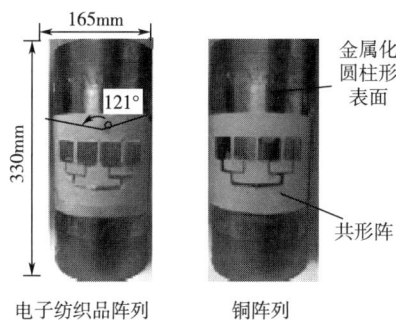

电子纺织品阵列　　　　铜阵列

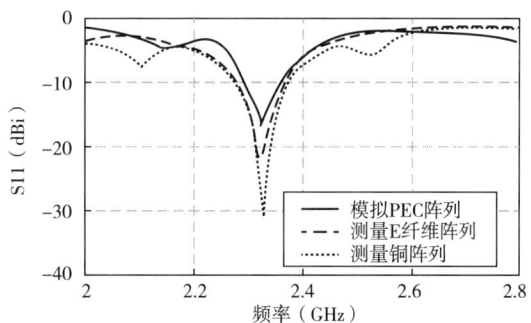

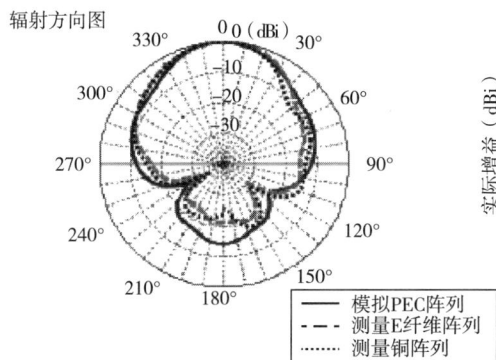

辐射方向图

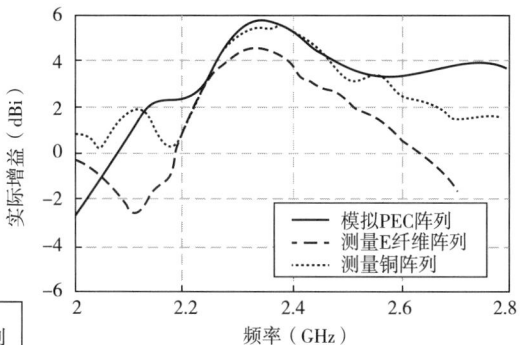

（b）圆柱面上

图 10-18　织物天线阵列及其射频性能（Wang et al.，2012b）

157

表 10-3　刺绣天线性能总结（Wang et al.，2012b）

天线种类	导体	平面		圆柱面	
		$f_{共振}$（GHz）	实际增益（dBi）	$f_{共振}$（GHz）	实际增益（dBi）
贴片天线	模拟铜	2.21	5.9	2.05	4.3
	纺织品	2.20	5.6	2.06	3.0
天线阵列	模拟铜	2.36	7.6	2.32	5.7
	纺织品	2.31	7.0	2.33	4.6

10.5　刺绣天线的应用

10.5.1　用于可穿戴 UHF 通信的刺绣织物天线

现已设计出一种弯曲的火炬形偶极天线，可以在 600MHz 超高频（UHF）波段下工作。如图 10-19（a）所示，这种织物天线在凹凸表面上是柔性的，这使其可以用于可穿戴式通信设备。织物天线及其对应的铜天线都是在自由空间中测量的。如图 10-19（b）所示，织物天线在 610MHz 下共振，这与其对应的铜天线的共振频率及模拟结果一致。可以看出，纺织品偶极子的实际增益为 1dBi，比铜的增益低 0.8dBi［图 10-19（c）］，这可能是由于 E 纤维表面上的导体损耗所致。尽管如此，E 纤维织物天线仍具有优异的射频性能和机械性能，使其可用于可穿戴 UHF 通信。

随后，在人体模型上研究了天线的性能，如图 10-20 所示。人体模型充满了由水、糖和盐组成的模拟组织液，其相对介电常数 $\varepsilon_r = 56.7$，电导率 $\tan\delta = 0.94$ S/m（Wang et al.，2012b）。图 10-20 显示了织物天线放置在人体模型躯干的前部（0°）和后部躯干（180°）时的辐射方向图。可以看出，身体佩戴的织物天线的性能与铜天线的性能匹配良好，测量到的实际增益为 -4dBi。重要的是，身体佩戴多个织物天线可以实现全向信号覆盖，从而使其非常适用于稳定耐用的可穿戴通信（Lee et al.，2011）。

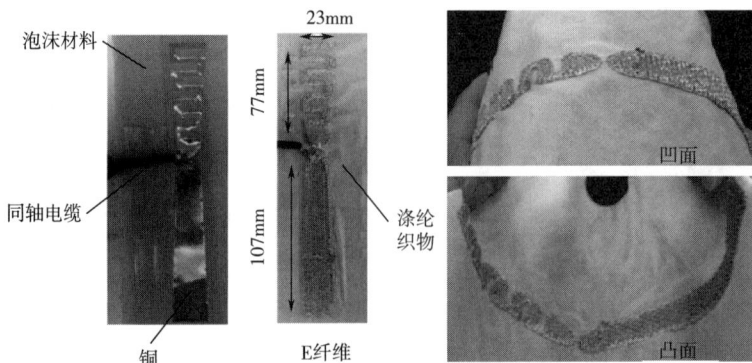

（a）柔性刺绣偶极天线及其对应物铜偶极天线

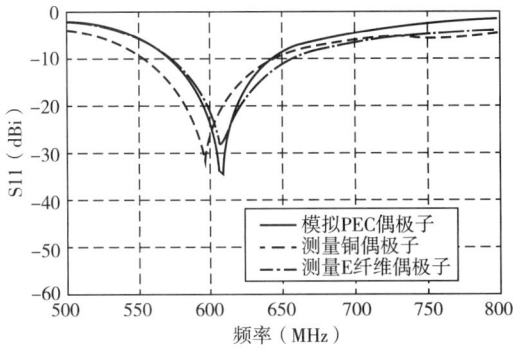

（b）实测S11与频率的关系　　　　　（c）实测自由空间实际增益与频率的关系

图 10-19　偶极天线中 S11 及自由空间实际增益与频率的关系

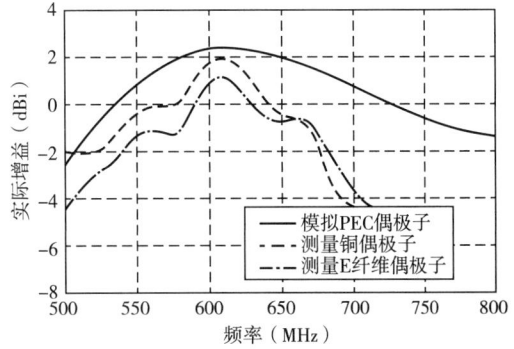

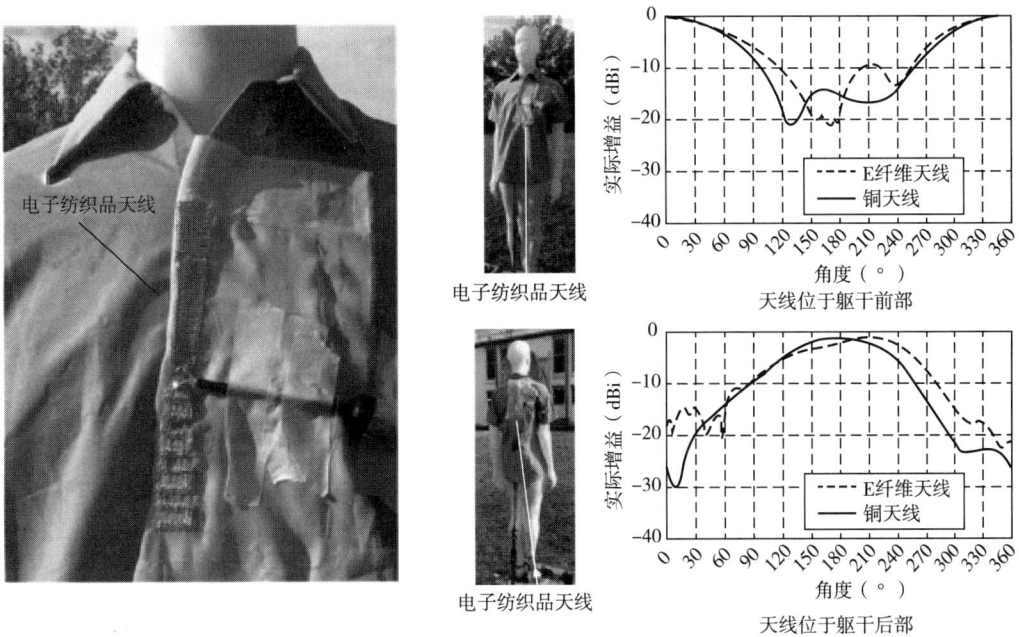

图 10-20　缝制在棉质衬衫上的可穿戴织物天线及 600MHz 下身体不同位置的
织物天线和铜天线的辐射图（Wang et al.，2013a）

当织物天线绣在涤纶围巾上时，对 E 纤维天线的射频性能进行评估。如图 10-21（a）所示，织物天线的性能是在大风天气下的户外测量的，以确保即使围巾在许多位置移动仍具有可靠性能（Wang et al.，2013a）。如图 10-21 所示，与将天线固定在人体模拟上相比，将天线绣在围巾上可以获得较高的增益。这是因为围巾被吹到离身体很远的地方，这意味着受损组织的影响较小。当然，当天线在围巾上时，不可避免地会出现极化不匹配现象。由于围巾的连续运动，对天线的性能进行了统计分析，以研究其可靠性。如图 10-21 所示，在五种戴围巾的情况下，检测到的增益超过-23dBi 的概率为 90%（Wang et al.，2013a），同时注意到，当放置在躯干前部时，织物天线的增益为-20dBi，而放置在躯干后部时，其增益为-22dBi。

159

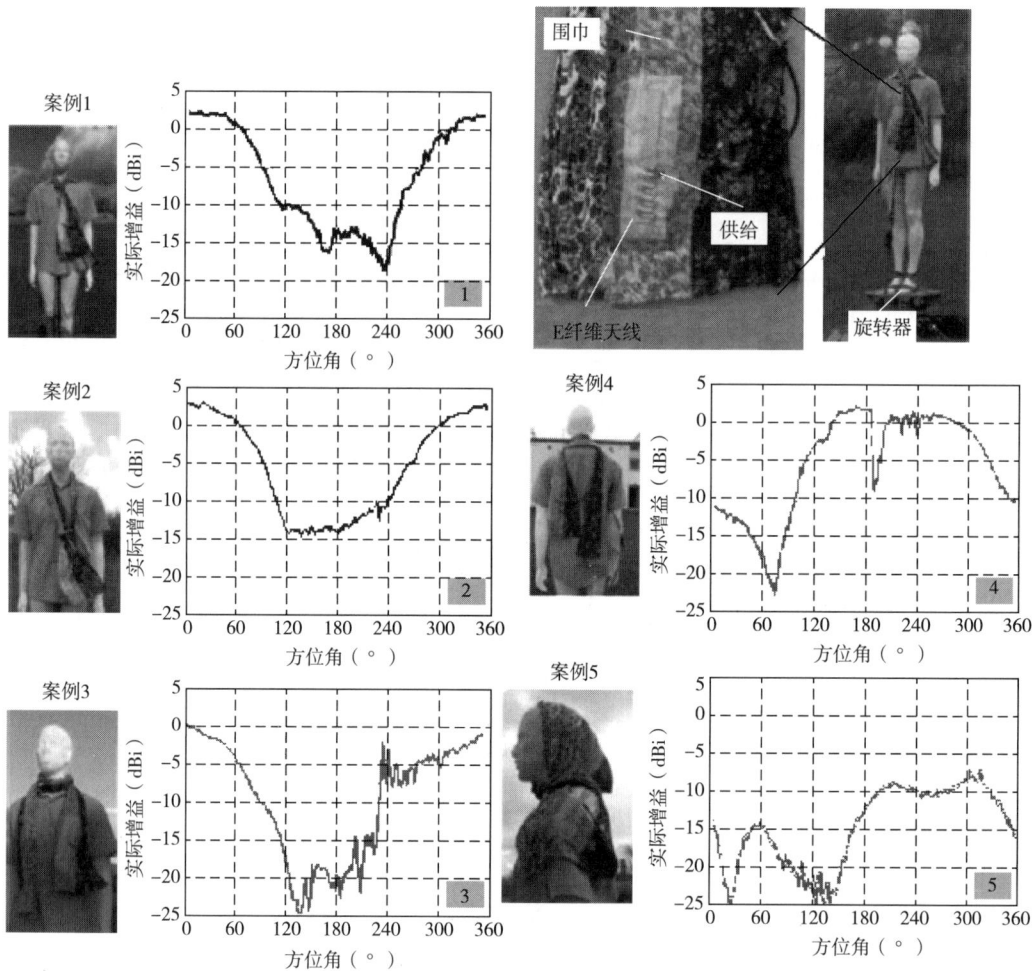

（a）测量模式

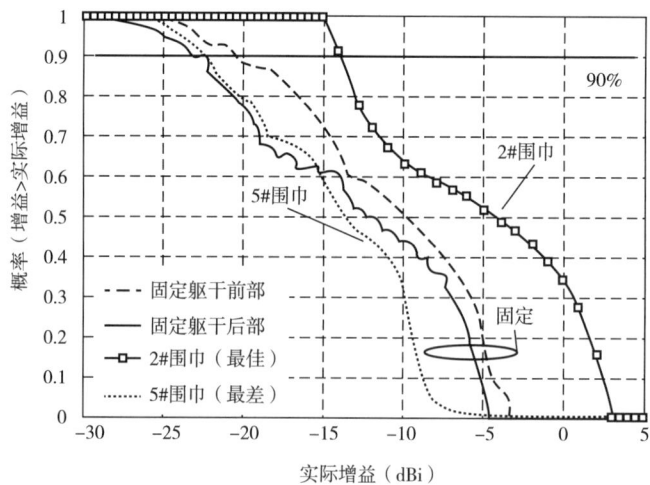

（b）统计分析

图 10-21　五种不同款式的围巾和不同身体位置上纺织品偶极子的辐射图（Wang et al.，2013a）

10.5.2　用于可穿戴 GSM/PCS/WLAN 通信的刺绣多波段天线

10.5.2.1　刺绣多波段织物天线设计

本节设计了一个基于上述刺绣纺织品的柔性多波段天线。此天线在全球移动通信系统（GSM 850/900MHz）、个人通信服务（PCS 1800/1900MHz）和无线局域网（WLAN 2450MHz）波段运行。如 Wang 等（2014）所述，这种天线的一个重要作用是负载环路，这对于在三个波段实现良好的阻抗匹配至关重要。该多波段天线是由刺绣 E 纤维纺织品制成的，制造精度为 0.5mm，这对于确保设计槽的刺绣准确性非常重要。还制作了铜天线作为参考。制作的织物天线首先在自由空间进行测量。如图 10-22 所示，织物天线在三个频率波段下都表现出良好的阻抗匹配（S11<-10dBi）。值得注意的是，它在三个波段都实现了 2dBi 的良好增益，这是确保可靠通信的必要条件。测量的辐射图如图 10-23 所示，证实了预期的全向辐射性能。此外，织物天线的反射系数（S11）、实现增益和辐射方向图与铜对应物的模拟和测量结果一致，这证实了 E 纤维织物天线的可行性。

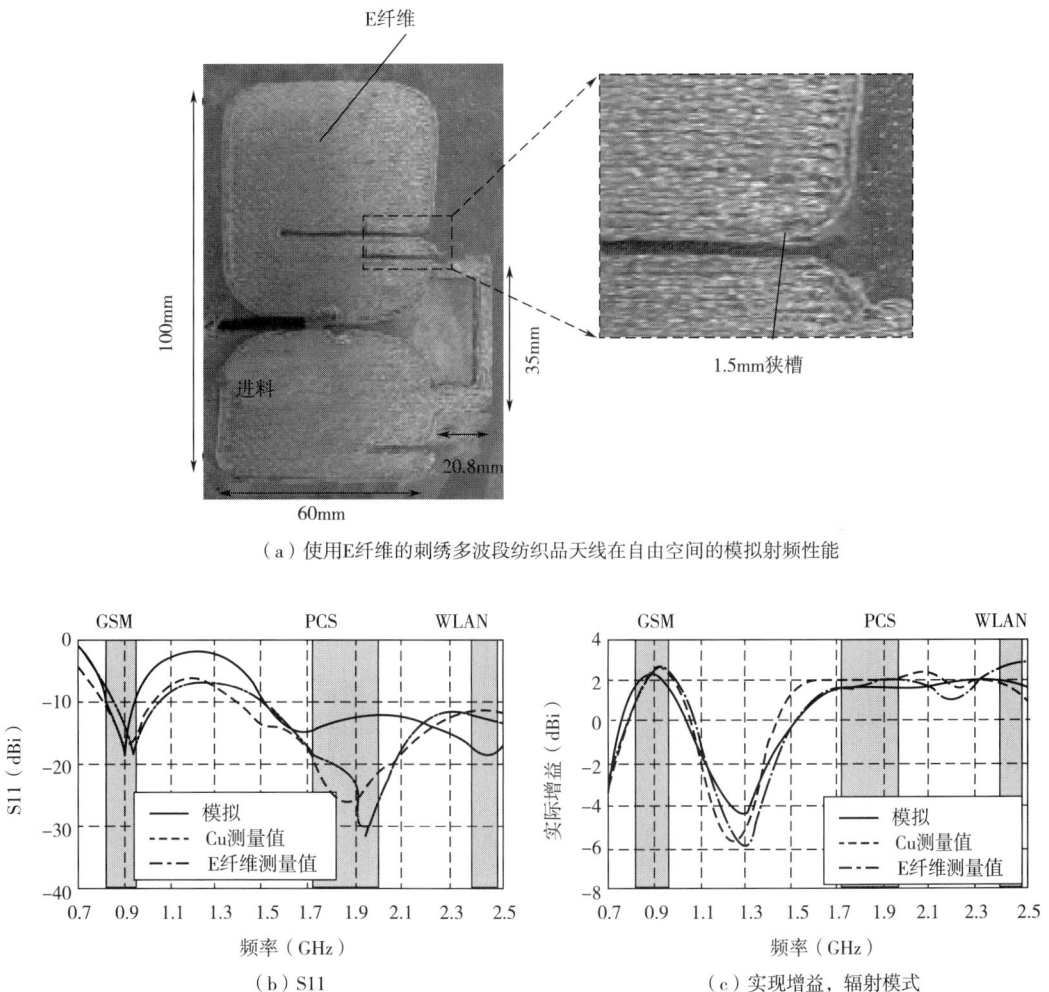

（a）使用E纤维的刺绣多波段纺织品天线在自由空间的模拟射频性能

（b）S11　　　　　　　（c）实现增益，辐射模式

图 10-22　多波段纺织品天线及其性能

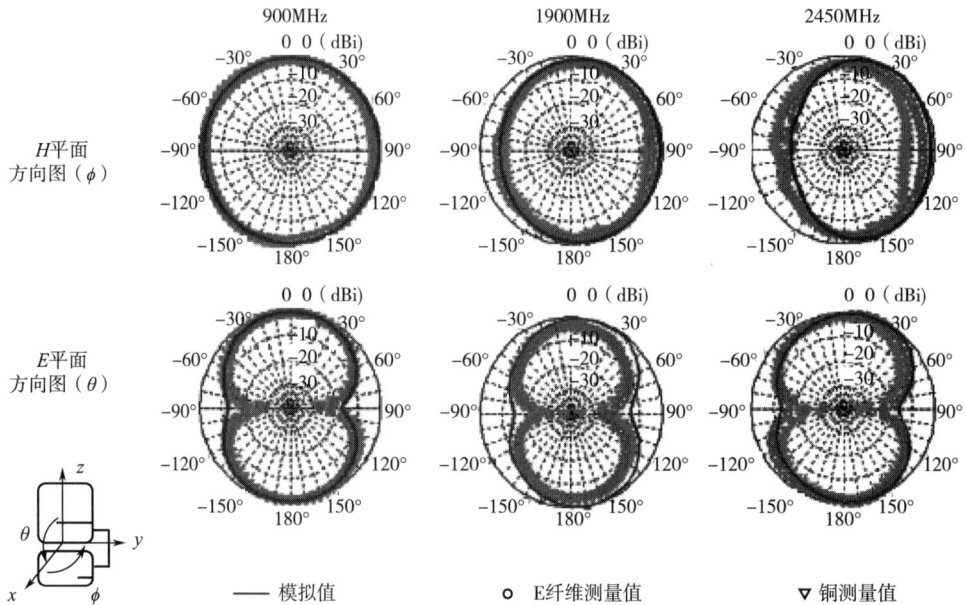

图 10-23 自由空间多波段织物天线的实测和模拟辐射方向图

10.5.2.2 人体对天线性能的影响

由于生物组织的高介电常数和损耗，人体的存在会影响体天线的性能（Lee et al.，2011；Wang et al.，2014）。主要影响因素包括天线共振频率的失谐和辐射阴影。

共振频率失谐：研究人体对天线性能的影响，在天线模拟模型下方放置三层组织基底（Ouyang et al.，2009）。如图 10-24 所示，三层组织模型的横截面由 1mm 厚的皮肤、3mm 厚的脂肪和 40mm 厚的肌肉组成，这些组织都表现出频率依赖性（Christ et al.，2006）。另外，在天线和组织基底之间加了一个气隙以模拟服装的存在（Wang et al.，2014）。图 10-24 中的模拟 S11 数据表明，多波段天线的频率失谐是随着气隙的减小而增大的。为了在三个波段保持足够的带宽，天线需要放置在离组织至少 10mm 的地方，以减轻对身体的不利影响。

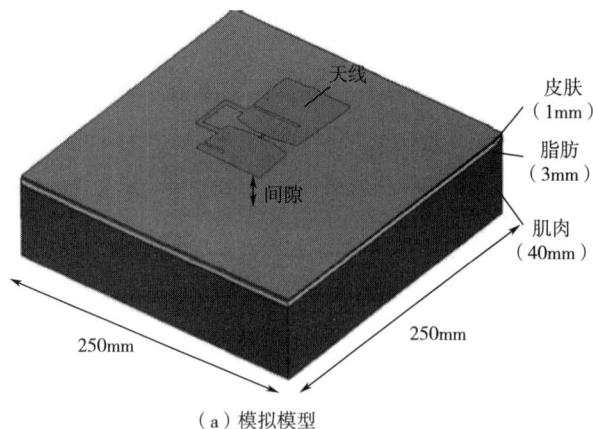

（a）模拟模型

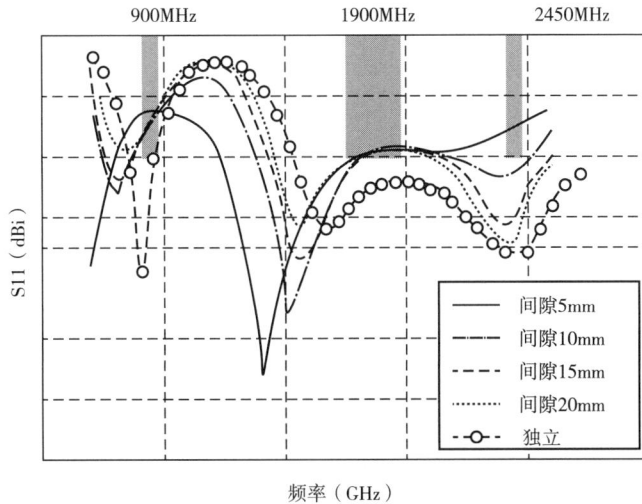

（b）模拟不同间隙距离的S11

图 10-24　人体组织对天线谐振的影响（Wang et al.，2014）

　　辐射方向阴影图：全向天线不能保持其辐射方向图，这是由于人体底层信号阻塞导致的。为解决此问题，使用了一个全尺寸的人体模型（高度为180cm，胸围为53cm）（Wang et al.，2014），并在不同的身体部位评估了天线：前后躯干、手臂和肩膀。图 10-25 给出了肩贴式天线的共极化和交叉极化上半身辐射方向图。很明显，人体影响了原来的全方位定向辐射方向图。特别是前后比值（增益最大值/增益最小值）高于 15dBi。

　　进一步考虑了多波段天线的交叉极化辐射，由于个体的运动，极化失配是不可避免的。如图 10-25 所示，肩贴式天线在交叉极化操作中仍能提供信号。这是因为天线的表面共用身体的肩部和手臂部分。肩贴式天线确实提供了一个良好的共极化模式。因此，可以得出结论，肩部安装是改善上半身的辐射覆盖率的首选。

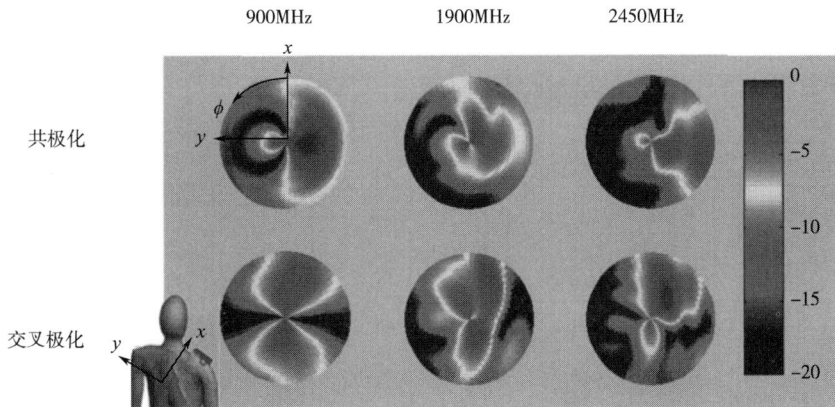

（a）当织物天线安装在模型的肩部时，模拟上半身
（θ=0~90°，ϕ=0~360°）投影辐射方向图（共极化和交叉极化）

图 10-25

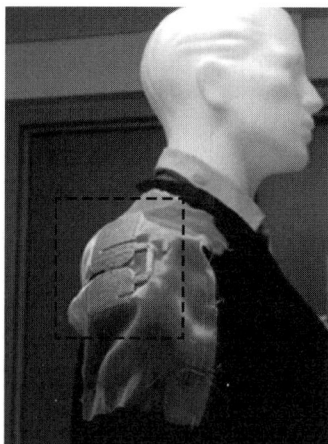

（b）人体模特上的肩贴式织物天线，模式图以dBi为单位

图 10-25　可穿戴式织物天线（Wang et al.，2014）

10.5.2.3　蜂窝通信用可穿戴式织物天线

下一步计划是把手机集成到可穿戴式天线中，其目标是将嵌入式蜂窝天线替换为可穿戴式天线。如图 10-26 所示，织物天线绣在夹克的肩部（由佩尔斯服装公司提供）。同时，嵌入式手机天线已停用。使用诺基亚 6600 手机，通过穿过护套的电线将其直接连接到织物天线上（图 10-26）。因此，织物天线被视为手机主要的接收/发射天线，当使用者在商业建筑周围移动时，能够在室内评估手机信号强度。为了简单起见，可以使用手机的"信号条"来估计接收信号的质量。可以注意到，这款手机上的信号条数量为 0 到 7，每个条形代表 5dBm 的步长。另外，对于测试过的手机，信号条与实际功率之间的关系如下：0 条信号为$-105 \sim -100$dBm，1 条信号为$-100 \sim -95$dBm，4 条信号为$-85 \sim -80$dBm，6条信号为$-75 \sim -70$dBm，7 条信号大于 70dBm。图 10-26 显示，当手机与肩上的织物天线相连时，始终可以获得全强度信息（7 条）。相比之下，只有当手机靠近头部时，原来的手机天线才能提供全强度信号。对于手机的其他固定位置，如身前、身后和身侧，信号强度均降低（图 10-26）。因此，可穿戴式织物天线提供了始终如一的强信号。同时，织物天线缝合进衣服贴合性较好，从而提升了舒适感。

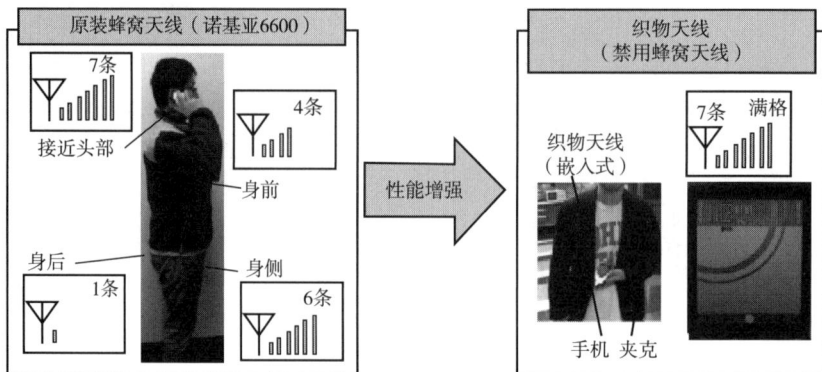

图 10-26　蜂窝通信用可穿戴式织物天线系统（Wang et al.，2014）

10.5.3　用于适形应用的刺绣超宽带螺旋天线

具有隐蔽性和轻量化的超宽带天线有利于适形射频安装。同时，如前几节所述，刺绣导电织物在 30MHz~4GHz 具有低损耗特性。因此，设计适形应用的 300~3000Hz 超宽带织物天线具有重要意义。如图 10-27 所示，提出一种由阿基米德槽线缠绕而成的直径约 208mm（8 英寸）的槽螺旋天线。两个 90Ω 电阻放置在槽端，应与槽线（约 100Ω）和迷你电路的特性阻抗相匹配，从末端放大当前反射。同时，设计了一种宽带微带平面天线巴伦（50Ω，槽线的一半），直接集成到天线中，确保宽带穿孔的光圈（图 10-27）。这种方法提供了极高的宽带阻抗和高效的空间利用率。如图 10-27 所示，在 1.3mm 厚的 PDMS 基板上制造了织物槽螺旋和微带织物巴伦，从而形成螺旋孔。为了构建馈电，纺织品巴伦向天线中心盘旋，并通过基板用 E 纤维连接到槽螺旋层。在实践中，由铜接地层组成的 25mm 厚的浅反射腔被用来加强单向辐射。重要的是，由于缝隙天线为磁流辐射器，腔体放置在离槽很近的位置，其在 300MHz 时的厚度约为 $\lambda=40$（图 10-28）。

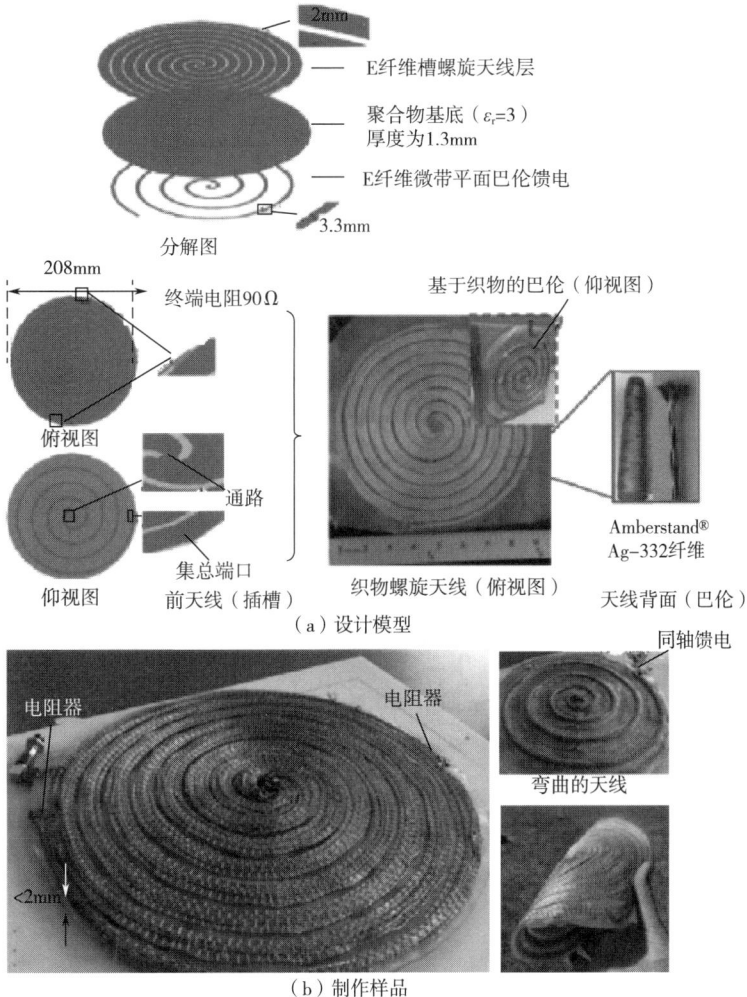

图 10-27　具有独立微带平面巴伦的 8 英寸织物槽螺旋的设计

如图 10-28 所示，制造的纺织品螺旋具有 10∶1 的带宽，工作频率为 300MHz～3GHz。还提供了 5dBi 的一致的圆极化增益，除了在频带的低端和高端。低频时，电阻端接降低了天线效率。相反，频率高时，微带巴伦和缝隙螺旋之间的耦合降低了实际增益。所测量的辐射方向图在宽波段内是均匀的，与模拟结果匹配良好（图 10-28）。这种均匀性也表明了螺旋微带巴伦的负载端接性能在整个波段都能正常运作。

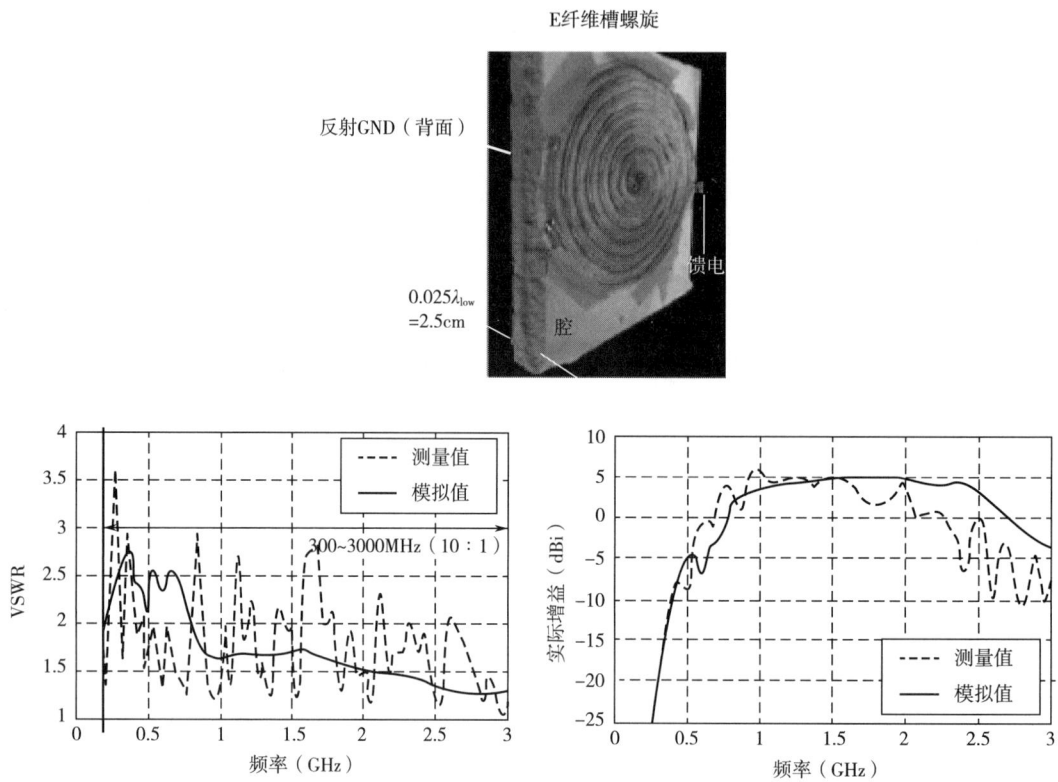

（a）实测电压驻波比(VSWR)和圆极化增益

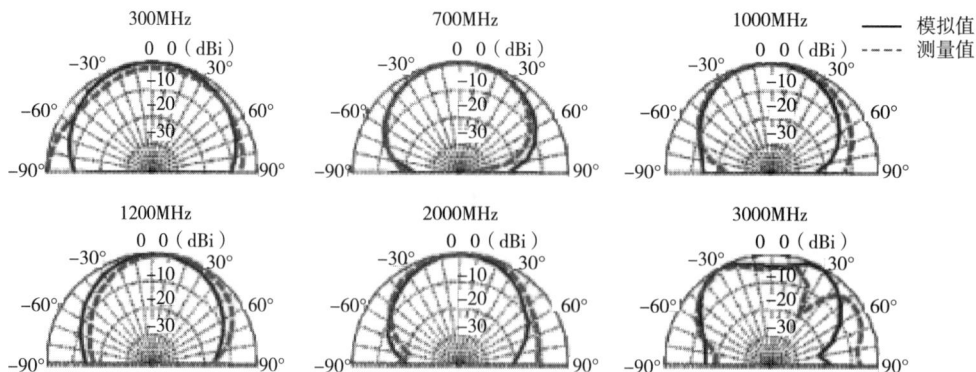

（b）测量的整个波段的辐射方向图

图 10-28　具有浅反射腔的织物槽螺旋

10.5.4　用于健康监护的刺绣织物肺部传感器

本节将重点介绍一种射频织物传感器的设计和特性，该传感器可用于监测肺部液体（充血性心力衰竭的前兆）。Salman 等（2014）在充满新鲜猪肺的人体模型上对该射频传感器进行了实验验证。同时，还开发了与射频传感器集成的医疗传感人体区域网络（MS-BAN），用于连续远程监控（Salman et al.，2014）。

因为传感器的穿透深度与其大小成正比，所以大表面积的传感器可以深入身体。在这方面，刺绣 E 纤维技术适合于制造大型织物传感器。这些传感器可以隐蔽地在不同的位置（身前、身后、肩部等）制作成服装的一部分。所设计的传感器由 1 个激发端口（端口 1）和 15 个接收电极（长度为 20cm，宽度为 1cm；见图 10-29）组成。如图 10-29 所示，磁场从激发端口（端口 1）传播到其他端口。随后测量端口电压并对其进行后处理，以获得肺部信号介电常数（Salman et al.，2014）。

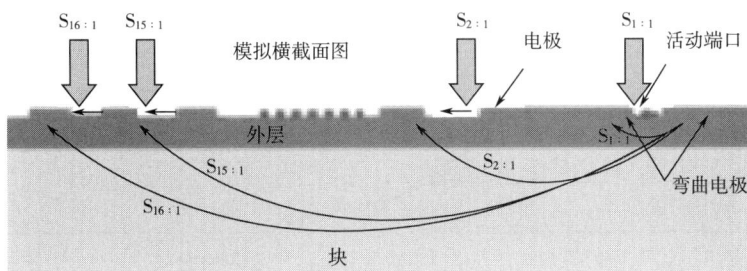

（a）肺部传感器的工作原理

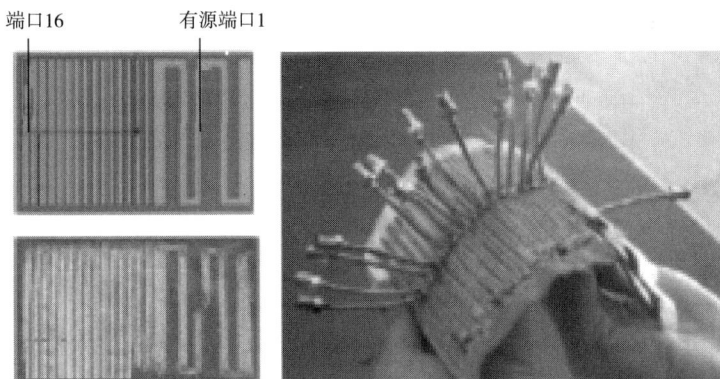

（b）织物传感器

图 10-29　两种传感器的工作原理（Salman et al.，2014；Zhang et al.，2012）

如图 10-30 所示，制作了织物和金属（铜）传感器。通过将传感器放置在磨碎的牛肉上，在 40MHz 频率下测量传感器的 S 参数，测试了它们的传感性能频率为 40MHz（Zhang et al.，2012）。可以看出织物传感器测得的 S 参数与铜传感器测得的 S 参数一致。在端口 9、11 和 14 处观察到的差异的主要原因是制造的织物传感器不准确。总之，测量结果表明，织物传感器与铜传感器同样有效。

织物传感器

金属（铜）传感器

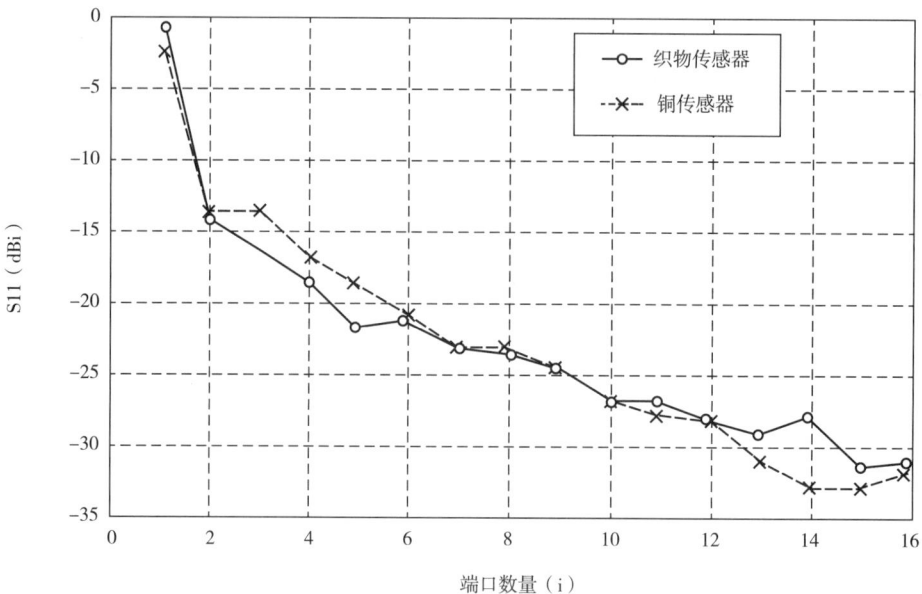

图 10-30　织物传感器与铜传感器测量的 S 参数对比（Zhang et al.，2012）

10.5.5　用于轮胎跟踪的刺绣 RFID 天线

随着对自动库存跟踪和物品识别的需求不断增加，无源超高频射频识别（UHF RFID）系统已被广泛采用。如图 10-31 所示，一个重要的应用是将 RFID 集成到商用卡车轮胎中，以监控轮胎的使用状况（Shao et al.，2014a）。然而，集成到橡胶轮胎中的 RFID 承受着周围橡胶的压力、应力、温度和介电常数的频繁变化（Shao et al.，2014a，b）。因此，此天线必须具有坚固而柔韧的结构以承受这种变化。

如 Shao 等（2014a，b）所述，传统的金属 RFID 天线不具有弹性和可伸缩性，甚至金属线最终也可能会因金属疲劳而损坏。因此，在轮胎内部操作时，金属天线可能会在结构上产生变形。反过来，这会使天线失谐，并减小天线的 RFID 读取范围［图 10-31（a）］。作为替代方案，可以将织物天线集成到弹性聚合物中。后者显示出显著的机械柔韧性、可拉伸性和耐久性，并具有出色的射频性能，可与铜线相媲美。此外，聚合物涂层（Wang et al.，2012b）可以保持 RFID 的机械完整性并促进其集成到轮胎侧壁中。

PDMS　　E纤维　　织物RFID

轮胎表面

（a）双轮轮胎情况：当安装在轮胎内
侧壁S3和S4上时，无法检测到现有标签

（b）嵌入轮胎内的刺绣织物RFID标签

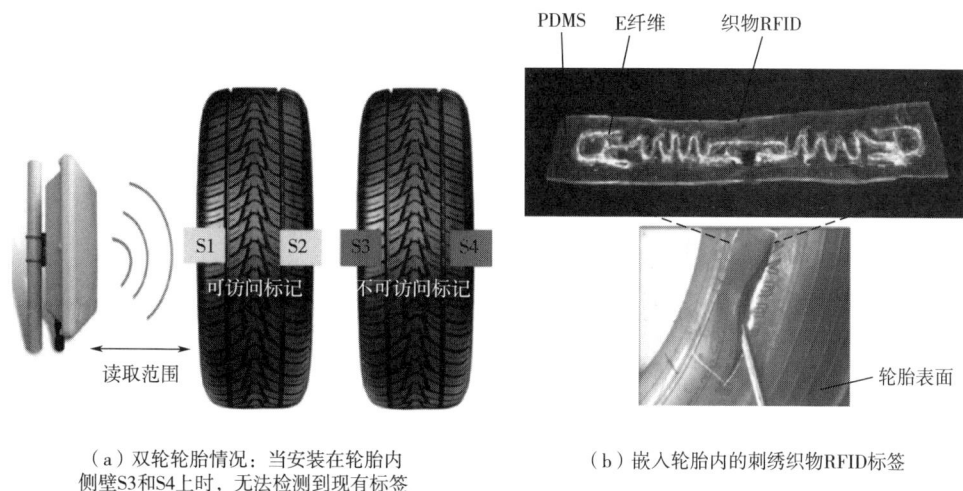

图 10-31　基于刺绣 RFID 天线的轮胎（Shao et al.，2014a）

　　例如，图 10-32 展示了两个刺绣 RFID 天线。天线进一步连接到用于轮胎传感应用的 RFID 芯片。刺绣 RFID 织物天线的射频性能可通过在固定距离进行读取器阈值功率测试来评估（Shao et al.，2014a）。当然，较低的阈值功率代表较长的读取范围。织物天线在从实际卡车轮胎中获得的橡胶样本（$\varepsilon_r = 3.66$）上进行了测试（Shao et al.，2014a），并与铜电线进行了进一步比较。如表 10-4 所示，两个刺绣 RFID 天线的测量阈值功率与铜天线一样好，仅高 2dBm。因此，除了固有的机械柔韧性、可拉伸性和耐用性之外，刺绣 RFID 织物天线具有优异的射频性能，与传统的金属材料相当（Shao et al.，2014a，b）。

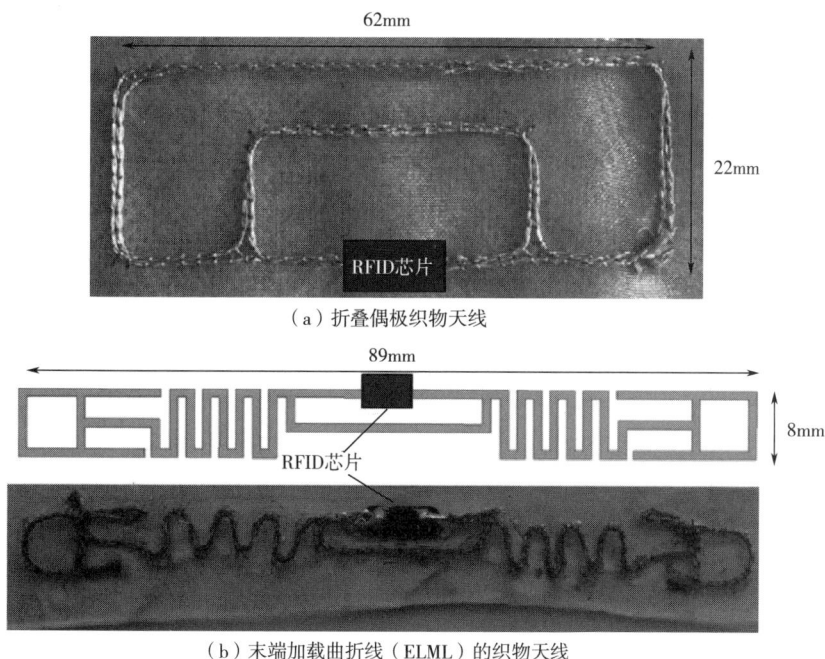

62mm

22mm

RFID芯片

（a）折叠偶极织物天线

89mm

8mm

RFID芯片

（b）末端加载曲折线（ELML）的织物天线

图 10-32　刺绣织物 RFID 天线

表 10-4   刺绣织物 RFID 天线的阈值功率

刺绣织物 RFID 天线	折叠偶极织物天线 （Shao et al.，2014a）		ELML 天线 （Shao et al.，2014b）	
天线的材料	铜	刺绣织物	铜	刺绣织物
读取器阈值功率 （dBm）	22	24	20	22

10.6   未来趋势

迄今为止，在电子纤维（E 纤维）方面的工作已经证明了刺绣织物天线和电路可靠的制造能力和优异的性能（Wang et al.，2012b，2013a）。尽管如此，未来面对的挑战是，在不降低纺织品表面的导电性的情况下，提高刺绣的几何精度。更粗的 E 纤维更有利于增加刺绣的有效导电性，使其更像导体。但是，使用粗 E 纤维与高几何精度要求相冲突。因此需要更细的导电丝。目前的技术使用直径为 0.5mm 的 E 纤维（紧紧排列捆扎的 664 股线），并以 2.0 股/mm 的密度进行双层缝合（Wang et al.，2012b）。在这种情况下，织物原型的射频性能可与铜媲美，而刺绣细节的精度则达到 1mm 的量级。

为了完全用 E 纤维替代铜，未来的目标是进一步完善刺绣技术，以达到精准的刺绣效果，可以在不降低导电性的情况下，实现高达 0.1mm 的精度。采用具有较低的刺绣张力和较高的柔韧性的 E 纤维，因此可以准确印刷。例如，图 10-33 表示更细的 E 纤维在印刷细节和实现清晰、干净的拐角方面是如何更准确的。未来将测试 20~664 股的 E 纤维。这种情况面临的挑战是，进一步优化 E 纤维的细度、克重、捻度及编织角度。

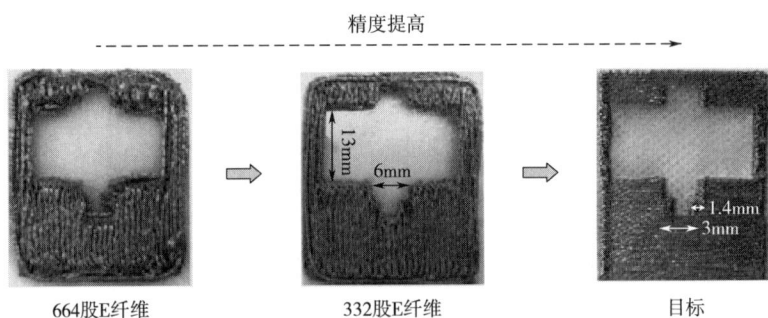

图 10-33   使用更细的 E 纤维提高刺绣精度

为了解决由于使用超细 E 纤维而导致的导电性的降低，针迹图案需要进行相应的修改。目标是最大限度地减少物理不连续性，并增强刺绣表面的导电性。为此，将进行更密集的（>2.0 股/mm）和多层（>2 层）的刺绣，如图 10-34 所示。这种情况下的一个挑战是避免缝制机械疲劳而导致的断针，另一个挑战是顶层 E 纤维缝在底层 E 纤维层上的刚性层时可能会无法对齐。

未来还将会开展实现导电刺绣结构特定应用的研究工作。例如，可穿戴织物天线应具有柔韧性和弹性，可以重复洗涤（Wang et al.，2013a）。

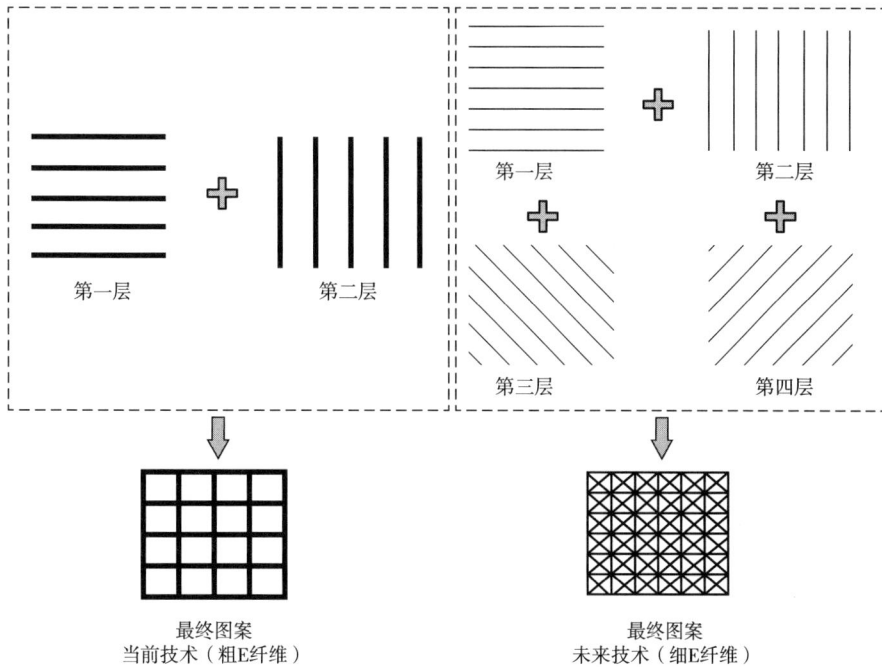

图 10-34　较细的 E 纤维的密集缝制模式表面

10.7　结论

本章介绍了一种基于导电金属聚合物纤维（E 纤维）的新型刺绣织物天线和射频电路。这些基于纺织品的射频电路和天线是为实现可穿戴射频电子产品编织成日常服装而研制的。E 纤维是由高强度和可弯曲的聚合物芯（10μm 厚）和金属涂层（2μm 厚）组成。E 纤维具有很低的电损耗和优异的机械强度和柔韧性。采用精密刺绣和高密度缝合技术，可以实现将高导电性和高精度的 E 纤维织入正规服装。利用这一工艺，制作并测试了织物天线和射频电路的原型。测试结果表明，刺绣织物天线的射频性能接近传统铜天线，只低 1dBi。除此之外，刺绣织物天线还具有优异的机械强度和柔韧性。重要的是，织物天线可以隐蔽地织入服装，而不影响其舒适性、时尚性和可洗性。为此，设计了多种基于织物的柔性可穿戴天线和传感器，用于无线通信、医学传感和射频识别。总的来说，织物天线和射频电路为未来全方位覆盖的可穿戴高速通信提供了解决方案。

参考文献

Bashir，S.，Chauraya，A.，Edwards，R. M.，Vardaxoglou，J.，2009. A flexible fabric meta-surface for on body communication applications. In：Presented at Loughborough Antennas Prop-agation Conference，Loughborough，UK.

Christ，A.，Klingenbock，A.，Samaras，T.，Goiceanu，C.，Kuster，N.，2006. The dependence of electromagnetic far–field absorption on body tissue composition in the frequency range from 300 MHz to 6 GHz. IEEE Trans. Microw. Theory. Tech. 54(5),2188–2195.

Chung,J. Y. , Nahar, N. K. , Zhang, L. , Bayram, Y. , Sertel, K. , Volakis, J. L. , 2012. Broadband RF conductivity measurement technique for engineered composites. IET Microw. Antennas Propag. 6(4),371–376.

Hamedi,M. ,Forchheimer,R. ,Inganas,O. ,2007. Towards woven logic from organic electronic fibres. Nat. Mater. 6(5),357–362.

Kim, G. , Lee, J. , Lee, K. H. , Chung, Y. C. , Yeo, J. , Moon, B. H. , Yang, J. , Kim, H. C. , 2008. Design of a UHF RFID fiber tag antenna with electric–thread using a sewing machine. In: Presented at the Asia–Pacific Microwave Conference,Macau,China.

Koulouridis, S. , Kizitas, G. , Zhou, Y. , Hansford, D. J. , Volakis, J. L. , 2006. Polymer–ceramic com–posites for microwave applications: fabrication and performance assessment. IEEE Trans. Microw. Theory. Tech. 54(12),4202–4208.

Lee,G. Y. , Psychoudakis, D. , Chen, C. C. , Volakis, J. L. , 2011. Channel decomposition method for designing body–worn antenna diversity system. IEEE Trans. Antennas Propag. 59 (1), 254–262.

Li,Y. ,Torah,R. ,Beeby,S. ,Tudor,J. ,2012. An all–inkjet printed flexible capacitor on a textile using a new poly(4–vinylphenol)dielectric ink for wearable applications. In: IEEE Sensors. pp. 1–4.

Lilja, J. , Salonen, P. , Kaija, T. , Maagt, P. D. , 2012. Design and manufacturing of robust textile antennas for harsh environments. IEEE Trans. Antennas Propag. 60(9),4130–4140.

Locher,I. ,Troster,G. ,2008. Enabling technologies for electrical circuits on a woven monofil–ament hybrid fabric. Text. Res. J. 78(7),583–594.

Mangan, A. M. , Voinigescu, S. P. , Yang, M. T. , Tazlauanu, M. , 2006. De–embedding transmission line measurements for accurate modeling of IC designs. IEEE Trans. Electron. Devices 53 (2),235–241.

Mehdipour, A. ,Sebak,A. R. ,Trueman,C. W. ,Rosca,I. D. ,Hoa,S. V. ,2010. Reinforced continuous carbon–fiber composites using multi–wall carbon nanotubes for wideband antenna applications. IEEE Trans. Antennas Propag. 58(7),2451–2456.

Morris,S. E. ,Bayram,Y. ,Zhang,L. ,Wang,Z. ,Shtein,M. ,Volakis,J. L. ,2011. High–strength, metalized fibers for conformal load bearing antenna applications. IEEE Trans. Antennas Propag. 59(9),3458–3462.

Ouyang,Y. ,Chappell,W. J. ,2008. High frequency properties of electro–textiles for wearable antenna applications. IEEE Trans. Antennas Propag. 56(2),381–389.

Ouyang, Y. , Love, D. J. , Chappell, W. J. , 2009. Body–worn distributed MIMO system. IEEE Trans. Veh. Technol. 58(4),1752–1765.

Pozar,D. ,2004. Microwave Engineering. John Wiley & Sons Inc. ,New York.

Salman,S. ,Wang,Z. ,Colebeck,E. ,Kiourti,A. ,Topsakal,E. ,Volakis,J. L. ,2014. Pulmonary edema monitoring sensor with integrated body–area network for remote medical sensing. IEEE

Trans. Antennas Propag. 62(5),2787-2794.

Shao,S.,Kiourti,A.,Burkholder,R.,Volakis,J. L.,2014a. Flexible and stretchable UHF RFID tag antennas for automotive tire sensing. In:Presented at the European Conference on Antennas and Propagation,Hague,The Netherlands.

Shao,S.,Kiourti,A.,Burkholder,R.,Volakis,J. L.,2014b. Broadband and flexible textile RFID tags for tires. In: Presented at IEEE International Symposium on Antennas and Propagation, Memphis,Tennessee.

Toyobo Co.,Ltd,2005. PBO Fibers Zylon Technical Information.

Vallozzi,L.,Rogier,H.,Hertleer,C.,2009. A textile patch antenna with dual polarization for rescue workers' garments. In:Presented at European Conference on Antennas Propagation,Berlin, Germany.

Volakis,J. L.,Zhang,L.,Wang,Z.,Bayram,Y.,2012. Embroidered flexible RF electronics. In: Presented at the IEEE International Workshop on Antenna Technology,Tucson,Arizona.

Wang,Z.,Zhang,L.,Psychoudakis,D.,Volakis,J. L.,2012a. Flexible textile antennas for body-worn communications. In:Presented at the IEEE International Workshop on Antenna Technology,Tucson,Arizona.

Wang,Z.,Zhang,L.,Bayram,Y.,Volakis,J. L.,2012b. Embroidered conductive fibers on polymer composite for conformal antennas. IEEE Trans. Antennas Propag. 60(9),4141-4147.

Wang,Z.,Zhang,L.,Volakis,J. L.,2013a. Textiles antennas for wearable radio frequency applications. J. Text. Light Ind. Sci. Technol. 2(3),105-112.

Wang,Z.,Lee,L. Z.,Volakis,J. L.,2013b. A 10:1 bandwidth textile-based conformal spiral antenna with integrated planar balun. In:Presented at the IEEE International Symposium on Antennas and Propagation,Orlando,Florida.

Wang,Z.,Lee,L. Z.,Psychoudakis,D.,Volakis,J. L.,2014. Embroidered multiband body-worn antenna for GSM/PCS/WLAN communications. IEEE Trans. Antennas Propag. 62 (6), 3321-3329.

Zhang,L.,Wang,Z.,Volakis,J. L.,2012. Textiles antennas and sensors for body-worn applications. IEEE Antennas Wirel. Propag. Lett. 11,1690-1693.

Zhou,Y.,Bayram,Y.,Du,F.,Dai,L.,Volakis,J. L.,2010. Polymer-carbon nanotube sheet for conformal load bearing antennas. IEEE Trans. Antennas Propag. 58(7),2169-2175.

第11章 军用电子纺织品

R. Nayak，L. wang，R. Padhye

School of Fashion and Textiles，RMIT University，Melbourne，VIC，Australia

11.1 简介

技术发展促进了电子产品的微型化，微型化电子产品可以嵌入纺织品，可供民用或特种人员（如士兵）使用。将电子产品集成到军用纺织品中，可以帮助士兵达到前所未有的作战水平。现役士兵可能面临不同的威胁，通常是不可预测的。美国在20世纪90年代发起了"未来士兵"特别计划，研究智能纺织品的优势（Anonymous，2014a）。许多国家现在正在研究各种电子设备在军用纺织品中的应用（Sahin et al.，2005）。北大西洋公约组织（NATO）赞助了两项不同的培训和教育计划，内容涉及先进纺织品用于民事保护和国防（Scott，2005）。

电子纺织品，或简称E纺织品，是具有嵌入式电子元件的纺织品，具有电子特性并提供某些功能。目前对军用纺织品的研究主要包括提高弹道防护水平（这是首要要求），以及在服装、背包或帐篷等方面开发集成传感器和嵌入式传感技术的新设计。

电子纺织品正在嵌入的各种功能包括健康监测、通信（有线和无线）、增强机动性和生存能力、减少热压力和后勤负担、伪装和特征管理（Scott，2005；Wilusz，2008）。传感器和无线技术的发展使得个人作战装备的性能得到了提高。电子纺织品集成了一些最新功能包括生理状态监测、可穿戴电源、环境状况传感以及化学和生物威胁探测。

未来军用纺织品设计的主要目标是专注于将高科技电子产品与轻巧舒适的纺织服装相结合。此外，纳米技术在电子纺织品中的应用可以提高士兵的作战能力、耐力和通信能力。本章概述了电子纺织品在军事上的各种应用。电子纺织品不仅提高了性能，还增加了以前从未实现过的其他各种功能。此外，讨论了军事应用中集成电子元件相关的困难。而且，未来军用电子纺织品的发展重点在于开发适用于军装的特定用途电子产品的选择标准和功能。

11.2 电子纺织品在军事硬件中的应用

士兵贴身穿着的防弹衣或内衣所用的基础织物可以安装集成电子、计算、传感器和通信设备，以便服装能够自动对来自环境或身体的各种刺激作出反应。此外，发电装置和分析软件使集成电子器件充分发挥作用。电子纺织品在军事上的不同用途见表11-1。

表 11-1　电子纺织品在军事硬件中的应用

应用类型	效果	应用示例
监测健康	人体的生理过程	心电图（ECG）、肌电图（EMG）和脑电图（EEG），汗量和体温测量，伤口检测
士兵定位	定位识别	全球定位系统（GPS）和无线设备
通信	信息交换	无线和有线设备
环境温度监测	冷热应力	主动（用于冷却的电子纺织品）或被动热管理

机织、针织和刺绣等方法都可以用于在织物中加入传感器和电路。例如，最简单的平纹结构可以包括单独寻址的绝缘金属丝，这些金属丝可以用作基本的传输线或整个电路。从传感器收集的数据可能需要通过无线或其他方式传输到指挥所。表 11-2 总结了可嵌入纺织品中的各种军用传感器。

表 11-2　不同类型的军用传感器

传感器类型	输入参数	输入设备	输出信号	输出设备	应用
生物	心率，体温	ECG，EEG	电子、机械	数字显示器	士兵的健康监测
声学	声音	麦克风，录音，语音识别，超声波探测器	电子	耳机，扬声器，压电扬声器，语音合成，超声波发射器	探测接近的敌人、车辆或飞机
温度	冷热	电阻温度探测器（RTD），热敏电阻器	热	热力设备	检测体温及环境温度
位置	卫星采集的 X，Y，Z 和 T	无线网络，蓝牙，蜂窝 ID，超声波，射频识别（RFID），全球定位系统，超宽带无线电	电子	计算机屏幕，数字显示器	全球定位系统可以用来探测位置
纽扣、触摸输入	纺织品开关，织物键盘	键盘，腕带	电子	数字显示器	发送信息和生物特征数据
光学	红外（IR）相机，图像识别，激光测距仪	摄像头，光传感器	电子	数字显示器，位置显示器	检测枪击的位置

11.2.1　用于环境感知的电子纺织品

在电子纺织品中，导电金属或聚合物纤维需要嵌入织物中以携带信号，这些信号是由传感器产生的，传感器对各种输入参数（例如声音、光、运动和化学物质）以及环境中的某些气体和液体蒸汽作出反应。传感器可分为光传感器、声传感器、热传感器、运动传感器、行为识别传感器，位置检测传感器和化学传感器。尽管其中一些传感器已经被军方用于环境传感，但研究和开发可以改进现有技术，并有助于将剩余传感器类型集成到军事应用中。

环境传感也能探测到敌人或潜在的生物化学威胁。适当的传感器可以识别爆炸情况并报道是否存在风险。据报道，可以使用带有嵌入式按钮大小麦克风的导电机织物来探测远程物体（如接近的车辆）的声音（Berzowska，2005；Uttam，2014）。微控制器比较与分析每个麦克风发出的声音，以检测声音的方向。

11.2.2　用于士兵健康监测的电子纺织品

军用的电子纺织品具有生理状态监测、可穿戴电源和电加热等智能功能。一名士兵应该保持身体状况良好，才能最好地完成任务。健康监测有助于改善医疗设施未能及时提供服务的情况。

佐治亚理工学院开发了一种以电子纺织品为基础的可穿戴计算机主板，作为一个灵活的信息基建平台，用于监测生命体征，例如心率、体温、呼吸频率及伤口信息等（Park et al.，2003）。这个原理可以扩展到士兵在战场上的工作，在作战环境下可以收集信息并传输到监控设备或中央控制室。

通过编织来制作复杂的导电织物，一家名为"智能纺织品（Intelligent Textiles）"的公司拥有多项专利，其中一个例子是带有可穿戴计算机的军装（Berzowska，2005），制服可以与织物键盘整合在一起（图11-1）。

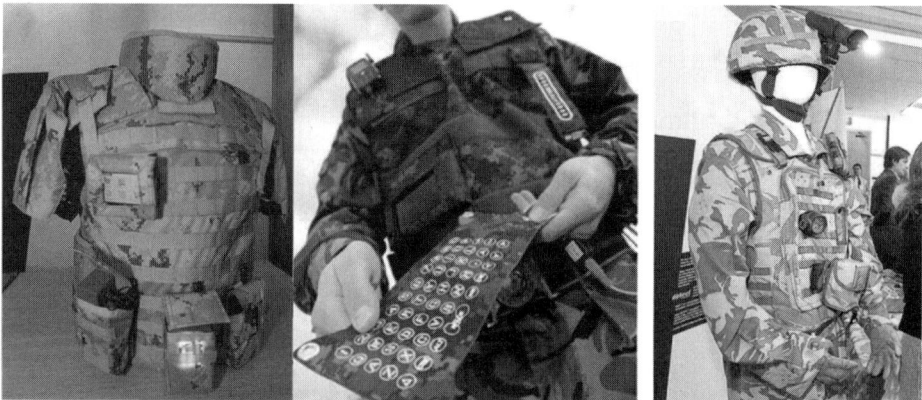

图11-1　带有可穿戴计算机和键盘的军装

电生理信号，如心电图（ECG）、肌电图（EMG）和脑电图（EEG），可以通过贴在皮肤表面的织物中嵌入的导电电极来接收。虽然电容耦合原理可以用于此目的，但这种传感器很难集成到纺织品中，因为电介质厚度会随着运动随时改变，从而改变输出。下面详细介绍了一些监测士兵各种生理状况的例子。

（1）由于高强度的活动，士兵可能面临脱水和汗液中的钠流失状况，这可能导致高钠血症或低钠血症。传感器可以用来检测士兵在作战条件下的脱水，疲劳和力竭。脱水传感器用于测量汗中的钠浓度。每个传感器都由携带宿主分子的电极组成，宿主分子可以选择性地捕获钠离子。电极连接到一个便携式电子板，它可以驱动传感器部件并处理信号，将电信息转换成钠离子浓度（Marchand et al.，2009）。

（2）心率可用心电图测量，姿态和活动水平可用三轴加速度计测量。在设计心脏传感器时，与皮肤的良好接触至关重要，对工作环境的干扰应尽可能小。心率测量电极可以是织物电极，这种织物电极是由集成到内衣中的导电不锈钢纱线制成的。电极可以被针织或机织成双面织物，使得电极的外部不会包含任何导电纱线，并将电极与外部环境绝缘（Sahin et al.，2005）。

（3）基于感应体积描记法的呼吸测量原理可以应用到军装上（Cho et al.，2009）。用于数据无线传输的必要设备和无线身体传感器网络单元可以舒适地佩戴在胸部或腹部周围。血氧含量可以通过脉搏血氧仪（Mendelson et al.，1988）等非侵入性技术进行测量，该技术使用放置在合适的身体部位周围的光学传感器。

（4）由集成铜线组成的可拉伸传感器带可以通过测定柔性导体包裹身体的自感系数来测量身体的横截面积（Cochrane et al.，2007）。

（5）带有压力传感器的智能袜子可以提醒士兵抬起脚来降低血压（Berzowska et al.，2005）。

（6）皮肤温度可以通过放置在腋下或其他重要位置的热电偶进行测量。

（7）铂传感器可以集成到外衣中，以监测环境温度，这有助于控制身体的热调节。

（8）基于压阻式或压电式原理的呼吸频率传感器可以集成到内衣中，放置在胸部周围。传感器的电阻随着长度和形状的变化而变化，即使是由于呼吸时胸部和腹部的周长产生的轻微变化也可以检测到。

（9）士兵在进行行走、跑步、站立、爬行等不同活动都可以通过安装在衣服不同位置的加速度计进行测量，在士兵停止活动时可以发出警告信息。

（10）每组传感器的数据可以被监测，并且可以清楚地指示不在正常预期范围内的数值，以引起指挥人员的注意。

安装在印刷电子石膏上汗液传感器的军事应用，目前正由美国空军（USAF）的研究小组进行调研（Nelson，2014）。贴在皮肤上的标签（图11-2）可以主动分析汗液的生物信息。这种方法可以直接提供汗液分析结果，从而代替抽血化验的方法。

SmartLife Technology（Anonymous，2014b）通过集成针织心电图电极、呼吸传感器和导电通路，开发出了电子纺织品，用于互连和健康监测。Sensatext（Anonymous，2014c）开发了一款智能衬衫，通过使用不同的传感器元件来加快对在战场上受伤士兵的诊断和医疗干预。外衣的设计应保护传感器免受环境因素（雨水、高温和湿气）的影响。此外，感应系统的不同部件应该固定在单独的织物保护层上，避免影响防弹衣的性能。

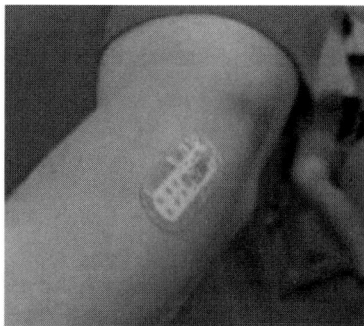

图11-2 汗液分析可穿戴标签

现有的机织和针织工艺可以用来准备集成传感器、驱动器和电源的大型计算系统。系统的供电电池可以装在织物内的口袋里。未来理想的设计是将电路板和电池直接编织在织物结构中。在未来，应该开发适当的工具，通过生理测量来估计情绪和心理压力（Westerink et al.，2009）。心理压力可以通过肌电测量系统评估（Taelman et al.，2007）。心率变异分析现在被用于压力估计，将来可用于评估士兵的情绪状况。

11.2.3　用于预警系统的电子纺织品

将电子纺织品纳入军事需要完成的最重要的任务之一是实现预警。可以设计各种系统来为弹道导弹攻击、空中攻击或其他潜在威胁提供预警。预警系统的主要目的是在潜在威胁抵达目的地之前发现它们。这可以挽救士兵和平民的生命，或防止其他大规模破坏，前提是发出足够警告，采取规避行动。

传感器和驱动器可以用来探测和发送威胁信号（光、声、触觉反馈），比如炸弹、简易爆炸装置（IED）、迫击炮、毒气，甚至敌人的意外袭击（Chapman，2012）。这些传感器和驱动器可以集成到军装、配件或车辆中，并与警报系统相连接。

最近威胁的性质正在从致命武器转向核武器、生物武器以及化学攻击（NBC）。NBC袭击可能导致大规模死伤，不仅包括战场上的士兵，还包括平民。因此，开发能够探测NBC威胁的预警系统是未来研发的新挑战。传感器的设计必须具有足够的灵敏度和稳健性，这样它们不仅可以整合到纺织品中，还可以整合到用于战场的运输车辆、建筑物、枢纽和设备中。

检测有毒物质的传统设备需要小心操作且维护价格昂贵。此外，这些检测不能用于现场和遥感。但是，光学传感器可以用作可穿戴技术来解决这些困难。光学传感器灵活、体积小、尺寸紧凑，可以多路复用。这些传感器不受电磁干扰影响，具有高灵敏度（Boczkowska et al.，2006）。

11.2.4　用于通信的电子纺织品

通信设备在纺织品中的集成在民用和军事应用中迅速增加。局域网和广域网（WAN）的发展已使数据传输和分析能够更快速、更准确地执行。Wi-Fi、WiMax、蓝牙、RFID、GPRS、3G/4G和实时通信等技术正在被纳入通信和网络系统中（McCann et al.，2009）。在现有的技术中，适用性最广的似乎是蓝牙，因为它最便宜、最节能。通信设备的发展主要体现在三个方面：个人通信网络（PCN）、广域网和信息系统（IS）。PCN负责收集和存储传感器提供的信息，并将数据转换为可以传输用于分析的信号，WAN系统处理从PCN收集的信息并传输到远程位置。IS帮助分析、存储和解释结果（图11-3）。

织物天线可以集成到服装系统用于远距离通信（Salonen et al.，2006）。它们可直接印刷在纺织品基底上，也可以连接在背心上的微型贴片天线上。取决于环境的不同，这种天线可以在10~100m的范围内工作。更远距离的通信可以通过改进技术或使用电脑或手机来实现。极短距离连接可以通过使用感应的无线连接进行。如果士兵位于中央控制设施附近，也可以通过蓝牙模块传输数据。

在现代战争中，作为信息来源的单兵的重要性会增加。将设计新的系统和装备来增强士兵在当地监控网络中的作用。将更加重视士兵与战场上其他部队（如军械车辆和无人驾驶飞行器）之间的通信（图11-4）。为了满足所有这些需求，士兵的个人装备需要包括头戴式显示器、全球定位系统、数字无线电和摄像机。在设计这些系统时，织物天线将在优化系统性能方面发挥作用。

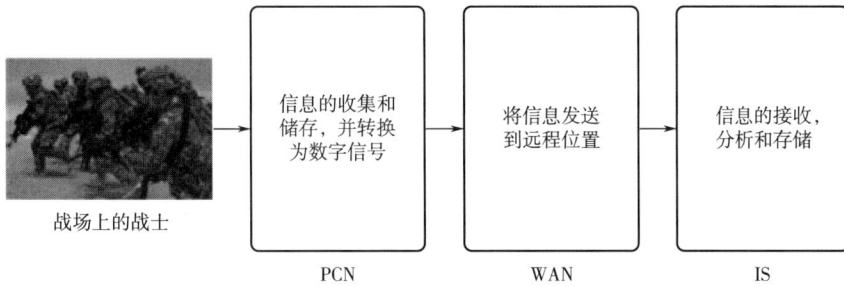

图 11-3　军用通信设备的三个领域

图 11-4　现代士兵作为当地监控网络中的环节

Gorman（1990）提出了将动力外骨骼集成到战斗服中，这将增强士兵的承重能力。除了提供免受弹道导弹、化学武器和其他威胁的保护外，外骨骼还有助于通过个人计算机与其他战斗人员进行通信。

11.2.5　用于伪装的电子纺织品

电子纺织品可用于开发具有变色性能的迷彩服。例如，当士兵从沙漠转移到城市地区时，衣服会变色。同样地，衣服的颜色也会随时间或其他环境因素而改变。这可以通过整合电子纺织品和形状记忆材料来实现。然而，许多研究并没有在这个领域展开。

未来，军用运输工具可以借助传感器产生的高速电脉冲，使用活性化学物质或生物分子（如章鱼皮肤中发现的）在战场上变色。这种现象可以帮助车辆的颜色适应环境。技术的发展可以通过使用传感器织物来帮助实现伪装。

11.2.6　用于热调节的电子纺织品

利用电子纺织品可设计出适当的防护服，以保护肢体免受高温和低温的伤害。具有金属丝形式的热电偶温度传感器，可以集成到纺织品中进行热调节。

将主动或被动加热或冷却系统集成到服装中，可以使极端气候下的军事行动从中受益。传统电阻式发热丝或导电纤维的集成可以实现对制服、袜子和手套的主动加热。该机理是将受控电压施加到一系列导电金属丝/纱线中。现在可以买到主动加热式商用背心、夹克、靴子、袜子和手套。虽然可以主动加热，但电力提供可能是一个问题，特别是当士兵需要携带电池取暖时。可以通过使用多层、相变材料和绝缘材料在短时间实现被动加热。

主动冷却可用于高温天气。主动冷却背心使用夹在两种织物之间的管道。冷水通过管道循环，蒸汽压缩冷却装置通过电池或车辆电源供电，并用于冷却水。这样的背心比空调房更节能。但是，该装置的集成大大增加了制服的重量，使士兵负担过重。

11.2.7 用于位置探测的电子纺织品

用于监测士兵的运动和位置的传感器基于 GPS、MEMS（微机电系统）加速度计，某些情况下还基于陀螺仪。这些器件可以放置在可穿戴应用中纺织品上的小口袋。这些安装在柔性结构上的设备需要进行舒适性、坚固性和适当功能性的优化。士兵的位置可以通过图形界面检测和显示。士兵的靴子也可以安装传感器，以监测他们的位置及运动。

11.2.8 用于装甲车的电子纺织品

装甲车经常在恶劣条件下使用。因此，一般的磨损会影响车辆和车内系统的可靠性。在车辆使用寿命期间，定期监测车辆系统的可靠性和安全性至关重要。这是通过基于超声波扫描、剪切成像、声发射、光纤布拉格光栅传感、红外热成像和振动传感的非破坏性评估（NDE）技术来完成的（Scott，2005）。

目前的趋势是开发低成本技术，从复合材料结构的制作到现场的实际使用，对车辆复合材料结构的质量和结构健康状况进行评估。虽然 NDE 技术还不适用于结构健康的在线监测，但是从故障前本地储存的数据中调查应力—应变历史，可以帮助了解不可逆损伤的原因（Wang et al.，2006）。

智能电子纺织品和结构的使用，为结构健康的在线原位监测提供了解决方案。传感器的特殊性能可以通过使用纳米粒子、导电和半导体聚合物对长丝纤维、纱线或织物进行涂层或整理来实现（Cochrane et al.，2007；Zhang et al.，2006）。碳纳米管网络、半导体涂层和碳纤维束等几种传感机制可用于测量复合材料的应力—应变行为。然而，无论是用于智能纺织品制造或结构健康监测，这些系统都没有被普遍接受。特别是，正在研究基于碳纳米管（CNT）的传感器和驱动器，可用于制造智能纺织品或结构健康监测（Wilusz，2008）。然而，它们的制造存在困难，包括 CNT 在所需基底上的可控生长，传感器和驱动器的耐久性以及聚合物基质中的有效分散和定向分布。因此，需要更多的研究对其进行优化，并使其在介观尺度（丝束）或宏观尺度（织物）复合材料中成功使用。

以碳纤维束为原料制备的碳纤维增强复合材料因其导电性可以用于传感网络。其他导电纤维基复合材料也可以用于这类应用。在采用这种方法进行结构健康监测之前，了解加固变形机制至关重要。变形机制中的任何异常都有可能影响该传感机构的效率和有效性（Wilusz，2008）。

未来，装甲车通过使用适应性强的装甲可以更好地抵御常规的、非常规的和北约认证的弹药。当传感器检测到威胁时，装甲车的形状可以自动调整。这将使车辆能够在冲击过程中主动处理机械应力和能量吸收。不同的智能主动和被动材料可以用来抵抗各种类型的弹道冲击。

利用基于现场织物的传感器可以很容易地监测车辆状况，该传感器可以检测受损区域和受损程度。这些电子纺织品有助于降低维护成本，减少停机时间，避免在战场上造成不必要的人员和物质损失。

此外，还可以利用自适应材料进行结构修改，如形状记忆合金（SMA）和形状记忆聚合物（SMP）等。例如，在不同条件下（包括机械应力和温度）SMA可以从铁的马氏体转变为奥氏体。主要的挑战在于这些材料如何有效地应对高速冲击，因为它们的反应时间可能比爆炸时间还长。

11.3　军用电子纺织品设计存在的困难

可能遇到的困难包括制造成本、性能、舒适度和制服在选定的应用中的功能和军用电子纺织品设计相关的功耗。还有其他的困难，例如制服的联网、软件执行、维护和储存，是以下几节将讨论的主要问题。

11.3.1　设计困难

传感器和执行器的集成可以增加军装的功能。然而，这也可能导致在应对武器和其他相关威胁时，对士兵的有效保护减弱。将传感器和执行器引入军装，不应该损害士兵的机动性、生存能力、杀伤力和可持续性。军装应该保持其耐用性、灵活性和舒适性等性能。

在设计军用电子纺织品时，如体型，内部衣物的类型和人体运动的动力学等参数是主要的设计问题。体型和内部衣物是静态的（设计时）问题，而运动中的身体是一个动态（运行时）问题。针对特定体型设计的军装可能不适合其他体型，因为传感器和执行器可能会移位。同样，设计成与皮肤直接接触的军装可能会因为内部衣物的存在而无法正常工作。此外，身体运动可能会影响传感器的相对位置，从而影响传感器性能。

传感器的类型和数量，导电材料在织物中的位置和通信网络的拓扑结构等设计变量可能会影响传感的准确性、舒适性、功耗以及成本。在设计电子纺织品军服时，所需的防护等级也是一个主要因素。设计防护等级低的军装要比设计防护等级高的军装容易得多。随着防护等级的增加，结构的复杂性也随之增加。因此，设计和验证过程可能需要很长的前置时间。

将电子纺织设备集成到军服中后，其性能（如机械和电气）必须进行评估，以确保可靠性和稳定性。另一个挑战是将传感器和执行器适当地结合在一起，使之处于最佳位置，以实现最佳性能。纺织品的磨损也会由于导电触点劣化而导致功能不正常。服装大量弯曲的区域，如肘部和膝关节，可能导致纺织品的早期磨损。在军服的有效使用期间，织物将经历大量的弯曲。因此，在设计时还应考虑导电材料和传感器的疲劳寿命。

在纺织品中插入传感器和执行器可能需要改变织物的生产工艺。同样地，这些军服的裁剪、缝制和最后的精加工过程可能也需要改变。电子纺织品在包装、运输和储存时也需要特别小心，以确保其正常工作。

小型化的过程（即制造更小的机械、光学和电子元件）提供了在微小空间中集成多种功能的机会。然而，由于涉及集成功能的复杂性，对任何新开发的电子纺织品进行全面评估都至关需要。

将传感器、执行器和其他电子元件集成到军服中增加了最终产品的总成本，这取决于服装中附加功能的数量和类型。由于电子纺织品在军事上的应用仍处于起步阶段，设计和开发上的初始成本可能很高。随着技术的成熟，电子纺织品被集成到大量的军用产品中，成本应该会降低。此外，当各种救生功能加入军事服装中时，成本的增加可能变得不那么重要。

11.3.2　能源消耗

纺织品需要能源来维持系统运作。可以从能源储存和能源清除两个领域考虑解决这一问题的办法。能量可以通过机电或电容的方式进行储存。然而，这两种存储方法都不能提供高能量密度，因此，可以使用柔性薄机电电池和电容式电池等替代方法来解决这个问题。电池在潮湿时不能正常工作，所以需要防水。锂聚合物电池具有柔韧性，更适合纺织品集成。基于感应非接触能量传输原理，可充电电池也可以与集成充电系统或无线电源一起使用。电池可以通过感应链路和双向数据通信同时充电已经被证明（Carta et al.，2009）。电源链路可以在最远10cm的距离处提供200mW的最大功率，并且数据可以以4.8kbps的速率传输。

能源收集装置从可用来源获取能量，如阳光、风和温差，获取足够的能量一直是个挑战。对于太阳能来说，需要足够的面积来捕获阳光。同样，在风力发电的情况下，由于风速可能频繁变化，在慢风速下产生足够的能量是一个真正的挑战。热能清除需要较高的温度差和较大的表面积，可穿戴纺织品可以提供比手持设备更大的表面面积，并且由于从人体散发出去的代谢热，可以达到更高的温度差。压电或热电材料的薄膜可以印刷在纺织品基底上，纺织品基底可以用来获取用作电力的能量。电子能量清除技术的发展和电子能量清除效果的改进有助于提高能量使用寿命。

英国国防企业中心（CDE）已经开发出一种由集成电子纺织品制成的军服，可以通过导电纱线传输电力和数据（Rincon，2012；Robertson，2012）。智能纺织品制造商设计了这种面料，目前正在参与军服的规划和现场测试。因此，目前的军服很可能很快就会升级为带有更多传感器和电子设备的高级军服。

目前，一名作战士兵可携带多种不同的电子设备，由一系列电池供电。新军服设计应与集储能、发电、管理于一体的中央电源系统相结合，将取代士兵必须携带的电池，这样就可以减轻士兵的负担。这可以让士兵们用一个电池充电，还可以取消电源传输的电缆。此外，集中式电力管理系统可以有效地将电力分配给终端设备，并在整个任务中提供关于电力使用和性能的指示信息。

11.3.3　舒适性

当为军事用途设计电子纺织品时，士兵的舒适感十分重要。然而，为实现士兵所需的防护等级，与电子设备集成的服装的固有性质，可能会影响舒适性。衣服的厚度、材料的种类和设计往往会将身体的热量和汗液保留在衣服内部，这些都会导致热量和水分的积聚，进而影响身体保持热平衡的能力，造成不适和疲劳。保持热平衡是服装最重要的功能之一（Nayak et al.，2009；Das et al.，2010）。目前，军用织物中使用的高性能纤维基本上都是合成纤维，热湿管理能力较差。此外，电子元件和传感器的集成使得服装更加笨重，增加了整体质量。另外，电子元件会产生热量，这些因素都可能导致热不适。

舒适性取决于衣服的热调节、物理感觉、水分调节、材料（纤维和成品）性质、设计特点和合身程度。虽然人工合成材料的舒适性有所提高，但是这些改进并没有达到对士兵制服和装甲的高标准要求。因此，未来针对士兵的智能电子纺织品开发的研究应该集中在舒适性、坚固性和适当功能性的优化上。

11.3.3.1　热舒适性

用于防弹的织物的整体厚度必须很厚，才能达到预期的性能水平。反过来，防弹衣体积和厚度的增加降低了热舒适度。尽管如此，纺织品的防弹性能仍然是必不可少的要求。

11.3.3.2　触感舒适性

当将电子元件、传感器和执行器集成到军用纺织品中时，应注意使这些元件不会刺激皮肤，产生不适感。这反过来又会影响士兵对工作的专注力，或者导致服装被拒。将传感器和驱动器放置在适当的位置可以在这方面起到帮助作用。

11.3.4　活动限制

电子产品的集成使服装和其他军用纺织品变得更笨重和更坚硬，这反过来又会影响士兵身体部位的活动，从而影响其性能。根据战斗条件和在战斗中使用的作战工具，应注意将电子元件安装在身体的特定部位，如腹部、上背部或肩部，以便使身体部位的活动性不受限制。

11.3.5　维护问题

与电子纺织品结合的军服在穿着后可能不容易清洗和保养（Nayak et al.，2014）。一些电子纺织品可以拆卸，以便进行特殊的清洁和护理。然而，使用水或其他化学品进行清洗干洗将对集成在电子纺织品结构中的传感器和驱动器构成潜在的威胁。即使是一个小小的断裂，也会改变它的正常功能。因此，可能需要为电子纺织品护理开发先进的方法。理想情况下，集成电子元件应该能够洗涤和干洗。此外，在这些产品的包装、运输和储存过程中也应当小心，因为传导材料、传感器和驱动器可能会损坏。此外，电子纺织品的耐久性和可靠性也可能受到电子材料老化的影响，可能需要进行特殊维护，以确保它们的最佳性能。

11.4　未来趋势

未来通过智能电子纺织品的集成，可以设计出具有高科技功能的军服。过去、现在和未来所研发的材料和技术将用于制作军服和其他配件，以保护士兵和军人。军服电子纺织品的设计和生产应以功能性、低成本、使用寿命长、易于维护和耐用性为主要目标。此外，兼容性、互操作性、人机工程学和模块化也是设计与电子纺织品相结合的军装时需要考虑的重要因素。

由于风险性质变化多端，难以预测，军服设计变得越来越复杂。此外，当将电子产品集成到具有高度防护或者需要防止多重风险的军用纺织品中时，设计的复杂性会增加。未来，军服的设计需要具有高度的适应性，以便在需要时能够实现有效的防护。尽管传感器和执行器正在应用于制造军服，但它们应该根据尺寸和性能进行优化。可穿戴式计算机处理和无线数据传输技术的进步可以促进个人健康数据的收集、传输和分析。许多传感器网络和用于预警的传感器和驱动器需要微型化，并集成到士兵的衣服或配件中。此外，建模和模拟有助于预测集成有电子设备的军用纺织品的性能（Nayak et al.，2011）。数据的采集和传输、记录信息的处理和关键结果的提取都需要合适的算法。因此，未来的研究将集中在这些功能改进的部件的微型化上。

目前的通信系统主要基于有线电子纺织品，但无线系统正在逐步引入。这些电子纺织设备的电源主要是可充电电池，需要每隔几小时到几天进行充电。电池设计技术的进步和低功耗的先进设备的研发有助于延长电池寿命。目前，有线设备比无线设备消耗更少的能源（Jones et al.，2003）。然而，未来无线系统可能会变得更加节能，从而降低能源消耗。更高的能源效益有助提高电子元件的效能。由于电子纺织品的金属丝在正常磨损情况下可能会断裂或短路，因此可能导致电子纺织品功能失常或使用寿命终止。提高其耐磨性、耐洗性和易保持性也是未来设计中具有挑战性的任务。

设计未来战斗服的终极目标是将高科技能力与轻便舒适结合起来。通过纳米技术、生物传感器、微系统和移动通信的集成，以提高军装的性能。

11.5 结论

电子纺织品在军事系统中的应用仍处于初级阶段。需要加强研究和开发具有一系列功能的大规模应用以及弹道保护。新一代军用纺织品需要纺织品、电子和计算机等高新技术的融合。随着电子设备的集成，军服的功能不断增强，需要更智能的电源供应来保持其可操作性。所涉及的挑战不仅在于生产过程，还在于在使用过程中经受洗涤、弯曲和拉伸后仍维持电子纺织品结构的完整性。有证据表明，使用具有多种功能的保护性纺织品会降低士兵察觉各种危险的意识和能力，这可能会导致更多的风险，而这些风险是不能用既得利益来抵消的。因此，在通过电子纺织品的集成为军队设计制服和其他类似工具时，应该注意不要让这些物品影响士兵的认知能力，而是帮助士兵提高认知能力。

参考文献

Anonymous,2014b. Smart Garment Technology for Military Applications.

Anonymous,2014c. Smart Shirt Could Monitor Soldier's Vital Signs in the Field.

Berzowska,J.,2005. Electronic textiles:wearable computers,reactive fashion,and soft computation.
  Textile:J. Cloth Cult. 3(1),58-75.

Boczkowska, A., Leonowicz, M., 2006. Intelligent materials for intelligent textiles. Fibres Text. East. Eur. 14(5), 59.

Carta, R., Jourand, P., Hermans, B., Thone, J., Brosteaux, D., Vervust, T., Bossuyt, F., Axisa, F., Vanfleteren, J., Puers, R., 2009. Design and implementation of advanced systems in a flexible−stretchable technology for biomedical applications. Sensors Actuators A Phys. 156 (1), 79−87.

Chapman, R., 2012. Smart Textiles for Protection. Woodhead Publishing, Cambridge, UK.

Cho, G., Lee, S., Cho, J., 2009. Review and reappraisal of smart clothing. Int. J. Hum. Comput. Interact. 25(6), 582−617.

Cochrane, C., Koncar, V., Lewandowski, M., Dufour, C., 2007. Design and development of a flexible strain sensor for textile structures based on a conductive polymer composite. Sensors 7(4), 473−492.

Das, A., Alagirusamy, R., 2010. Science in Clothing Comfort. Woodhead Publishing Limited, Cambridge, UK.

Dharap, P., Li, Z., Nagarajaiah, S., Barrera, E. V., 2004. Nanotube film based on single−wall carbon nanotubes for strain sensing. Nanotechnology 15(3), 379.

Gorman, P. F., 1990. Supertroop via I−Port: Distributed Simulation Technology for Combat Development and Training Development. Institute for Defense Analyses, Alexandria, VA.

Jones, M., Martin, T., Nakad, Z., Shenoy, R., Sheikh, T., Lehn, D., Edmison, J., Chandra, M., 2003. Analyzing the use of e−textiles to improve application performance. In: IEEE Vehicular Technology Conference. IEEE, 1999.

Lorussi, F., Rocchia, W., Scilingo, E. P., Tognetti, A., De Rossi, D., 2004. Wearable, redundant fabric−based sensor arrays for reconstruction of body segment posture. IEEE Sensors J. 4(6), 807−818.

Marchand, G., Bourgerette, A., Antonakios, M., Colletta, Y., David, N., Vinet, F., Gallis, C., 2009. Development of a hydration sensor integrated on fabric. In: Wearable Micro and Nano Technologies for Personalized Health (pHealth). 6th International Workshop on 2009. IEEE, Oslo, Norway, pp. 37−40.

McCann, J., Bryson, D., 2009. Smart Clothes and Wearable Technology. Woodhead Publishing, Cambridge, UK.

Mendelson, Y., Ochs, B. D., 1988. Noninvasive pulse oximetry utilizing skin reflectance photo−plethysmography. IEEE Trans. Biomed. Eng. 35(10), 798−805.

Nayak, R., Padhye, R., 2011. Application of modelling and simulation in smart and technical textiles. In: Patanaik, A. (Ed.), Modeling and Simulation in Fibrous Materials: Techniques and Applications. Nova Science.

Nayak, R., Padhye, R., 2014. Care of apparel products. In: Sinclair, R. (Ed.), Textiles and Fashion: Materials, Design and Technology. Elsevier.

Nayak, R. K., Punj, S. K., Chatterjee, K. N., Behera, B. K., 2009. Comfort properties of suiting fabrics. Indian J. Fibre Text. Res. 34, 122−128.

Nelson,J. ,2014. USAF Developing Wearable Sweat Sensors for Realtime Blood Test Results.

Park,S. , Jayaraman,S. ,2003. Enhancing the quality of life through wearable technology. IEEE Eng. Med. Biol. 22(3),41−48.

Rincon,P. ,2012. Smart Fabric for New Soldier Uniform.

Robertson,A. ,2012. UK Soldiers Could Be Wearing Electricity−Storing'E−textile'Uniforms by the End of the Year.

Sahin,O. ,Kayacan,O. ,Bulgun,E. Y. ,2005. Smart textiles for soldier of the future. Def. Sci. J. 55 (2),195−205.

Salonen,P. ,Rahmat−Samii,Y. ,2006. Textile antennas:effects of antenna bending on input matching and impedance bandwidth. In:Antennas and Propagation,EuCAP 2006,First European Conference on 2006. IEEE.

Scott,R. A. ,2005. Textiles for Protection. Woodhead Publishing,Cambridge,UK.

Taelman,J. , Adriaensen,T. , van der Horst,C. , Linz,T. , Spaepen,A. ,2007. Textile integrated contactless EMG sensing for stress analysis. In:Engineering in Medicine and Biology Society, 29th Annual International Conference of the IEEE. IEEE.

Uttam,D. ,2014. E−textiles:a review. Int. J. IT Eng. Appl. Sci. Res. 3(4),8−10.

Wang,S. ,Chung,D. ,2006. Self−sensing of flexural strain and damage in carbon fiber polymer− matrix composite by electrical resistance measurement. Carbon 44(13),2739−2751.

Westerink,J. H. D. M. ,Ouwerkerk,M. ,de Vries,G. −J. ,de Waele,S. ,van den Eerenbeemd,J. , van Boven,M. ,2009. Emotion measurement platform for daily life situations. In:Affective Computing and Intelligent Interaction and Workshops,3rd International Conference. IEEE.

Wilusz,E. ,2008. Military Textiles. Woodhead Publishing,Cambridge,UK.

Zhang,W. , Suhr,J. , Koratkar, N. ,2006. Carbon nanotube/polycarbonate composites as multi− functional strain sensors. J. Nanosci. Nanotechnol. 6(4),960−964.

第 12 章　运动用可穿戴传感器

Minyoung Suh

College of Textiles，North Carolina State University，Raleigh，NC，USA

12.1　简介

可穿戴健康监测系统的最大优势是长时间不间断的实时监测（Lymberis et al.，2004）。当传感器嵌入服装或配件佩戴在人体上时，就可以不间断地进行监测。采用不同种类的电子纺织品制造纺织品传感器，传感器捕获的生理信号的技术分析是由服装外部的小型电子设备进行的，这些电子设备可以通过无线通信将健康数据传输到指定的人或机构，如指导人员或医院。图 12-1 展示了一个典型的可穿戴健康监测系统的示意结构。它由三个基本部件组成：输入传感器、处理电子模块和输出移动装置。

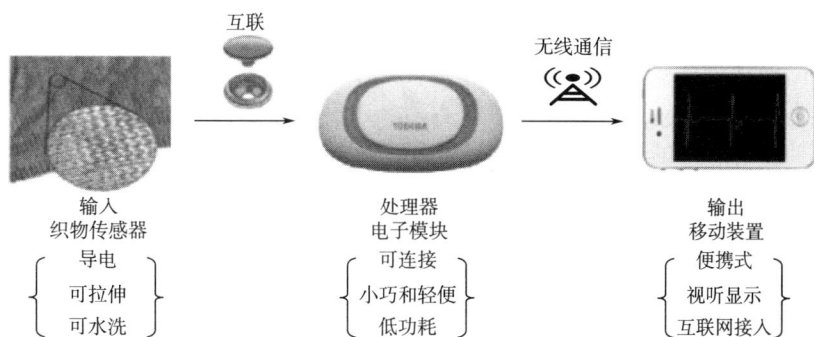

图 12-1　可穿戴健康监测系统的示意结构和组成部分

织物传感器是通过将导电材料纳入织物结构而制成的。银最常用于织物传感器，但也使用其他导电材料，如金、铜和不锈钢。导电材料和非导电组件（聚合物）结合在一起。制作方法包括机织、缝纫、刺绣、针织和印刷（Suh，2010）。

电子模块对从织物传感器收集到的信号进行校正，然后通过蓝牙技术将这些信号传送到输出设备。电子模块是传统电子器件的缩小版。它由放大器、微控制器和无线通信单元组成（Kumar et al.，2013），这些单元被缩小到毫米级，并且封装在一个紧凑的外壳中。尽管可以生产足够小的电子模块嵌入织物传感器的固有部件中，但电子模块在实际产品中仍然是非固有部件，主要是因为电子模块的稳定性易受到化学和物理因素干扰，如水分和机械变形的影响。根据织物传感器的用途，电子模块被设计用于处理多种类型的信号数据。

移动设备作为一个输出视觉或听觉反馈的平台，通过在传统的智能手机或平板电脑上安装管理软件，将对电子模块接收到的健康数据进行过滤和分析，从而生成针对佩戴者状况的专业建议。它可以扮演指导人员或者医务人员的角色。根据不同的应用程序，它还可以将健康数据远程发送到指定的机构或人员。

运动市场上有几种产品，其传感器通常戴在胸部、手臂或手腕上。这些产品的目标不仅是生命信号监测，还提供性能分析，如燃烧的卡路里以及运动的位置和时间信息。开发的一些系统可以根据收集的生命体征和表现数据提供个人训练方案。

本章将讨论运动用可穿戴健康监测系统，重点在于织物传感器。第 12.2 节介绍了用于监测不同类型生命信号的织物传感器，如心电图（ECG）、肌电图（EMG）、呼吸和运动。制造方法和技术挑战将继续存在，这些都是使传感器可穿戴的关键。第 12.3 节介绍了目前市场上几种真实产品的示例。第 12.4 节和第 12.5 节分别描述了可穿戴健康监测系统的未来趋势和简要结论。

12.2　织物传感器技术

随着人们对性能监测、个人训练、伤害预防需求的不断增加，可穿戴传感器备受服装市场的关注。嵌入到商业运动服中的典型的织物传感器，是用于 ECG/EMG 监测的生物电位传感器、呼吸传感器和运动传感器。

早期的研究通过将这些传感器放在口袋里或临时连接到织物表面来结合这些传感器，但纺织技术的最新进展使它们成为织物的固有部分。制造的主要目的是创建可靠的导电轨道或表面，不会受机械约束阻碍佩戴者的运动。在不增加体积的情况下，织物传感器需要柔软、可拉伸、可水洗的性能。而且，表面不应该被佩戴者日常环境中可能存在的任何环境因素钩住、缠绕甚至导致断裂。即使织物出现皱褶和拉伸，传感器的性能也应保持不变。

12.2.1　生物电位传感器

心电图（ECG）和肌电图（EMG）已广泛应用于运动和临床环境，二者分别是由心血管和肌肉活动周期性变化产生的电流电位。通过测量体内的离子电流，可以很容易地检测到神经刺激与肌肉收缩。这类测量是通过将生物电位电极连接到皮肤表面来完成的。

在传统的 ECG/EMG 监护系统中，电极是由凝胶制成或使用导电黏合剂粘在皮肤上，以便与皮肤形成良好的接触。然而，凝胶状物质会在一段时间后变干，并导致电极从皮肤上脱落。黏合剂会刺激皮肤，导致信号质量下降。为了改善电极和皮肤之间的接触，皮肤需要进行一些准备，如剃须、擦伤和清洁皮肤表面。

通常，可穿戴电极是在衣服内表面通过机织、针织或缝合银纱线制成的。由于皮肤表面结构不规则，会产生高阻抗，从而产生高频噪声。可穿戴电极的挑战之一是在电极和皮肤之间建立可靠的界面，同时该界面可以持续很长时间。因为纺织电极是不固定在皮肤上的干电极，容易受到身体运动的影响，并且电极与皮肤之间的接触阻抗可能高于传统的 ECG 电极（Comert et al.，2013）。

为了解决这一困难，并获得牢固的电极—皮肤接触。Kang 等（2008）提出了有源电极，它可以更好地抵抗周围的噪声。有源电极包含额外的超低噪声前置放大器，可获得抗噪声信号，但需要电源和电极内的电源线。对于无源电极，大多数制造商仍然建议在电极佩戴前将其表面润湿。电极可以通过高弹性针织物紧贴在皮肤上（Paradiso et al.，2005）。如果电极位于文胸带或腰带上，接触界面可能会更大。

Finni 等（2007）测试了纺织品电极的有效性、可靠性和可行性，并得出结论，纺织品电极是一种有效可行的方法，可与传统电极齐平。传统电极采集的信号幅度大于纺织品电极采集的信号幅度，但两者之间表现出良好的一致性。纺织品电极提供了与传统电极相似甚至更好的再现性，精度误差为 5%~17%。

12.2.2　呼吸传感器

大多数呼吸传感器都是通过呼吸描记法来测量胸围或腹围的变化。随着围度的增加或减少，织物传感器的电性能会发生变化，这种变化可以表示佩戴者的吸气和呼气活动。检测呼吸活动最常用的方法包括呼吸感应体积描记法（RIP）、压阻传感器和压电传感器（Merritt et al.，2009）。

RIP 信号可以通过嵌入可拉伸织物带中的绝缘正弦线圈捕获（图 12-2）。织物带缠绕在胸部或腹部周围，并通过呼吸来拉伸。线圈电感直接由正弦曲线形状的变化所控制。这种方法已被一些商业产品广泛采用，包括 LifeShirt®。

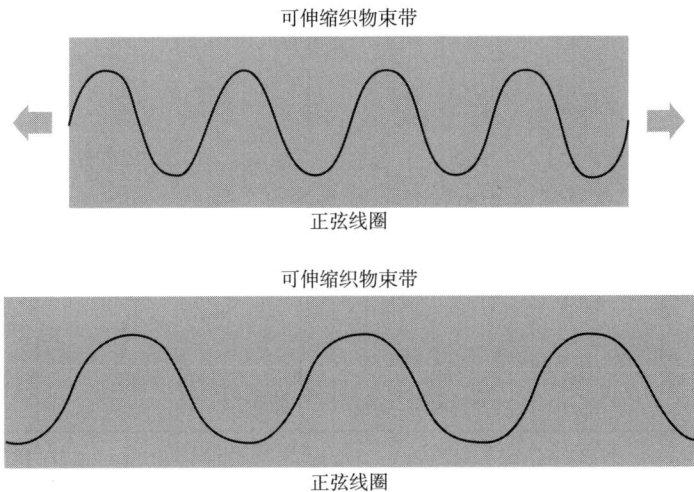

图 12-2　呼吸感应体积描记法（RIP）

压阻式传感器是一种柔性应变计，当发生机械变形时会变为电阻式传感器。织物压阻式传感器的典型形式是在织物表面涂上压阻涂层。由于薄涂层的耐久性问题，其缺点表现为重复性差，洗涤或重复折叠后性能发生劣化（Huang et al.，2008）。织物压阻式传感器另外的制造方法是采用针织的方式将导电纱和非导电纱结合在一起（Zhang et al.，2006）。这是 Wealthy 项目（Paradiso et al.，2005）和 MyHeart 项目（Paradiso et al.，2006）采用的方法，结果发现，在大多数情况下，针织织带的阻抗变化与呼吸系统交换的空气量大致呈线性关系（Loriga et al.，2005）。在含有导电材料的纱线结构中，通过导电材料的大量重复可以提高传感性能。近年来，基于纱线的压阻式传感器被广泛应用于工业生产，为智能织物传感器的制造提供了更多选择（Huang et al.，2008）。

压电传感器是一种可以将机械应力转化为电荷的装置，反之亦然。当压电晶体变形时，会在固定的方向上发生电极化，极化会导致晶体上产生电位差。天然的压电材料有石英和电气石，而合成聚合物如聚偏二氟乙烯（PVDF）表现出的压电性是石英的数倍。因为这种效应是可逆的，这说明电刺激会导致机械变形，所以压电效应有助于在智能服装中创建致动器。

Merritt 等（2009）尝试的一种有趣的新方法是使用电接近传感器来监测呼吸。接近传感器通过电磁场来探测物体是否存在。基于电感或电容感应，接近传感器可以在几厘米内近距离探测物体。电容式位移传感器使用两块平行滑动的电容板进行操作（Kang，2006）。电容器印刷在织物上，由可拉伸和不可拉伸两部分组成，并且各层之间平行滑动（图12-3）。可以通过测量两个电容器间面积的变化来监测呼吸（Merritt et al.，2009）。

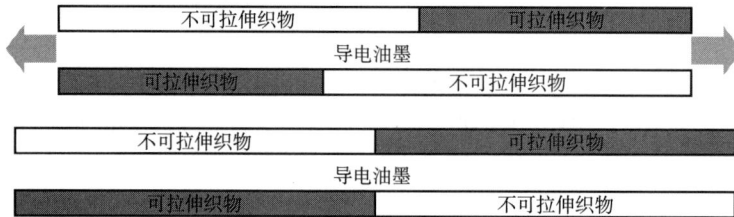

图12-3　用于呼吸监测的电容式传感器的原理

12.2.3　运动传感器

加速度计是将机械运动转化为电信号的基本技术。这是一种机电装置，可以测量由重力或运动引起的加速度。加速度计涉及许多不同类型的传感器，包括压电、压阻、电容、霍尔效应、磁阻和温度传感器（表12-1）。其中，压电式、压阻式和电容式是商用设备中最常见的类型。

表12-1　加速度计的类型

传感器类型	关键技术
压电	受到加速力而感到压力的压电晶体
压阻	阻力随加速度变化
电容	电容随两个物体的相对位置变化
霍尔效应	通过感应磁场的变化，将运动转化为电信号
磁阻	材料的电阻率在磁场存在时发生变化
温度	加速度过程中通过感应温度跟踪受热物体的位置

典型的加速度计采用集成电路的形式安装在定制的电路板上，并由加速度计芯片、无线通信收发器和电池连接组成（Lombardi et al.，2009）。它可以测量物体的运动速度，并

将测量数据发送到附近的设备。低功耗和部件小型化等技术的进步，使加速度计具有可穿戴性，提高了精度，足以检测复杂的运动模式，这为康复和健身训练提供了潜在市场。利用可穿戴式加速度计可以对运动的质量和数量进行测量（Nugent et al.，2005）。

另一种测量身体活动的技术采用了应变传感器。Mattmann 等（2007）将几根应变传感器线嵌入紧身衣中。该应变传感器是由炭黑粉末和热塑性弹性体制成的线状物（Mattmann et al.，2008）。当施加高达 100% 的应变时，传感器线表现出线性上升电阻，并且可以观察到小的滞后现象，这使得可以直接测量伸长率（Mattmann et al.，2007）。为了检测肩膀、手臂和脊柱的运动，将应变传感器放置在服装原型的不同位置。根据应变传感器的读数，可以将 27 种身体运动进行分类，如旋转、弯曲躯干或抬起肩膀。

Yamada 等（2011）发明了一种用于人体运动检测的先进应变传感器。它使用了一种新材料——排列的单壁碳纳米管薄膜。与硅等传统的刚性材料不同，纳米管薄膜分裂成间隙和岛屿，并成束连接间隙（图 12-4）。这使薄膜可以作为应变传感器发挥作用，能够测量高达 280% 的应变，并具有高耐久性（Yamada et al.，2011）。

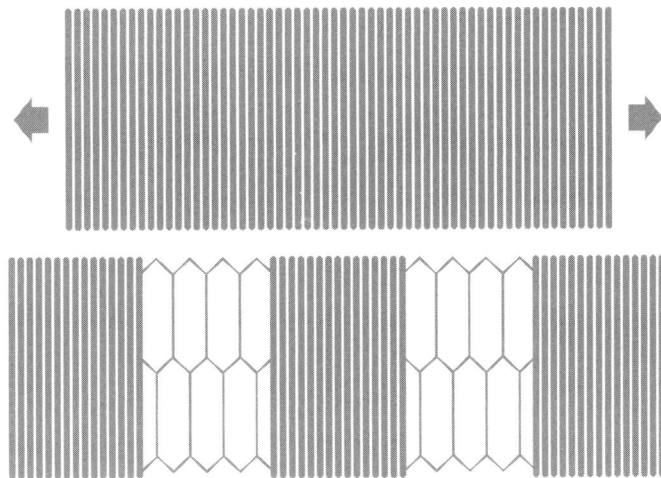

图 12-4　碳纳米管应变传感器的原理

12.3　市场应用

从最初应用于宇航服和军装，可穿戴健康监测系统如今正以指数级速度扩展到运动服装和内衣等普通消费产品。到目前为止，可穿戴健康监测技术已积极应用于定期进行高强度体能训练的运动员和士兵，可穿戴健康监测系统可以预防运动期间发生心脏性猝死或急性心肌梗死（Kumar et al.，2013 年）。系统集成商在将组件整合进纺织品方面积累了特殊的专业知识。丹麦的 Ohmatex，意大利的 Smartex，以及芬兰的 Clothing+就是这样的公司。可穿戴健康监测系统可能面临的挑战包括系统总体成本、获得的信号的准确性、功耗、互联方法和隐蔽性设计等方面（Kumar et al.，2013）。

12. 3. 1 LifeShirt®

LifeShirt®（Vivometrics 公司，美国文图拉）是可穿戴健康监测系统的最初模型之一，于 2000 年初引入市场。该系统包括衣服、手持设备和基于 PC 的分析软件。

背心或胸带形式的衣服可以持续监测心电图、呼吸、活动和姿势。这件衣服被设计成一个可以容纳各种传感器的平台（图 12-5）。心电图信号通过背心上的缝隙中插入的传统心电图导线来检测，呼吸数据由 RIP 测量，正弦线被编织成高弹力的莱卡（Lycra®）针织面料，并佩戴在胸部和腹部周围。背心前面的中心嵌入了一个双轴加速度计，记录穿着者的姿势和活动水平。这些传感器被连接到手持设备上，手持设备记录、加密并上传数据到 Vivologic™ 数据库进行数据分析。用于脑电图、皮肤温度、血氧饱和度和血压的可选传感器，可以插入系统内的其他端口，以实现功能性（ABD，2007）。许多调查报告（Kent et al.，2009；Heilman et al.，2007）表明，LifeShirt® 的准确性与精密度与传统实验设备是一致的，在可接受的水平。LifeShirt® 已经被证实系统操作简单耐用，服装舒适，界面友好。该系统已在领先的研究机构、医学院校和医院用于临床或研究应用（Lymberis et al.，2004）。

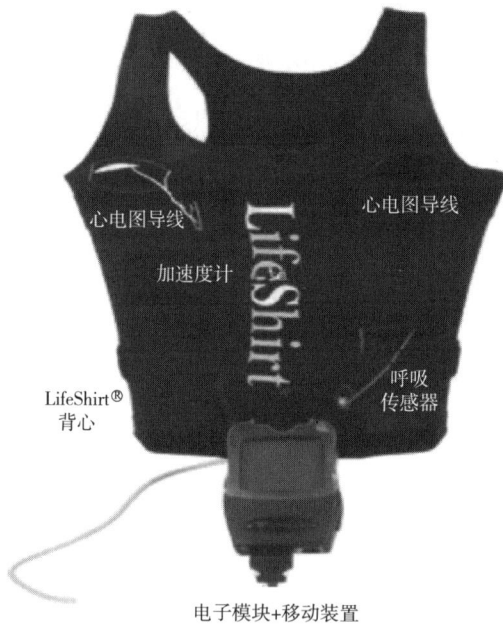

图 12-5　LifeShirt®

12. 3. 2 可穿戴健康系统

可穿戴健康系统（WWS；Smartex，意大利比萨）是在一系列研究项目的基础上开发出来的，这些研究项目包括 Wealthy 项目（Paradiso et al.，2005）和 Myheart 项目（Paradiso et al.，2006）。这些研究项目由欧洲共同体委员会资助，在几个欧洲国家之间进行合作。随着传感器技术和通信技术的进步，新一代的卫生保健系统已经建立。与现有的可穿戴健康监测系统类似，WWS 由衣服、用于数据采集的电子设备和用于数据分析的软件包组成。通过将心电图和呼吸传感器植入纺织品界面，创新地提高了技术集成的程度。这种服装可以变得像日常穿着一样舒适。

心电图电极是用导电纱线编织成传统的针织物制成的。导电纱线是由两根不锈钢丝缠绕在非导电芯线上构成的。这种电极具有双层针织结构，可以与外部环境绝缘。为了提高信号质量，在粗糙的电极表面覆盖了一层水凝胶膜，并在基体中加入了比例更高的弹性体（图 12-6）。呼吸传感器是由压阻纱线制成的，这些纱线被编织到涂有碳负载橡胶的莱卡织物中（Paradiso et al.，2005）。针织结构中嵌入了一个三轴加速度计，用于监测穿着者的姿势和运动。一种称为 SEW 的小型电子设备，用于获取、处理、存储和传输从传感服装上收集到的数据。它又小又轻，可以藏在衣服的口袋里，可以取代传统的电线、USB 电缆或蓝牙传输数据到台式计算机进行分析的模式。

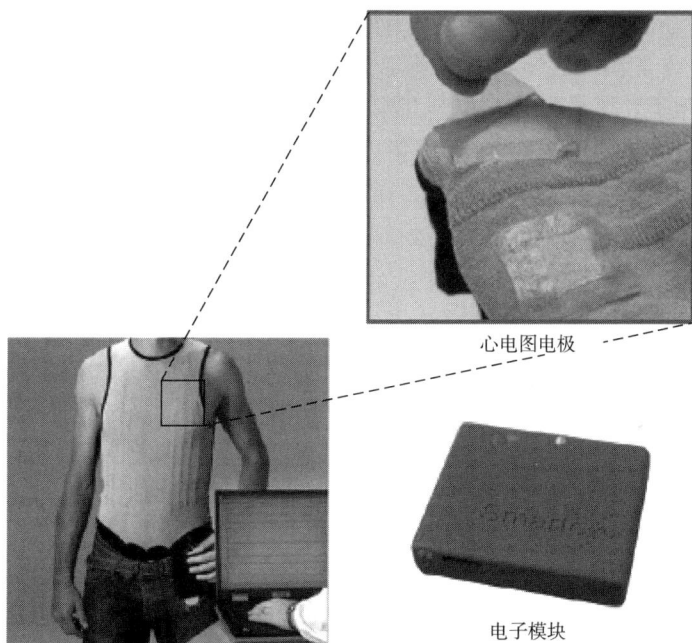

心电图电极

电子模块

图 12-6　Smartex 可穿戴健康系统

12.3.3　智能护膝

智能护膝（IKS；CSIRO 纺织品与纤维科技公司，澳大利亚维多利亚州克莱顿南部）是为预防膝关节损伤而开发的设备，可以向穿戴者提供关于其膝角的即时听觉反馈。将护膝套在膝关节周围，柔性应变计连接在膝盖骨上，并与小型电子设备连接（图 12-7）。电子模块已缩小到几厘米，并简单地卡在护膝侧面（Munro et al.，2008）。

芯层传感技术是一种压阻式传感器，用于检测织物的局部应变。柔性应变计是通过在莱卡面料上涂上一层薄薄的本身具有导电性的聚吡咯制成的（Wang et al.，2011；Li et al.，2005）。据观察，应变计在不对聚合物涂层、结构和基底织物的力学性能造成机械损伤的情况下承受应变（Wu et al. , 2005）。结果表明，应变计的长度在膝关节屈曲角度为 25°时增加了 24%，在膝关节屈曲角度为 45°时增加了 31%。随着应变计的拉伸，电阻会发生变化。应变计会根据预定的阈值电阻不同而发出不同的警报声（Munro et al. , 2008）。

智能护膝的主要市场是篮球和足球等运动项目，在这些运动中，经常出现因反复跳跃和落地而导致膝关节损伤的情况。该系统协助运动员和教练预防受伤，特别是韧带损伤。它也可以作为受伤后的康复辅助工具，在治疗过程中重新训练患者进行正确的关节运动。

12. 3. 4 miCoach™

Nike+ 发起在面向公众的运动服中采用身体监测系统。Nike+ 是耐克（美国比弗顿）和苹果（美国库比蒂诺）合作开发的跑步者训练系统。这些产品以手表的形

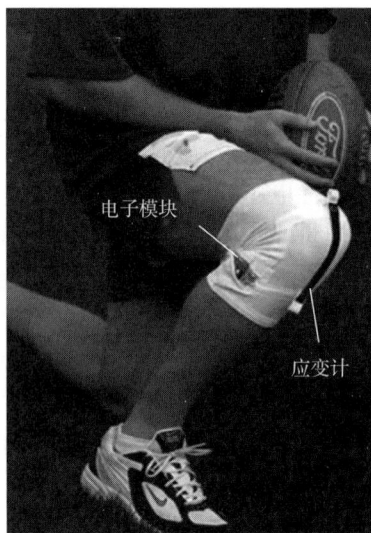

图 12-7 薄膜晶体管智能护膝

式提供。这款手表通过蓝牙技术与移动电子设备相连，可以跟踪运动评价指标，如距离、持续时间、消耗的卡路里，以及穿戴者跑步时的步数。

阿迪达斯推出了名为 miCoach™（德国赫尔佐根奥拉赫）的身体监测系统。它与 Nike+ 类似，但是 miCoach™ 使用了一种柔软的织带代替手表。它是与博能电子（Polar Electro）（芬兰肯佩莱）合作开发的，用于心电图电极应用。因为织带嵌在运动胸衣或 T 恤的胸部周围，可以收集心脏附近的生命信号。织带的内表面是由银线编织而成的凸条花纹，并与皮肤接触。如图 12-8 所示，小型传感器模块通过两个金属按钮连接到织带上，该传感器模块通过纺织品电极接收心电信号，并将心电数据无线传输到附近的智能手机和平板电脑等移动电子设备上。根据电子模块的类型，系统会收集心电图、跑步距离、速度、卡路里消耗量等参数。一系列研究人员对结果进行了评估（Miller, 2012；Porta, 2013）。评估结果表明，该系统在实验室环境下用跑步机估计距离、速度和卡路里很准确，但在现场测试中发现速度和卡路里不太准确。

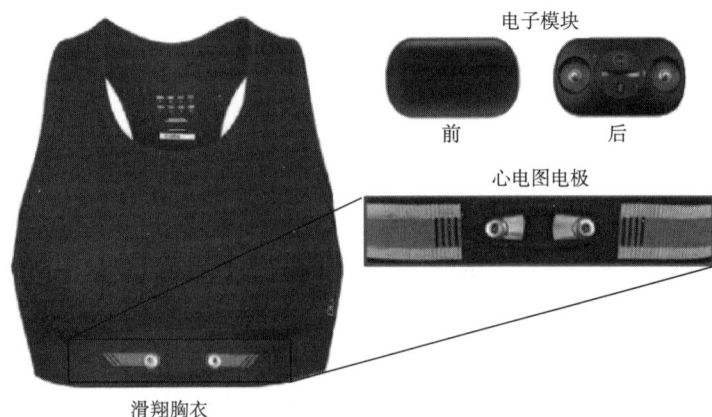

图 12-8 miCoach™

12.4　未来趋势

身体和技术的集成程度可以分为三类，见表 12-2。技术集成的程度高度依赖于智能服装对表现力和功能性的要求（Suh et al.，2010）。根据 Seymour 等（2008）的研究，运动服装的表现力和功能性均属中等水平，这说明为运动员设计的可穿戴传感技术有望成为时尚，同时意味着技术部件需要隐形，或者设计的外表要有吸引力，从而看起来很时尚。同时，它应该保证机械/热舒适性以及其他技术功能。

表 12-2　技术集成度

程度		特征	应用
便携式		小巧轻便，便于手持	移动设备
可穿戴式	可包含	技术容器用服装	装入口袋
	可连接	物理附着或嵌入衣服	织物间的夹层
	可集成	作为内部部件融入织物	机织或针织导电纱线
植入式		置入身体内部	传感器药片

通过许多可穿戴人体监测系统的开发，技术集成的程度得到了显著提高。早期的系统模型主要是基于便携式和可包容的技术，后来的模型倾向于将技术集成到更接近人体的地方（图 12-9）。例如，电子模块起源于早期型号中的手持设备，但为了便于佩戴，已经变得更加轻薄。最近，东芝（Toshiba）开发了一种可穿戴传感器模块 Silmee™（医疗保健智能监测器引擎和生态系统），该传感器基于伪 SoC（system on chip）技术，并具有灵活的多芯片模块（Suzuki et al.，2013）。由于其体积和重量都相当小，即使没有纺织品介质，也可以直接附着在人体上。与其他电子模块一样，它可以收集和传输各种生命信号，如脉搏波、心电图、体温和运动。

目前最新趋势是技术集成从体外环境向体内环境的转变。一些制造商，如英国剑桥的 Hidalgo 有限公司，已经开始采用体内技术进行核心温度传感的研究。可食用的一次性胶囊可以像服药一样用液体吞下，然后留在穿戴者体内测量内部温度。该传感器胶囊尺寸为 8.6mm×8.6mm×23mm，质量为 1.6g，由生物相容性材料聚碳酸酯制成，身体外部附近的电子模块通过无线通信从太空舱中获取数据。

然而，植入式传感技术可能存在许多潜在的问题。生物相容性可能是最大的问题。由于对植入物的生理反应可能因人而异，因此植入式传感器最重要的要求就是技术的生物安全性。从技术角度来看，传感器的性能需要在体内保持完整。例如，考虑到体内条件，无线通信环境应该完全重新设计。此外，对植入设备的心理抗拒也是需要克服的挑战之一。此外，由于人权和隐私问题，植入式传感技术在某些应用中会受到限制。

	便携式 可携带	可包含	可穿戴式 可连接	可整合	可植入式 在内部
LifeShirt®	模块	ECG 传感器	呼吸传感器 加速度计		
可穿戴健康系统		模块	呼吸传感器 加速度计	ECG 传感器	
智能护膝			模块 应变计		
miCoach™			模块 加速度计	ECG 传感器 呼吸传感器	
					传感器 药片

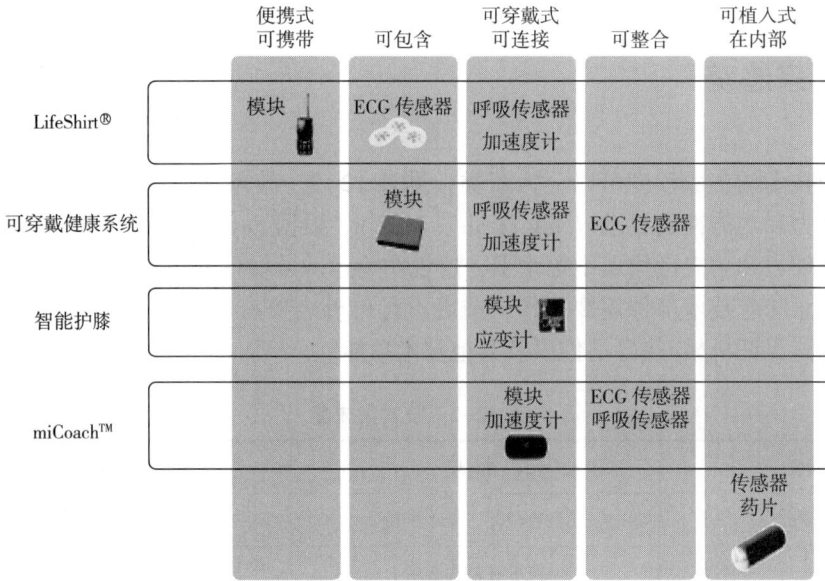

图 12-9　技术集成度

12.5　结论

本章重点介绍了可穿戴传感技术的发展及其在商业产品中的应用。最常用的传感技术是捕捉生物电位信号、呼吸活动和身体运动姿势。研究发现，许多传感器具有共同的电子工程技术基础，如压阻效应或压电效应。在目前市场上已有的智能服装中，LifeShirt®、可穿戴健康系统、智能护膝和 miCoach™ 这四种产品，旨在探讨各种功能的技术基础，以及如何在纺织品上实现这些功能。

技术集成度是人们关注的焦点。可穿戴传感系统的发展极大地提高了技术集成度，且可穿戴传感的未来发展也将遵循这一趋势。随着技术的进一步发展，技术集成度将成为使可穿戴系统更加人性化和市场化的关键。

参考文献

ABD,2007. Intelligent Textiles in Medical.

Comert,A. ,Markku,H. ,Hyttinen,J. ,2013. Effect of pressure and padding on motion artifact of textile electrodes. BioMed. Eng. Online 12(26) ,1–18.

Finni,T. ,Hu,M. ,Kettunen,P. ,Vilavno,T. ,Cheng,S. ,2007. Measurement of EMG activity with textile electrodes embedded into clothing. Physiol. Meas. 28(11) ,1405–1419.

Heilman,K. ,Porges,S. ,2007. Accuracy of the LifeShirt(Vivometrics) in the detection of cardiac rhythms. Biol. Psychol. 75(3) ,300–305.

Huang,C. ,Shen,C. ,Tang,C. ,Chang,S. ,2008. A wearable yarn-based piezo-resistive sensor.

Sens. Actuators A:Phys. 141(2),396-403.

Kang,T.,2006. Textile-Embedded Sensors for Wearable Physiological Monitoring Systems. PhD Dissertation. North Carolina State University,Raleigh,NC.

Kang,T.,Merritt,C.,Grant,E.,Pourdeyhimi,B.,Nagle,T.,2008. Nonwoven fabric active electrodes for biopotential measurement during normal daily activity. IEEE Trans. Biomed. Eng. 55(1),188-195.

Kent,L.,O'Neill,B.,Davison,G.,Nevill,A.,Elborn,J.,Bradley,J.,2009. Validity and reliability of cardiorespiratory measurement recorded by the LifeShirt during exercise tests. Respir. Physiol. Neurobiol. 167(2),162-167.

Kumar,P.,Oh,S.,Kwon,H.,Rai,P.,Varadan,V.,2013. Smart real-time cardiac diagnostic sensor systems for football players and soldiers under intense physical training. In:Proceedings of the Society of Photo-Optical Instrumentation Engineers:Nanosensors,Biosensors,and IntoTech Sensors and Systems,April 9,2013,San Diego,USA.

Li,Y.,Cheng,X.,Leung,M.,Tsang,J.,Tao,X.,Yuen,M.,2005. A flexible strain sensor from polypyrrole-coated fabrics. Synth. Met. 155(1),89-94.

Lombardi,A.,Ferri,M.,Rescio,G.,Grassi,M.,Malcovati,P.,2009. Wearable wireless accelerometer with embedded fall-detection logic for multi-sensor ambient assisted living applications. In:Proceedings of the 8th IEEE Conference on Sensors,October 25-28,2009,Christchurch,New Zealand.

Loriga,G.,Taccini,N.,De Rossi,D.,Paradiso,R.,2005. Textile sensing interfaces for cardio-pulmonary signs monitoring. In:Proceedings of the 27th Annual Conference on Engineer-ing in Medicine and Biology,September 1-4,2005,Shanghai,China.

Lymberis,A.,De Rossi,D.,2004. Wearable E-Health System for Personalized Health Management:State of the Art and Future Challenges. IOS Press,Amsterdam,Netherlands.

Mattmann,C.,Amft,O.,Harms,H.,Tröster,G.,Clemens,F.,2007. Recognizing upper body postures using textile strain sensors. In:Proceedings of the 11th IEEE International Sym-posium on Wearable Computers,October 11-13,2007,Boston,USA.

Mattmann,C.,Clemens,F.,Tröster,G.,2008. Sensor for measuring strain in textile. Sensors 8(6),3719-3732.

Merritt,C.,Nagle,T.,Grant,E.,2009. Textile-based capacitive sensors for respiration monitoring. IEEE Sensors J. 9(1),71-78.

Miller,S.,2012. Validating the Adidas miCoach for Estimating Pace,Distance,and Energy Expenditure During Treadmill Exercise. MS Dissertation. The University of Texas at El Paso,El Paso,TX.

Munro,B.,Campbell,T.,Wallace,G.,Steele,J.,2008. The intelligent knee sleeve:a wearable biofeedback device. Sens. Actuators B:Chem. 131(2),541-547.

Nugent,C.,McCullagh,P.,McAdams,E.,2005. Personalised Health Management Systems:The Integration of Innovative Sensing,Textile,Information and Communication Technol-ogies. IOS Press,Amsterdam,Netherlands.

Paradiso, R., De Rossi, D., 2006. Advances in textile technologies for unobtrusive monitoring of vital parameters and movements. In: Proceedings of the 28th IEEE EMBS Annual Inter-national Conference, August 30–September 3, 2006, New York, USA.

Paradiso, R., Loriga, G., Taccini, N., Gemignani, A., Ghelarducci, B., 2005. Wealthy—a wearable healthcare system: new frontier on e-textile. Res. J. Telecommun. Inf. Technol. 4, 105–113.

Porta, J., 2013. Validating the Adidas miCoach for Estimating Pace, Distance, and Energy Expenditure During Outdoor Over-Ground Exercise Accelerometer. MS Dissertation. The University of Texas at El Paso, El Paso, TX.

Seymour, S., 2008. Fashionable Technology: The Intersection of Design, Fashion, Science, and Technology. Springer Wien, New York, USA.

Smartex, 2012. Wearable Wellness System.

Suh, M., 2010. E-Textiles for Wearability: Review of Integration Technologies, Textile World.

Suh, M., Carroll, K., Cassill, N., 2010. Critical review on smart clothing product development. J. Text. Apparel Technol. Manage. 6(4), 1–18.

Suzuki, T., Tanaka, H., Minami, S., Yamada, H., Miyata, T., 2013. Wearable wireless vital monitoring technology for smart health care. In: Proceedings of the 7th International Symposium on Medical Information and Communication Technology, March 6–8, 2013, Tokyo, Japan.

Wang, J., Xue, P., Tao, X., 2011. Strain sensing behavior of electrically conductive fibers under large deformation. Mater. Sci. Eng. A 528(6), 2863–2869.

Wu, J., Zhou, D., Too, C., Wallace, G., 2005. Conducting polymer coated Lycra. Synth. Met. 115 (3), 698–701.

Yamada, T., Hayamizu, Y., Yamamoto, Y., Yomogida, Y., Izadi-Najafabadi, A., Futaba, D., Hata, K., 2011. A stretchable carbon nanotube strain sensor for human-motion detection. Nat. Nanotechnol. 6(5), 296–301.

Zhang, H., Tao, X., Yu, T., Wang, S., 2006. Conductive knitted fabric as large-strain gauge under high temperature. Sens. Actuators A: Phys. 126(1), 129–140.

第 13 章　土木工程用电子纺织品

D. Zangani，C. Fuggini，G. Loriga

D Appolonia S. p. A. ，Genova，Italy

13.1　简介

　　智能功能材料在一定程度上指明了未来的建筑元素，这些材料既保留了其传统功能，比如用作建筑或保护/屏障层的结构元件，或执行许多其他功能，同时又承载和传输了与结构状态有关的信息，这些信息被嵌入结构健康监测（SHM）中。这些材料还将用于传感器，这些材料具有通信能力，并包含自我修复和其他特性从而使其具有功能性。在我们迈向此未来的过程中，仍有许多挑战需要去识别和解决。其中包括将独立技术集成到系统中、多学科之间的合作、制定标准和指导方针、开发商业模型，以及说服工程师和最终用户采用这些模型。

　　纺织品是一种绝佳的功能智能材料。大规模生产和固有的低成本使纺织品适合于大面积、大批量的土木工程应用。纺织品制造过程本身对传感器集成是友好的。集成技术包括敏感纤维的机织或经编、刺绣传感器、可印刷传感器和涂层。纺织品在工程结构中被广泛用于结构改造、抗震升级和防爆/加固。本章重点介绍了智能功能纺织品在砌体结构加固和岩土工程等建筑领域中的应用。砌体结构，特别是地震危险地区的无钢筋砌体结构，为市场提供了功能加强纺织品的需求。在应对地震方面，虽然现代规范、选用材料和施工技术已经有了很好的发展，但仍有数以亿计的现有砌体结构容易受到地震的影响。在许多情况下，这些建筑遍布城市中心，具有文化遗产价值。改造是唯一可取的解决方案。在岩土工程中，功能纺织品应用于土壤稳定性、负荷分配及过滤器或膜，对大坝或路堤等岩土工程状态的感知和监测能力完善了其传统功能，使人们能够洞察建筑物生命周期中的真实土壤行为。

13.2　土木工程用功能纺织品

　　功能纺织品是由特殊纤维制成的特殊结构，该纤维是专门设计用于执各种功能的。它的作用从防护（如在恶劣或工业环境中使用的防护服），到增强（如复合材料），到过滤（如岩土工程应用）及其他许多方面。用于纤维的材料也很多，包括玻璃纤维和碳纤维，它们是建筑中使用最分散的材料（如用于柱子和梁的外部加固），还包括凯夫拉（Kevlar）纤维和其他聚合物纤维，玄武岩纤维，以及它们在混合结构中的组合。纤维的密度、取向

（0°方位、90°方位、±45°方位）和材料组成决定了纺织品作为一个集成系统的强度和性能。合成原材料如聚乙烯、聚丙烯、聚酯和聚酰胺通常用于土工织物和土工织物相关产品，以符合其严格的成本和耐久性要求。

13.2.1　建筑加固用纺织品结构

功能纺织品在砌体结构的抗震改造中得到了应用，特别是历史建筑，以增加结构的延展性，提高在较长时间内承受地震传递的动态载荷的能力。这种应用可以采用加固带和全覆盖的改造方法（Zangani et al.，2007；Messervey et al.，2010）。类似网格或交叉状的加固带的使用更常见，并且许多国家都有关于其使用的建筑规范。一般来说，加强带是一种单轴织物，由碳等高强度、高刚度的材料制成，旨在沿其长度承载负荷，并涂上树脂（如环氧树脂）与底层结构形成刚性结合（Messervey et al.，2010）。第二种改造方法是采用大面积或全覆盖的纺织品，使用双轴或多轴纺织结构，以便在多个方向上承载负荷。这个方法并不常见，在各种研究项目中日趋成熟。全覆盖方法旨在采用低成本的柔性高强度纤维织物，通过提高结构的延展性来消耗能量。由于这个原因，将全覆盖方法与环氧砂浆一起应用，从而形成具有底层结构的纺织复合材料。用于这种应用的纺织结构通常是机织结构。具有较高机械性能（强度）的结构是无卷曲织物（NCF），这是一种利用经编技术生产的特殊纺织结构。正如其名，无卷曲织物的特征为：结构中使用的纱线不会像传统机织物那样卷曲。NCFS由一个或多个沿优选方向定向的长纤维层组成，并由次级非结构线固定。NCF复合材料的力学性能取决于纤维的种类、用量和取向。除0/90机织面料外，缝合工艺可以采用各种纤维取向。因此，NCF提供了沿不同纱线方向的定向强力特性，这在高性能应用中是首选的。此外，可以利用多方向来获得准各向同性增强，这对于负载方向未知的应用是有益的。定制纤维结构的能力可以实现性能优化，从而降低质量和成本。

这会造成纤维损耗，并影响其功能。与传统的机织结构相比，NCF的另一个优点是可以将多层织物缝合在一起，包括0°方位取向的层，在这个层上可以放置光学传感器纤维，并且织物可以根据应用的要求制成不同厚度，这样就可以获得一种稳定的织物。

图13-1为意大利萨康（Selcom）多轴技术公司生产的三种NCF结构。图13-1（a）显示了双轴结构，碳纤维沿着纬向，玻璃沿着经向（即辊子的长度方向）分布。图13-1（b）显示了三轴结构，纤维沿着±45°和90°方位取向。同样，如图13-1（a）所示，该织物的特征是开放结构以便纤维与致密基质的适当润湿。图13-1（c）显示了一种四轴混合织物，纤维取向为45/0/90，其封闭结构适合与更多流体类型的树脂（如环氧树脂或类似的树脂）结合使用。

图13-2显示了带有嵌入式光纤传感器的NCF结构，该传感器设计用于砖石墙体的抗震加固。特别是图13-2（c）所示织物，编码为Sentex 8300，由Polytect合作伙伴意大利萨康多轴技术公司生产，由三种取向的玻璃纤维和聚合物纤维制成，密度为460g/m²，聚合物光纤沿0°方向插入进行经编。这些纺织品由德国萨克森纺织研究所（STFI）进行设计和优化，并进行了超过120次的墙体测试，以比较不同负载情况下和不同砂浆类型下的性能。Sentex 8300的结构特点是沿着三个主要方向（0°、90°、±45°）的纤维密度平衡，并具有开放式结构，易于砂浆浸渍和砌体基底应用。

（a）双轴织物结构　　　　　　　　　　　（b）三轴织物结构

（c）四轴混纺织物结构

图 13-1　三种织物结构（意大利萨康多轴技术公司）

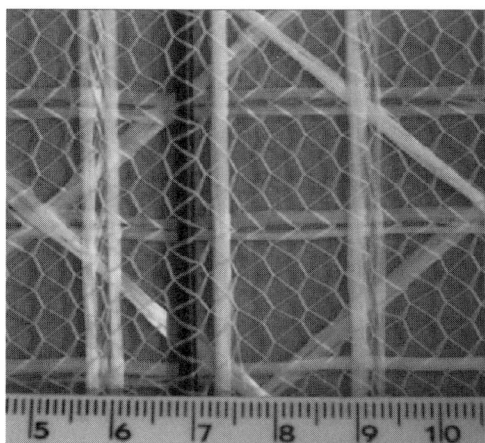

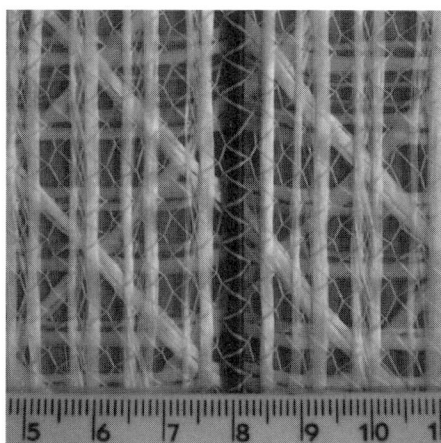

（a）NCF功能纺织品1　　　　　　　　　　　（b）NCF功能纺织品2
[德国萨克森纺织研究所（STFI）]　　　　　　　[德国萨克森纺织研究所（STFI）]

图 13-2

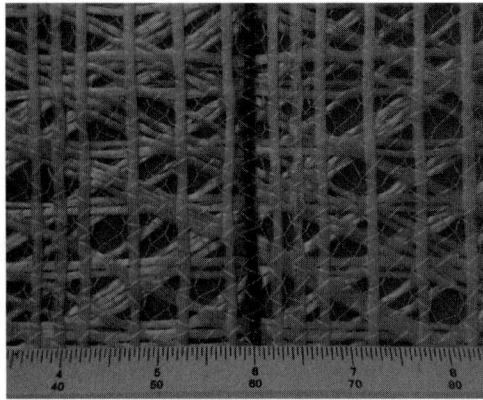

（c）砌体用SENTEX 8300三轴NCF
（意大利萨康多轴技术公司）

图 13-2　具有嵌入式光纤传感器的 NCF 结构

这些结构的生产中的一个重要步骤是质量检查，这需要在生产结束时，以及产品最终交付给客户之前进行。如图 13-3 所示，使用类似于现场用于询问的传感器的设备来检查嵌入结构中传感器的完整性。

图 13-3　功能土工格栅生产期间的质量检查

13.2.2　土工织物和土工格栅

土工织物是应用于岩土工程的织物，例如公路和铁路路基、土堤和海岸防护结构，设计用于执行一种或多种基本功能，例如过滤、排水、土层分离、加固或稳定。因此，几乎所有的土工织物应用都具有功能性。

为了实现上述功能并满足预期应用对成本和阻力的要求，土工织物通常由塑料材料制成，主要是聚丙烯和聚酯，但也使用聚乙烯、聚酰胺（尼龙）、聚偏二氯乙烯和玻璃纤维（如路面基材）。土工织物的缝纫线通常可由上述任何一种聚合物制成。

图 13-4 展示了意大利阿尔卑斯阿德里亚纺织品（Alpe Adria Textil）公司生产的 MFG 的例子。在这个例子中，该结构是一种由经（0°）纬（90°）纤维组成的网格，其中经纱

的线密度远高于纬纱，因此是织物的主要承重组成部分。传感纤维沿着经线方向排列成结构，该结构不仅用于承载传感纤维，还可以保护传感纤维不受外部环境的影响。

图 13-4 嵌入光纤传感器的功能土工格栅

13.3 嵌入智能纺织品中的传感器

CEN/TC 248 发布的技术报告《纺织品和纺织产品 智能纺织品 定义、分类、应用和标准化需求》中，将智能纺织品材料定义为与环境积极互动的功能性纺织品材料，即对环境变化作出反应或适应。更具体地说，智能纺织品系统被定义为一种对周围环境的变化或外部信号/输入反应，表现出预期和可利用的响应的纺织品系统。从定义可以看出，感应能力是智能纺织品的赋能特征之一。

过去十年，已经开发了几种基于嵌入传感器的创新型智能纺织品的监测系统，面向生物医学、建筑、远程援助、体育和健康等不同行业。就建筑业而言，尤其是岩土工程和土木工程方面，近年有报道指出，在具有加固能力的功能纺织品结构中集成用于监测的光纤传感器，其中一个方法提高了人们对科学研究的兴趣。事实上，光纤传感器为土木工程应用提供了许多相关的优势，例如本征安全、不导电和质量轻，其特征是对电磁辐射不敏感、在恶劣环境下坚固耐用，以及易于集成到纺织结构中。此外，光纤传感器能够进行广泛的物理测量（或功能），例如应变、应力、负载、温度、位移、pH 值、裂纹检测和压力，这使光纤传感器适用于结构健康监测（SHM）应用（Kuang et al.，2009）。

非本征光纤传感器的特点是，光纤仅作为一种将光传送到发生感测的外部光学设备的手段。在本征传感器中，当扰动光纤时，光纤反过来也会改变光纤内部光线的某些特性（Fidanboylu et al.，2009）。在这种情况下，基本上被感知的物理参数或效应用来调节传感光纤的传输特性。根据工作原理，光纤传感器可分为以下四类：强度调制、相位调制、偏振调制、波长调制。在文献中，还有一些基于特定应用（物理、化学、生物医学传感器等）的分类，在这项工作中不予考虑（Ghetia et al.，2013）。

13.3.1 基于强度的光纤传感器

这是一类基于经历信号损失的传感器。产生信号衰减的方法有许多种，比如通过目标的吸收或散射。由于这些传感器需要更多的光线，因此通常使用多模式大芯光纤。由光纤传播的光强度的测量引起的变化，可以通过不同的机制产生，如微弯曲损耗、衰减及消逝场等。这种方法的优点是易于实现、低成本及多路复用，并且可以实现分布式传感器。缺点包括光源强度的测量和变化，如果不使用参考系统，可能导致错误的读数（Fidanboylu et al.，2009）。

13.3.2 相位调制光纤传感器

在这类传感器中，测量的物理现象影响两个具有不同路径的相干光之间的相位变化。通过比较信号光纤中的光相对于参考光纤的相位，以干涉测量法检测相位调制。事实上，在干涉仪中，光被分成两束，一束会受到测量相位变化的传感环境的影响，而另一束则与传感环境隔离，以作为参考。当光束重新组合时，它们会相互干扰（Fidanboylu et al.，2009）。常用的干涉仪有：马赫–曾德尔干涉仪、迈克尔逊干涉仪、法布里–珀罗干涉仪、偏振测量干涉仪和光栅干涉仪。

13.3.3 偏振调制光纤传感器

当光纤受到任何形式的应变或应力时，折射率会发生变化，因此在不同极化方向会产生诱导相位差（这种现象称为光弹效应）。由于应力或应变引起的折射率变化称为诱导折射率。

13.3.4 波长调制光纤传感器

在这类传感器中，利用光波长的变化来检测测量参数的变化。在属于该组的传感器中，值得一提的是荧光传感器、黑体传感器，以及布拉格光栅传感器。对于荧光纤维传感器，可应用于不同领域，特别是在生物医学应用、化学传感和物理参数测量（如温度、黏度和湿度）。就黑体传感器而言，黑体空腔可以放置在光纤的末端，当空腔温度升高时，它开始发光并成为光源。使用与窄带滤波器相结合检测器定义黑体曲线的轮廓。这种商业上可用的传感器的主要功能是在强射频场下测量几摄氏度以内的温度。在土木工程中使用最广泛的以波长为基础的传感器，是光纤布拉格光栅（FBG）传感器。基本上，光纤布拉格光栅呈现出周期性的变化，该变化是由单模光纤芯折射率中紫外线（UV）能量的强烈干涉引起的。折射率的这种变化决定了作为光栅的干涉模式的作用。换句话说，布拉格光栅起到了有效的滤光器的作用。当具有接近布拉格波长的中心波长的光发射到光纤中时，光通过光栅传播，部分信号在布拉格波长处反射，并从总传输信号中移除一小部分信号（Fidanboylu et al.，2009）。

在对不同类型的光纤传感器进行概述之后，提出了"分布式传感"的概念。事实上，光纤传感器对测量点的任何位置反应灵敏，因此一个光纤分布式传感器可以取代多个离散的传感器。在这种情况下，可以在极长的距离上进行低光纤衰减监测，使得分布式传感技术特别适用于岩土及土木工程，在这些应用中，传感器进行非常大型或长型的结构监测。两种不同类型的分布式光纤传感器可以分为：本征分布式光纤传感器和准分布式光纤传感器。

13.3.5 内部分布式光纤传感器

内部分布式光纤传感器具有广泛的应用，需要在大量的点或光纤路径上连续监测单个被测量值。在这种情况下，光时域反射技术（OTDR）原理的使用可以基于不同的方法：基于瑞利散射的 OTDR，基于拉曼散射的 OTDR，基于布里渊散射的 OTDR。事实上，光纤传感器中可能会发生三种不同的散射过程，产生反向传播光，可以利用这种光接收有关光纤局部特性的信息，从而接收有关周围环境的信息：瑞利、拉曼和布里渊散射。

关于基于瑞利散射的 OTDR，在光纤中，光由于这种散射而衰减，这是由光纤芯折射率的随机的、微观的变化决定的。在光纤发射的窄脉冲信号中，通过监测瑞利后向散射信号强度的变化，可以确定光纤散射系数或衰减的空间变化。特定位置的散射系数受局部纤维状态的影响。因此，通过分析反射系数，可以确定外部刺激的位置。

就拉曼散射而言，值得指出的是，这种现象涉及光子的非弹性散射。入射光脉冲引起光纤的分子振动，这决定了入射光的散射。对于基于拉曼效应的 OTDR，由于拉曼散射系数比瑞利散射系数大约低三个数量级，因此需要高输入功率。

布里渊散射是由光脉冲发射时光纤中产生的声振动引起的。声波振动引发了一种反向传播的波，称为布里渊散射波，它从输入脉冲中吸收能量。布里渊散射波与原始光脉冲频率之间存在数十吉赫的频移。这是一个相关的效应，因为布里渊增益频谱的频移对温度和应变十分灵敏。为了获得高空间分辨率，需要非常窄的光脉冲，这导致后向散射信号的水平相应降低，同时探测这些脉冲所需的接收器带宽增加（Gholamzadeh et al.，2008）。

值得强调的是，三个类型的散射之间存在一些差异。拉曼散射的强度本质上取决于纤维的温度，因此，这种现象被用于开发和实现可靠的分布式温度传感器。此外，布里渊散射的频率本质上取决于纤维密度，而纤维密度取决于温度和应变，这种情况下也有利于分布式传感器的发展。在基于瑞利散射的光纤传感器中，散射本身仅用于跟踪和显示传播效应，一般认为这是真正的传感机制。传播效应包括衰减和增益、相位干扰和偏振变化，它们也可能影响拉曼和布里渊分布式传感器，但由于最新的两种散射都提供了直接的传感机制，因此传播效应通常被忽略。考虑到上述特点，基于瑞利散射的光纤传感器除了对温度和应变灵敏（Palmieri et al.，2013）之外，还对许多不同的物理参数灵敏。

在分布式传感不可行的情况下，作为一种替代方案，可以使用准分布式光纤传感器。在这种情况下，对有限数量的位置进行监测。在不同的准分布式光纤传感器中，值得一提的是具有高灵敏度、高复用能力和高成本效益的 FBG 传感器（Gholamzadeh et al.，2008）。

在岩土及土木工程实际应用中，两种不同类型的光纤在纺织结构中有着广泛的应用：聚合物光纤（POF）传感器和 FBG 传感器。

13.3.6　聚合物光纤传感器

聚合物光纤传感器非常适用于土木工程，因为它们具有弹性和坚固性的特点。该传感器基于 OTDR 技术，并且具有大于 40% 的宽可测量应变范围的巨大优势，测量长度限制在数百米以内。因此，这种传感器最适用于检测高应变和最大长度为几百米的结构。空间分辨率为 0.2~1m，这取决于被探测到的物体的长度。这种传感器的典型应用是监测斜坡、堤坝、路堤、砌体结构等的机械变形（Liehr et al.，2008）。

标准聚甲基丙烯酸甲酯（PMMA）POF 的高衰减约为 150dBi/km，大芯直径达 1mm，通常用于长达 100m 的分布式应变检测。这种纤维的主要特点是具有较强的应变灵敏度、稳定性、高应变能力以及由于芯径和数值孔径较大而易于连接。最近，基于聚全氟丁烯基乙烯基醚的低损耗全氟化（PF）梯度指数（GI）的 POF 传感器（也称 CYTOP）可以进行更高的空间分辨率测量和长达 500m 的扩展长度测量（Liehr et al.，2011）。

光时域反射技术（OTDR）是一种用于故障分析的通信技术，也是基于散射原理光纤传感器的常用技术，最近被应用于多模式标准 POF，该 POF 用于应变传感应用。尽管纤维芯尺寸较大，因此模态色散显著，但是在 SHM 应用中取得了一定的成功。在这种情况下，OTDR 传感利用在光纤一端发射短光脉冲后，对光纤后向散射光进行监测。后向散射信号记录为时间函数，然后转换为距离测量。如沿纤维长度方向的应变或缺陷等扰动，将导致扰动位置处后向散射信号出现峰值反射或损耗（Kuang et al.，2009）。

13.3.7 FBG 传感器

如第 13.3.4 节中所述光纤布拉格光栅（FBG）的特征是单模光纤纤芯折射率中紫外线能量的强烈干涉所产生的周期性变化。折射率的变化决定了作为光栅的干涉模式。光栅反射了基于光栅间距的光谱峰值，因此，由于张力或压缩导致的光纤长度的变化决定了光栅间距的变化，从而决定了反射回来的光的波长。因此，通过测量反射光谱峰值的中心波长，可以对应力进行定量测量。

相对于传统应变传感器测量而言，这是一个优势，传统应变传感器测量需要每个传感器都有一个采集系统。而对于 FBG 传感器，通过使用不同波长的反射波，可以识别不同的 FBG 传感器信号，从而识别和区分空间分布的传感器，因为每个传感器都有自己的特征波长。使用光开关将光纤连接到光源和测量反射波长的光谱仪上，该开关可以对所有连接的线路进行顺序扫描，从而使传感器在仅可由一个测量单元读取的监测结构中进行空间分布（Nancey et al.，2007）。

光纤布拉格光栅（FBG）传感器可用于应变的准分布式测量。FBG 传感器在分辨率为 $3\mu\varepsilon$ 的高达 0.8% 的精确逐点应变测量方面，或分辨率为 1k 的温度测量方面表现出色。FBG 光纤的低击穿应变仅为 1%。POF 传感器可以直接由纺织机械加工，而 FBG 可以在生产阶段插入到纺织基体（其他方法仍在开发中）或直接嵌入到复合材料的环氧树脂中。

光纤与 FBG 直接嵌入纤维增强聚合物（FRP）材料的环氧树脂中，可以对材料的应变进行精确测量，从而可以最大限度地减少监测过程中的误差。因此，环氧树脂是对光纤的有效保护。或者，通过将光纤直接绣在载体材料上，可以实现传感器布局的任何设计。在这种情况下，载体材料是增强纤维，FBG 的直接刺绣大幅简化了固定方法。使用计算机控制的刺绣机，能够准确地固定光纤系统，适用于碳纤维材料。通过使用计算机控制的机器，可以实现非常高的预制程度及生产率（Kaseberg et al.，2010）。

13.4 嵌入传感器的智能功能纺织品

欧盟资助的面向中小企业（SME）的 PF6 大型协作项目 POLYTECT（基金项目号 NMP2-CT-2006-026789）于 2010 年结束，该项目通过开发大面积嵌入式传感器功能纺织品，将光纤传感器应用于砌体应用和岩土工程，推动了功能纺织品的最新发展。

这个项目涉及来自多个国家的 27 个合作伙伴，其目的是通过功能纺织品的工业化生产，为岩土工程和砌体应用提供加固和监测能力。事实上，如上文所述，纺织材料在建筑行业中广泛应用。在砌体应用中，纺织品的重要性日益增强，因为它们通过非侵入性的技术为结构（损坏或未损坏）提供强度加强。常见的应用包括局部裂缝修复、关键墙壁加固，或现有柱子的包裹。在岩土工程和砌体应用中，纺织材料可以提高使用条件下的结构性能，并对地震、滑坡、事故或其他不可预见的条件下提供保护。该测量在事件发生前或发生后均可以使用，以采取预防措施或评估结构的状态。随着时间的推移，测量可以用来跟踪结构性能的变化，从而在适当的时候采取维护和修复行动。POLYTECT 项目的主要成果包括：开发新型传感器，包括光纤传感器、压电传感器、化学传感器和敏感纺织纤维（涂层）；开发新型传感器询问系统和数据处理技术；开发纳米粒子砂浆和黏合剂；将传感器集成到经编织物中，用于岩土工程和砌体应用（二维和绳状结构）；开发应用于建筑行业的功能纺织品，以提高砌体结构的延展性和结构强度，监测应力、变形、加速度、水位变化和孔隙压力，检测污染物和化学品，并通过创新开发，测量结构健康状况的方法。虽然在项目框架内已经研究和开发了不同类型的传感器，但是最有意思的值得进一步研究的成果是一种抗震墙纸，用以加固和监测现有建筑物的结构。

纤维增强聚合物（FRP）条带用于加固建筑物，特别是用于包裹柱子和作为梁内拱的受拉构件。有时此条带并不适用，特别是对于墙壁等大型结构的加固，因为会导致应力集中（力首先作用于结构最坚硬的部分），而且不能防止碎片掉落。可能需要仔细的分析才能知道如何安全地使用这些条带，这些条带通常由碳纤维制成，与传统建筑材料相比价格昂贵，而且没有嵌入传感器。

在 POLYTECT 项目框架内，已经提出了用于加固、监测和管理易受地震影响的民用基础设施的智能复合"抗震墙纸"的概念。多轴纺织结构、玻璃纤维、聚合物或混合纺织品可以在这个概念中使用，但碳纤维不可以，因为后者的价格高得多，不能用于所有应用。纺织品必须在碱性环境（水泥砂浆）中涂覆，以提高耐久性并增强纺织品—砂浆黏结界面。必须使用砂浆化合物将纺织品应用于结构。复合地震壁纸被认为是无钢筋砌体建筑或结构的全覆盖或广域加固方式。使易受脆性和坍塌影响的墙体即使在破裂之后，仍然被固定在一起。这些复合材料具有嵌入式传感器，因此可以在地震事件发生之前、期间和之后进行测量。在 POLYTECT 地震壁纸中，光纤传感器（包括 POF 光纤和 FBG 光纤）已经被集成到组合结构中。通过地震壁纸进行的测量可以是静态的，也可以是动态的（高频）。工程师可以利用这些数据监控新建筑的施工，评估和量化改造的效益，并有助于结构管理。特别是，从组件的角度来看，抗震壁纸包括以下几种类型（Fuggini et al.，2011）：

（1）用于构成萨康生产的复合纤维（图 13-5）中的多轴、经编、抗反射（AR）玻璃和聚丙烯（PP）纤维；

（2）用于纺织织物的纳米粒子增强涂层；

（3）用于将织物与结构结合起来的纳米颗粒增强砂浆（复合材料的基质）；

（4）用于从嵌入传感器的纺织砂浆复合材料中获取数据的询问系统；

（5）光纤传感器（图 13-6）。

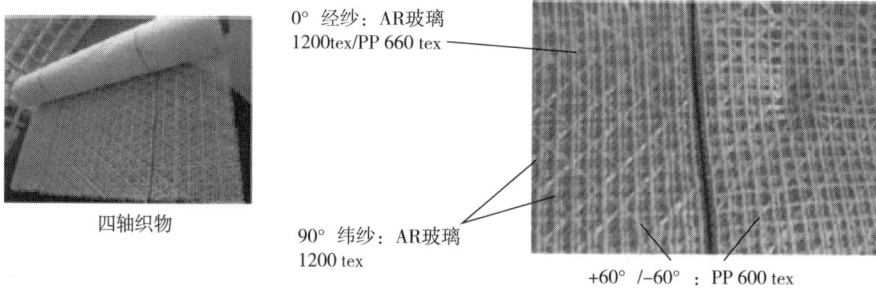

0° 经纱：AR玻璃
1200tex/PP 660 tex

90° 纬纱：AR玻璃
1200 tex

+60°／−60°：PP 600 tex

四轴织物

图 13-5　砌体应用中包含光纤传感器的四轴 NCF

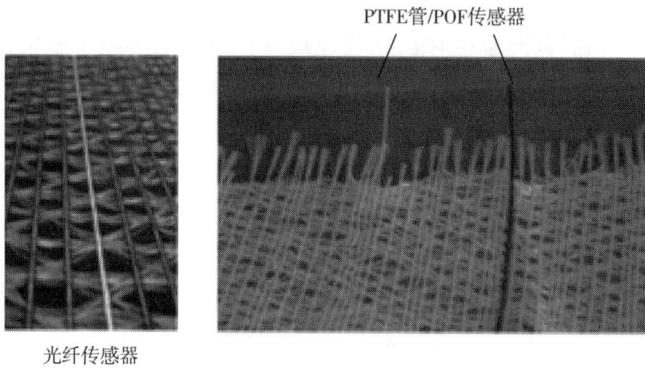

PTFE管/POF传感器

光纤传感器

图 13-6　光纤在 NCF 中的集成

图 13-7 所示的应用程序是在 POLYTECT 项目内进行的，包括以下步骤：首先，将新鲜的基体涂抹在墙壁的外表面，使表面尽可能光滑。其次，纺织品必须从屋顶铺开，并涂在砂浆上，并进行推压，直到砂浆渗入纺织品结构。最后，必须用第二层基体从外部覆盖纺织品。除了抗震壁纸之外，还开发了用于改造的传感条。

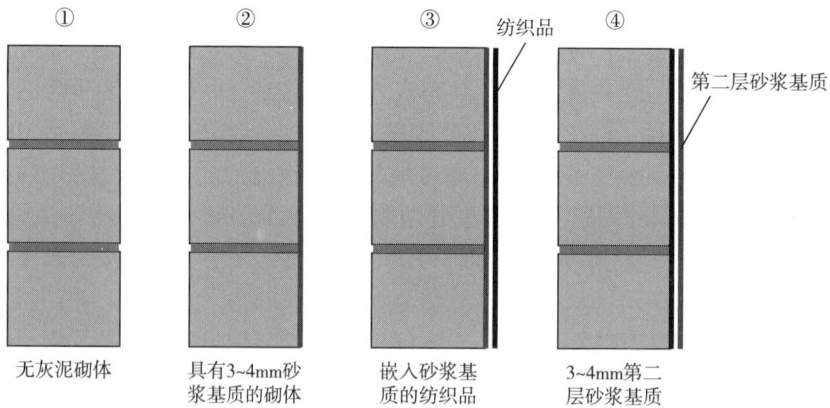

① ② ③ ④ 纺织品

第二层砂浆基质

无灰泥砌体

具有 3～4mm 砂浆基质的砌体

嵌入砂浆基质的纺织品

3～4mm 第二层砂浆基质

图 13-7　应用抗震墙纸加固砌体墙壁的步骤

SENTEX 410（意大利萨康）条带抗震改造是一种用于加固地震频发地区砖石建筑的传感技术织物。如图 13-8 所示，SENTEX 410 由 E 玻璃单向织物制成，该织物使用由环氧底漆、环氧腻子和环氧树脂构成的环氧系统涂覆在砌体基底上。作为抗震墙纸，SENTEX 410 功能纺织品通过光纤将加固能力与信息监测能力结合起来。

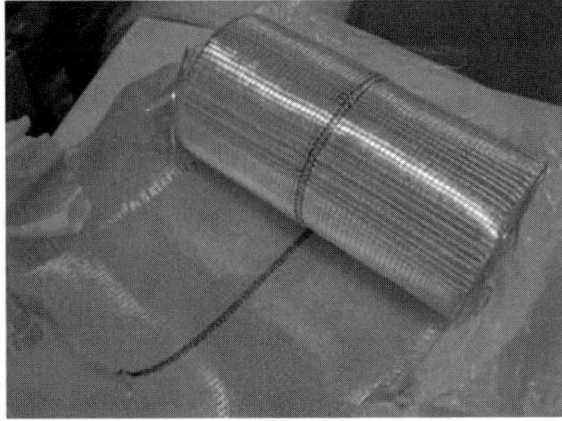

图 13-8　具有嵌入式光纤传感器的 SENTEX 410 条带抗震改造

POLYTECT 项目通过开发大面积嵌入式传感器功能纺织品，推动了功能纺织品的发展，该纺织品不仅用于砌体应用，也用于岩土工程，使分布式测量超过数公里。电缆可以方便地在地下布线通到共同接收点进行信息访问，而且随着时间的推移，土壤移位等活动通常发生得十分缓慢（即不需要进行连续的高频测量），这意味着便携式询问设备可以按照规定的时间间隔带入现场。

已经提到，POF 传感器具有弹性和坚固性的优点。在充分保持光导纤维性能的同时，标准聚甲基丙烯酸甲酯（PMMA）POF 纤维可以产生 40% 以上的应变，并且表现出相对于二氧化硅纤维的相关优势。在 POLYTECT 项目研究中，利用 OTDR 技术分析应变截面上的后向散射增长，将 POF 作为分布式应变传感器进行研究。这种传感能力，加上其高坚固性和击穿应变，使得 POF 适合于集成到功能纺织品中，用于在发生严重破坏之前监测斜坡、堤坝和其他地方的机械变形（Liehr et al.，2008）。

在 POLYTECT 背景下，利用 OTDR 技术对 POF 分布式应变传感器的瑞利后向散射特性进行了评价，并对应变响应，可能的干扰以及弯曲、温度等交叉灵敏度进行了分析。另一方面，需要强调的是，集成有 FBG 传感器的土工织物能够在光纤上使用有限数量的测量点对低应变进行准分布式测量。纤科（Tencate，荷兰）生产的相关产品目前已在市场上销售，纤科 GeoDetect® 集土壤加固、结构健康监测和预警系统于一体。这种功能纺织品是专门为岩土工程应用而设计的，其目的是为监测地质结构中的应变和温度变化提供技术支持。纤科 GeoDetect® 系统包括土工复合织物、光纤、仪器设备和软件，以满足岩土工程应用的功能要求（例如，数据采集以外的光纤保护、能力和加固）。纤科 GeoDetect® 有三种配置：GeoDetect®、GeoDetect® S 和 GeoDetect® SBR。基础版本（GeoDetect®）可以进行定制，其中 FBG、布里渊散射和拉曼散射用于测量应变、应变和温度，或仅测量土壤结构的温度变化。低至 0.02% 的应变可以用 10cm 的空间分辨率测量。使用适当的软件，可以在 0.1℃ 下用 10cm 的空间分辨率监测温度的变化。

13.5 建筑行业的应用案例

13.5.1 功能纺织品在砌体建筑抗震加固中的应用

本节介绍了应用第 13.2.1 节中提出的功能纺织品作为砌体建筑抗震加固的现场试验和现场试验的结果。本节介绍了两个案例：在意大利帕维亚欧盟中心（Eucentre）的 POLYMAST 项目内，对一座加固砖石建筑进行的抗地震试验；印度理工学院（IIT）的 POLYTECT 项目内，对一座加固砖石建筑进行的抗地震试验。

13.5.1.1 *Eucentre 加固砖石建筑的抗震试验*

在 POLYMAST（砌体结构加固用功能纺织品）项目的 SERIES（欧洲协同地震工程研究基础设施）研究中，对一栋两层石砌建筑进行了抗震试验。石砌建筑分为三种配置：未加固建筑（URB）、受损建筑（DAM）和加固建筑（REB），如图 13-9 所示。URB 建筑是一座两层的石头建筑，长 5.80m（X 方向），宽 4.40m（Y 方向），高 5.80m（Z 方向）。建筑物的地基（40cm 高）由混凝土制成，而建筑的第一层和第二层之间为一块厚木板。建筑顶部覆盖有木制双坡屋顶。屋顶结构由纵向木梁和横梁组成，横梁简单地支撑在石墙顶部。DAM 建筑对应于在实验测试中受损的 URB 建筑。

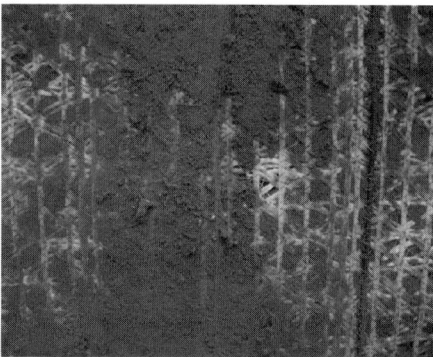

（a）使用功能纺织品：砂浆+纺织品
进行全覆盖加固的墙壁外观

（b）建筑物全覆盖

图 13-9　功能纺织品加固建筑

测试阶段包括以下步骤：修复受损的未加固建筑物；使用全覆盖多轴向传感器嵌入纺织品（萨康产品 WP5C8300，E 玻璃）对修复的建筑物进行加固；在加固阶段，将光纤传感器嵌入纺织品；在单轴振动台上测试建筑物以应对随后的地震增强事件。据报道，该建筑物通过进行一系列地震检测测试，从而通过功能纺织品［图 13-2（c）］对加固方案进行评估，并对嵌入传感器的监测能力进行评估。在每次地震测试之前，根据建筑物的主要构造，进行了一系列的动态特性测试。结合传感器的性能和所执行信息的可靠性，对纺织品的性能进行了成功地评估。事实上，在地震试验中成功地记录了嵌入式光纤传感器的应变测量值，从而可以确定地震激发后的最大应力点，并检测其永久（塑料）变形和位移。这是通过比较地震前后的应变和位移时程，并参考最后一次地震试验后的应变振幅来实现的。

13.5.1.2　IIT 加固砖石建筑的抗震试验

印度理工学院对一栋两层全尺寸砖石结构建筑进行了试验性振动台试验，其中，对未加固、基于纺织品的条带加固（萨康 UNIE410），以及使用功能纺织品的全覆盖加固（萨康产品 WP5C8300）的加固方式进行了测试，如图 13-10 所示。针对不同的建筑结构，进行了最大地震烈度为 0.55g 的模拟振动台试验。这座建筑长 3.4m，宽 3.4m，高 5m。

(a) 未加固　　　　　　　　　　　　(b) 条带加固

图 13-10　印度理工学院的砖石建筑

在没有加固的建筑物中，裂缝不仅直接出现在节点处，还贯穿了石块本身。在施加 0.45g 地震烈度后，其中一面墙上因过大的倾覆力矩而产生了一道 80cm 高的垂直裂缝，呈角裂缝模式。建筑物可见滑移，即将发生倒塌。

在使用条带加固的建筑物中，条带加固的主要作用是将所有力集中到拐角处，测试结果显示底部角落的石头局部受损严重，此外，厚厚的地面砖石环也被破坏了。由于倾覆力矩过高，可以看到建筑物的滑动和裂缝的张开，坍塌即将发生。因此，选择 0.55g 作为测试最大地震烈度。最终结果表明，条带加固使建筑物的整体强度提高了约 18.2%。

最后，在使用全覆盖加固的建筑物中，该建筑能够承受高达 0.55g 的地震烈度，而不会出现任何明显的损坏。建筑物的整体强度增加了，同时，建筑物耗散与地震脉冲能量含量相关能量的能力也增加了。

13.5.2　功能土工格栅在边坡和铁路路堤土壤稳定中的应用

本节根据第 13.2.1 节提出的功能纺织品在砌体结构抗震加固中的应用，进行了现场试验并给出了现场试验的结果。本节介绍了 FP6 欧盟项目 POLYTECT 开展的三个案例研究：评估德国开姆尼茨附近铁路线沉降的现场试验，评估波兰贝乌哈图夫斜坡稳定性的现场试验，评估德国齐默斯罗德对破坏斜坡的岩土加固效果的现场试验。

13.5.2.1　铁路线沉降的现场试验评估

如图 13-11 所示，试验的位置与德国开姆尼茨附近的铁路线相符。附近铁路的交通量很大，试验测试的路线部分有 100 多年的历史，选择这段铁路线是因为它正在重建。现场测试的目的包括调查装有不同类型传感器的纺织品结构的反应、行为和性能，调查安装过程中天气条件的影响（从干燥到极端降雨，再到下雪，温度低于 0℃），以及按时间间隔进行长时间测量。

（a）功能土工织物（MFG）　　　　　　　　　　（b）铁路试验现场

图 13-11　功能土工织物用于铁路试验现场

13.5.2.2　边坡稳定性的现场试验评估

这次现场测试的评估范围是使用智能土工织物调查和观察蠕变斜坡和滑坡。在 POLYTECT 项目内开发的功能土工织物是这一应用的理想产品，因为该系统能够测量沿着土工织物中纤维的整个长度连续分布的应变和温度。选用的纤维是标准的聚甲基丙烯酸甲酯（PMMA）POF，它被集成于土工织物垫中，能够测量长度为 100m 的分布应变行为。传感器原理基于使用 OTDR 技术来获得纤维的后向散射特性。在光纤中注入短的激光脉冲，并将每个脉冲的后向散射光作为时间的函数记录下来。可以观察到标准的聚甲基丙烯酸甲酯的应变高达 40%。

现场试验是在贝乌哈图夫露天褐煤矿进行的，该矿边坡活跃，速度不变，可以在合理的时间内探测其移动。图 13-12 显示了通过 MFG 进行的蠕变评估。

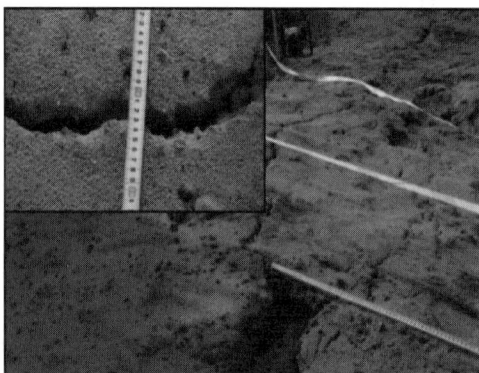

（a）裂纹开口（详图）　　　　　　　　　　（b）使用刻度尺进行裂纹测量

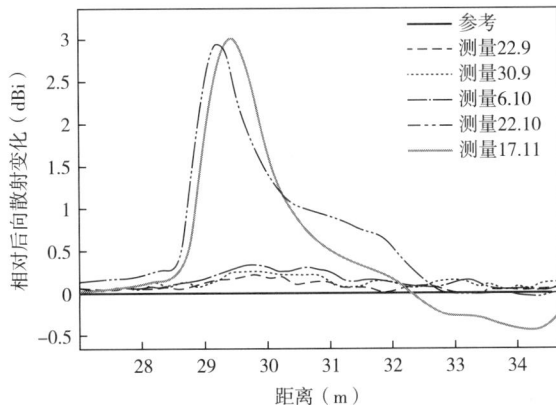

（c）相对后向散射变化（正面）

图 13-12 功能土工织物（MFG）传感器对蠕变的评估

13.5.2.3 对破坏边坡进行岩土加固效果的现场试验评估

在位于卡塞尔以南约 50km 的齐默斯罗德的一个旧矿场中进行了现场试验，以评估岩土加固的可行性和有效性，以改善破坏边坡的稳定性，并降低破坏的速度（图 13-13）。有两种功能土工织物可用：一种是集成在土工格栅中的光纤传感器，另一种是集成在细绳状土工布，再放置在两层非织造过滤垫之间的三光纤传感器。这项研究的目的是收集有价值的信息，同时也是为了检测 MFG 在天气和机械应变下的性能。这些测量是通过使用 OTDR（POF）和布里渊散射［玻璃光纤（GOF）］技术对光纤传感器进行询问来完成的。现场测试取得了成功的原因在于它们提供了使用长度超过 100m 的 MFG。

图 13-13 功能土工织物（MFG）的安装

13.6 标准化问题

如前文所述，在过去十年中，由于针对建筑行业的一系列研究和创新项目，先进的纺织材料在该领域得到了发展。尽管这些新型的功能材料具有许多优势，但许多建筑从业人员并不熟悉这些材料的性能和特点。由于设计和施工部门对这些材料的用途和性能缺乏了解，因此限制了他们在施工项目质量保证和控制方面达到最高标准的能力。

对于这些高性能材料，既包括现有材料的改性，也包括新开发的高性能纺织材料，因此现行的设计规范或法规可能适用，也可能不适用。一般来说，为了设计、建造和测试的目的，需要制定新的规范或法规，或者制定新的使用指南或测试程序。标准可以通过制造商、技术供应商发展其业务，因为标准通过保证所需的质量和性能水平来支持消除贸易壁垒和被市场接受（Rijavec，2010）。

近年来，一些欧洲智能纺织品合作项目在个人防护装备（PPE）、建筑产品和消费品三个目标领域研究出了具有很大市场潜力的成果。SUSTA-SMART（基金项目编号319055）是一个由FP7资助的项目，支持智能纺织品的标准化，以促进其在市场上的应用，该项目通过下列措施对上述三个应用领域进行标准化：绘制FP6/FP7项目中的相关标准化组织和问题的蓝图；制订标准化审核程序；综合各方对标准的需要，并确定优先次序，以达到广泛共识，制订标准化路线图；制订标准化输入文件（包括新的工作项目建议书），提交有关的标准化委员会。这个项目的主要目的是为包括建筑业在内的三个领域的智能纺织品制定详细的路线图。

路线图包括三个领域的智能纺织品的识别：分析趋势和驱动因素、主要技术领域的规格以及技术替代品。对智能纺织品标准化执行进程的障碍（法律、经济及科技）进行了分析，并对关键的系统需求进行了分析。然后，确定了克服障碍的必要手段。该分析考虑了不同的方面：进一步的研究发展、资本投资以及其他方面。最后，提出了促进智能纺织品标准化过程的行动、建议和时间。

标准化需求分析强调，关键问题与以下方面相关：识别有关特性，评估以纺织品为基础的技术系统，新一代功能纺织品的性能评估，产品在恶劣环境下的耐用性，确定适当的测试和测试程序以及制定应用指南。在项目结束时所提供的路线图强调了优先实现短期目标的必要性，为建筑行业提供了以纺织品为基础的智能产品的定义，以及更新《纺织品和纺织产品　智能纺织品　定义、分类、应用和标准化需要》，根据不同类别的产品的特点将其分为两类：建筑应用和土方应用。短期内的第二步是编制一份与官方路线图有关的技术报告，"用集成技术实现建筑行业智能纺织产品的标准化"。这份路线图的出发点应该是已提供给相关标准化委员会作为支持文件的SUSTASMART路线图。从中期来看，工作重点必须转移到为建筑行业的新一代功能纺织品制定合适的测试方法和指南上来。

上文提及的FP7项目MULTITEXCO（基金项目编号606411）于2013年10月启动，其目的是通过开发建筑行业新型智能纺织品的测试程序、设计、使用指南以及实践规范，来提高欧洲建筑行业中小型企业的竞争力。

13.7　结论

用于建筑物和基础设施结构健康评估的功能纺织品嵌入式传感器的研究十分丰富。POLYTECT、MULTITEXCO和SUSTASMART等欧盟项目，已经开辟了这种发展的道路，并代表了这种技术的最新水平。目前的发展集中在这些产品的标准化，以便更广泛和更分散地应用在建筑行业。

参考文献

Fidanboylu, K. , Efendioglu, H. S. , 2009. Fiber optic sensors and their applications. In: 5th International Advanced Technologies Symposium(IATS'09) , May 13–15, 2009, Karabuk, Turkey.

Fuggini,C. , Chatzi, E. , Zangani, D. , Messervey, T. B. , 2011. Innovative multifunctional rein-forcement technologyfor masonry buildings:numerical validation and damage detection investigation. In:COMPDYN 2011 III ECCOMAS Thematic Conference on Computa-tional Methods in Structural Dynamics and Earthquake Engineering Corfu,Greece,25-28 May 2011.

Ghetia, Shivang, Gajjar, Ruchi, Trivedi, Pujal, 2013. Classification of fiber optical sensors. Int. J. Electron. Commun. Comput. Tech. 3(4),442-445.

Gholamzadeh,Bahareh, Nabovati, Hooman,2008. Fiber optic sensors. World Acad. Sci. Eng. Technol. 2,281-291.

Käseberg,S. , Holschemacher, K. ,2010. Smart CFRP systems—fiber Bragg gratings for fiber reinforced polymers. In:CICE 2010-The 5th International Conference on FRP Compos-ites in Civil Engineering,September 27-29,2010,Beijing,China.

Kuang,K. S. C. ,Quek,S. T. ,Koh,C. G. ,Cantwell,W. J. ,Scully,P. J. ,2009. Plastic optical fibre sensors for structural health monitoring:a review of recent progress. J. Sens. 2009, 13, Article ID 312053.

Liehr, Sascha, 2011. Polymer optical fiber sensors in structural health monitoring. In: Mukho-padhyay,S. C. (Ed.), New Developments in Sensing Technology for Structural Health Monitoring,vol. 96. Springer,Berlin/Heidelberg,pp. 297-333.

Liehr, S. , Lenke, P. , Krebber, K. , Seeger, M. , Thiele, E. , Metschies, H. , Gebreselassie, B. , München,J. C. ,Stempniewski, L. ,2008. Distributed strain measurement with polymer optical fibers integrated into multifunctional geotextiles. In:Berghmans, F. , Mignani, A. G. , Cutolo, A. , Meyrueis,P. P. , Pearsall, T. P. (Eds.), Optical Sensors. Proceedings of the SPIE, vol. 7003. p. 700302.

Loriga, G. , Fuggini, C. , Zangani, D. , 2013. Smart multifunctional technical textiles and composites. Compos. Mag. 30,21-28.

Messervey,T. B. , Zangani, D. , Fuggini, C. , 2010. Sensor-embedded textiles for the reinforce-ment,dynamic characterisation,and structural health monitoring of masonry structures. In:Structural Health Monitoring 2010,Sorrento,Naples,June 28-July 4.

Nancey,A. ,Lacina,B. ,Henderson,J. ,2007. Geotextile and optic fibers:feedback after four years of use in soil. In:Proceedings of the Geosyntetichs 2007,January 16-17,2007,Washington,DC.

Palmieri, L. , Schenato, L. , 2013. Distributed optical fiber sensing based on rayleigh scattering. Open Opt. J. 7(Suppl. 1,M7),104-127.

Rijavec,Tatjana,2010. Standardisation of smart textiles. Glasnik hemičara,tehnologai ekologa Republike Srpske 4,35-38.

Zangani,D. ,2008. Multifunctional textiles for protection against natural hazards. Adv. Sci. Technol. 56,601-608.

Zangani,D. , Scotto, M. , Corvaglia, P. , München, J. C. , 2007. Rehabilitation and seismic rein-forcement of masonry structures with multifunctional composites. Compos. Mag. 5,52-56.